高职高专"十二五"规划教材

PLC 编程与应用技术

主　　编　程龙泉　　满海波
副主编　宋立中　　佘　东
主　　审　许志军

U0342393

北　京

冶金工业出版社

2023

内 容 提 要

本书以应用范围较广的 S7-300/400 大中型 PLC 为参考机型，以项目导向的方式，分 7 个学习情境（20 个学习性工作任务），系统阐述了 S7-300/400 PLC 的组成、特点、工作原理及性能指标；S7-300/400 PLC 的硬件系统、模板特性及硬件组态；编程软件 STEP 7 的使用方法、STEP 7 指令系统及程序结构；PLC 控制系统的设计方法、典型应用设计案例等。本书还介绍了基于 S7-300/400 PLC 通信网络的相关知识，并结合 STEP 7 详细介绍了工业以太网、MPI 多点接口通信网络、PROFIBUS DP 总线网络及点对点通信的组态和通信程序的编写方法。

为便于教学，本书还配备了与之对应的实验实训指导教材《PLC 编程与应用技术实验实训指导》（由冶金工业出版社 2015 年 8 月出版），读者可参考使用。

本书可作为高职院校电气自动化技术、机电一体化技术及相关专业学生的教学用书，也可作为成人教育、函授培训的教材，还可作为企业从事 PLC 设计开发及现场维护的工程技术人员的参考资料。

图书在版编目（CIP）数据

PLC 编程与应用技术/程龙泉，满海波主编 . —北京：冶金工业出版社，2015. 8（2023. 8 重印）

高职高专"十二五"规划教材

ISBN 978-7-5024-6983-2

Ⅰ. ①P…　Ⅱ. ①程…　②满…　Ⅲ. ①plc 技术—程序设计—高等职业教育—教材　Ⅳ. ①TM571. 6

中国版本图书馆 CIP 数据核字（2015）第 169875 号

PLC 编程与应用技术

出版发行	冶金工业出版社	电　　话	(010)64027926
地　　址	北京市东城区嵩祝院北巷 39 号	邮　　编	100009
网　　址	www. mip1953. com	电子信箱	service@ mip1953. com

责任编辑　俞跃春　夏小雪　美术编辑　彭子赫　版式设计　葛新霞
责任校对　卿文春　责任印制　窦　唯
三河市双峰印刷装订有限公司印刷
2015 年 8 月第 1 版，2023 年 8 月第 7 次印刷
787mm×1092mm　1/16；19 印张；461 千字；295 页
定价 48. 00 元

投稿电话　(010)64027932　投稿信箱　tougao@ cnmip. com. cn
营销中心电话　(010)64044283
冶金工业出版社天猫旗舰店　yjgycbs. tmall. com
（本书如有印装质量问题，本社营销中心负责退换）

前　言

可编程序控制器（简称 PLC）是以微处理器为基础，综合了计算机技术、自动控制技术和通信技术而发展起来的一种通用工业自动控制装置。目前，以西门子 S7-300/400 大中型 PLC 为代表的 PLC 在我国工业控制领域得到了广泛的应用。

本书在编写过程中，坚持科学性、实用性、综合性和新颖性的原则，从高职教育的特点出发，结合本课程的实际工作技能要求，注重理论联系实际，理论知识的深度以必须、够用为度，突出应用能力的培养，力求通俗易懂、深入浅出。在内容选取上，注重理论简化，列举了大量的应用案例。

本书是编者在多年从事可编程控制技术的教学、培训及科研基础上编写的，知识内容、应用技能针对性较强，可作为高职院校电气自动化技术、机电一体化技术及相关专业学生的教学用书，也可作为成人教育、函授培训的教材，还可作为企业从事 PLC 设计开发及现场维护的工程技术人员的参考资料。

本书的突出特色是选取了当前在我国工业控制领域具有代表性的产品作为参考机型，使用项目导向的方式，囊括了 PLC 的基础知识、软件使用、通信控制、系统设计及典型案例设计等内容，并配套了相应的实验实训指导教材，通过学习读者不仅能掌握 PLC 的理论知识，而且还能完成实际的控制任务。本书还介绍了基于 STEP 7 编程软件和 PLCSIM 仿真软件的学习、程序调试及实验方法，通过这种方法可以较快地掌握 STEP 7 对 S7-300/400 的硬件和通信网络进行组态和设置参数的方法，用 PLCSIM 在计算机上可以模拟运行和监控 PLC 的用户程序，读者在没有 PLC 的情况下也可以较快地掌握 S7-300/400 的使用方法。

全书共分为 7 个学习情境（20 个学习性工作任务），总课时为 80 学时左右，教学中可根据实际情况选取内容组织教学。

本书由四川机电职业技术学院程龙泉、满海波担任主编，宋立中、佘东担任副主编，宋立中负责统稿，黄宁、贾洪、王琼芳、陈勇等老师参加编写。在编写过程中，攀钢钒轨梁厂刘自彩主任工程师、攀钢钒热轧板厂罗付华工程师给予了大力支持，并提供了相关工程素材。

本书由四川机电职业技术学院许志军担任主审。

在编写过程中，编者还参考了很多专家、学者的著作，在此深表感谢！由于水平有限，书中难免存在不妥之处，殷切希望广大读者批评指正。

编　者

2015 年 3 月 11 日

目　录

学习情境 1 PLC 在自动化控制中的重要地位认知

【知识要点】

知识目标：

（1）掌握 PLC 的定义、PLC 的功能及主要特点；

（2）知道 PLC 的分类及发展趋势；

（3）掌握 PLC 的结构和工作过程。

能力目标：

（1）能识别 PLC 各模块型号、安装方式；

（2）会用性能指标确定 PLC 产品的优劣；

（3）能比较 PLC 与其他工业控制装置的特点。

学习性工作任务 1 PLC 在自动化控制中的重要地位认知

1.1 任务背景及要求

可编程控制器（Programmable Logic Controller）简称 PLC，是将 3C（Computer、Control、Communication）技术，即微型计算机技术、控制技术及通信技术融为一体，应用到工业控制领域的一种高可靠性控制器，是当代工业生产自动化的重要支柱。电气设备能否方便可靠的实现自动化，很大程度上取决于我们对可编程控制器的应用水平。

本单元首先组织学生参观 PLC 相关的实验实训室，利用实物，通过教师的讲解与演示，掌握 PLC 的定义、功能、类型及主要特点，能比较各种 PLC 产品性能的优劣。

1.2 相关知识

1.2.1 PLC 的发展过程

目前，工业生产自动化控制技术发生了深刻的变化。无论是从国外引进的自动化生产线，还是自行设计的自动控制系统，普遍把可编程控制器（PLC）作为控制系统的核心器件，在自动化领域已形成了一种工业控制趋势。

可编程控制器是一种专为在工业环境下应用而设计的计算机控制系统，它采用可编程序的存储器，能够执行逻辑控制、顺序控制、定时、计数和算术运算等操作功能，并通过开关量、模拟量的输入和输出完成各种机械或生产过程的控制。它具有丰富的输入、输出接口，并且具有较强的驱动能力，其硬件需根据实际需要选配，其软件则需根据控制要求进行设计。

早期的可编程控制器只能进行逻辑控制，简称 PLC（Programmable Logic Controller），现在的可编程控制器不仅可以进行逻辑控制，也可以对模拟量进行控制。后来美国电气制造协会将它命名为可编程控制器（Programmable Controller），简称 PC。但 PC 这个名称已成为个人计算机（Personal Computer）的专称，所以现在仍然把可编程控制器简称为 PLC。

国际电工委员会（IEC）对可编程控制器的定义："可编程控制器是一种数字运算操作的电子系统，专为在工业环境应用而设计的。它采用一类可编程的存储器，用于其内部存储程序，执行逻辑运算、顺序控制、定时、计数与算术操作等面向用户的指令，并通过数字或模拟式输入/输出控制各种类型的机械或生产过程。可编程控制器及其有关外部设备，都按易于与工业控制系统联成一个整体，易于扩充其功能的原则设计"。

世界上公认的第一台 PLC 是 1969 年美国数字设备公司（DEC）研制的。1968 年，美国 GM（通用汽车）公司提出取代继电器控制装置的要求，第二年，美国数字公司研制出了基于集成电路和电子技术的控制装置，首次采用程序化的手段应用于电气控制，这就是第一代可编程控制器。限于当时的元器件条件及计算机发展水平，早期的 PLC 主要由分立元件和中小规模集成电路组成，可以完成简单的逻辑控制及定时、计数功能。此后这项新技术迅速发展，并推动世界各国对可编程控制器的研制和应用。日本、德国等先后研制出自己的可编程控制器，其发展过程大致分为以下几个阶段：

第一阶段：初级阶段（1969 年至 20 世纪 70 年代中期）。主要是逻辑运算、定时和计数功能，没有形成系列。与继电器控制相比，可靠性有一定提高。CPU 由中小规模集成电路组成，存储器为磁芯存储器。目前，此类产品已无人问津。

第二阶段：扩展阶段（20 世纪 70 年代中期至末期）。该阶段 PLC 产品的控制功能得到很大扩展。扩展的功能包括数据的传送、数据的比较和运算、模拟量的运算等功能。增加了数字运算功能，能完成模拟量的控制。开始具备自诊断功能，存储器采用 EPROM。此类 PLC 已退出市场。

第三阶段：通信阶段（20 世纪 70 年代中末期至 80 年代中期）。该阶段产品与计算机通信的发展有关，形成了分布式通信网络。但是，由于各制造商各自为政，通信系统也是各有各的规范。首先，在很短的时间内，PLC 就已经从汽车行业迅速扩展到其他行业，作为继电器的替代品进入了食品、饮料、金属加工、制造和造纸等多个行业。其次，产品功能也得到很大的发展。同时，可靠性进一步提高。这一阶段的产品有西门子公司的 SIMATIC S5 系列，GOULD 公司的 M84、884 等，富士电机的 MICRO 和 TI 公司的 TI530 等，这类 PLC 仍在部分使用。

第四阶段：开放阶段（20 世纪 80 年代中期至今）。该阶段主要表现为通信系统的开放，使各制造厂商的产品可以通信，通信协议开始标准化，使用户得益。此外，PLC 开始采用标准化软件系统，编程语言除了传统的梯形图、流程图、语句表以外，还有用于算术运算的 BASIC 语言以及用于顺序控制的 GRAPH 语言，用于机床控制的数控语言等增加高级语言编程，并完成了编程语言的标准化工作。这一阶段的产品有西门子公司的 S7 系列，AB 公司的 PLC-5、SLC500，德维森的 V80 和 PPC11 等。

目前，为了适应大中小型企业的不同需要，扩大 PLC 在工业自动化领域的应用范围，PLC 正朝着以下两个方向发展：

（1）低档 PLC 向小型化、简易廉价方向发展，使之能更加广泛地取代继电器控制。

（2）中高档 PLC 向大型、高速、多功能方向发展，使之能取代工业控制机的部分功能，对复杂系统进行综合性自动控制。

1.2.2 PLC 的基本功能

1.2.2.1 控制功能

（1）逻辑控制。PLC 具有逻辑运算功能，它设置有"与"、"或"、"非"等逻辑指令，具有逻辑运算功能，能够描述继电器触点的串联、并联、串并联等各种连接，因此它可以代替继电器进行组合逻辑与顺序逻辑控制。

（2）定时与计数控制。PLC 具有定时、计数功能。它为用户提供了若干个电子定时器、计数器，并设置了定时、计数指令。定时值、计数值可由用户在编程时设定，并能读出与修改，使用灵活，操作方便。程序投入运行后，PLC 将根据用户设定的计时值、计数值对某个操作进行定时、计数控制。用户可自行设定接通延时、关断延时和定时脉冲等方式。用脉冲控制可以实现加、减计数模式，可以连接码盘进行位置检测。

（3）顺序控制。在前道工序完成后，自动转入下一道工序，使一台 PLC 可作为多部步进控制器使用。

1.2.2.2 数据采集、存储与处理功能

有的 PLC 还具有数据处理能力及并行运算指令，能进行数据并行传送、比较和逻辑运算，整数、实数的加、减、乘、除等运算，还能进行字"与"、字"或"、字"异或"、求反、逻辑移位、算术移位、数据检索、比较及数制转换等操作。

1.2.2.3 A/D、D/A 转换功能

PLC 还具有"模数"转换（A/D）和"数模"转换（D/A）功能，能完成对模拟量的控制与调节。位数和精度可以根据用户要求选择。具有温度测量接口，直接连接各种热电阻或热电偶。

1.2.2.4 通信与联网功能

现代 PLC 采用了通信技术，可以进行远程 I/O 控制，多台 PLC 之间可以进行同位连接，还可以与计算机进行上位连接，接收计算机的命令，并将执行结果通知计算机。由一台计算机和若干台 PLC 可以组成"集中管理、分散控制"的分布式控制网络，以完成较大规模的复杂控制。

1.2.2.5 控制系统监控功能

PLC 配置有较强的监控功能，它能记忆某些异常情况，或当发生异常情况时自动终止运行。在控制系统中，操作人员通过监控命令可以监视有关部分的运行状态，可以调整定时或计数等设定值，因而调试、使用和维护方便。

1.2.2.6　编程、调试

使用复杂程度不同的手持、便携和桌面式编程器、工作站和操作屏，进行编程、调试、监视、试验和记录，并通过打印机打印出程序文件。

1.2.3　PLC 的分类

1.2.3.1　按 I/O 点数及内存容量分类

按 I/O 点数和存储容量来分，PLC 大致可分为大、中、小型三种。

小型 PLC 的 I/O 点数在 256 点以下，内存容量在 4K 字以下，一般采用紧凑型结构，以开关量控制为主，适合于单机控制或小型系统的控制。

中型 PLC 的 I/O 点数在 256～1024 点之间，内存容量一般为 2～8K 字，采用模块化结构，比较适合中型或大型控制系统的控制。

大型 PLC 的输入、输出点数在 1024 点以上，内存容量在 8～16K 字以上，采用模块化结构，软、硬件功能较强。

1.2.3.2　按结构形式分类

PLC 可分为整体式和模块式两种。

整体式 PLC 是将其电源、中央处理器、输入/输出部件等集中配置在一起，有的甚至全部安装在一块印刷电路板上。整体式 PLC 结构紧凑，体积小、质量小、价格低，I/O 点数固定，使用不灵活，小型 PLC 常采用这种结构，如西门子 S7-200 系列。

模块式 PLC 是把 PLC 的各部分以模块形式分开。如电源模板、CPU 模板、输入模板、输出模板等，把这些模板插入机架底板上，组装在一个机架内。这种结构配置灵活，装配方便，便于扩展。一般中型和大型 PLC 常采用这种结构。

1.2.3.3　按控制功能分类

按 PLC 功能强弱来分，可分为低档机、中档机、高档机三种。

低档 PLC 具有逻辑运算、定时、计数等功能。有的还增设模拟量处理、算术运算、数据传送等功能。具有基本的控制功能和一般的运算能力。工作速度比较低，能带的 I/O 模块的数量比较少。

中档 PLC 除具有低档机的功能外，还具有较强的模拟量输入、输出、算术运算、数据传送等功能，可完成既有开关量又有模拟量控制的任务。如西门子公司的 S7-300。

高档 PLC 增设有带符号算术运算及矩阵运算等，使运算能力更强。还具有模拟调节、联网通信、监视、记录和打印等功能，使 PLC 的功能更多更强。能进行远程控制，构成分布式控制系统，成为整个工厂的自动化网络。在联网中一般做主站使用，如西门子公司的 S7-400。

1.2.4　PLC 的特点及性能指标

1.2.4.1　PLC 的特点

（1）高可靠性。由于工业生产过程是昼夜连续的，一般的生产装置要几个月，甚至几年才大修一次，这就要求 PLC 具有较高的可靠性，高可靠性是 PLC 最突出的特点之一。PLC 之所以具有较高的可靠性是因为它采用了微电子技术，所有的 I/O 接口电路均采用光电隔离措施，使工业现场的外电路与 PLC 内部电路之间电气上隔离。大量的开关动作由无触点的半导体电路来完成，另外还采取了屏蔽、滤波等抗干扰措施。它的平均故障间隔时间为 3 万 ~5 万小时以上。大型 PLC 还采用由双 CPU 构成的冗余系统，或由三 CPU 构成的表决系统。

（2）丰富的 I/O 接口。由于工业控制机只是整个工业生产过程自动控制系统中的一个控制中枢，为了实现对工业生产过程的控制，它还必须与各种工业现场的设备相连接才能完成控制任务。因此，PLC 除了具有计算机的基本部分如 CPU、存储器等以外，还有丰富的 I/O 接口模块。对不同的工业现场信号（如交流、直流、电压、电流、开关量、模拟量、脉冲等），都有相应的 I/O 模块与工业现场的器件或设备（如按钮、行程开关、接近开关、传感器及变送器、电磁线圈、电动机启动器、控制阀等）直接连接。另外，有些PLC 还有通信模块、特殊功能模块等。

（3）灵活性。有了 PLC，电气工程师不必为每套设备配置专用控制装置。可使控制系统的硬件设备采用相同的 PLC，只需编写不同应用软件即可，而且可以用一台 PLC 控制几台操作方式完全不同的设备。

（4）采用模块化结构。为了适应各种工业控制的需要，除单元式的小型 PLC 外，绝大多数 PLC 均采用模块化结构。PLC 的各个部件均采用模块化设计，由机架及电缆将各模块连接起来。

（5）便于改进和修正。相对传统的电气控制线路，PLC 为改进和修订原设计提供了极其方便的手段。以前也许要花费几周的时间，而用 PLC 也许只用几分钟就可以完成。

（6）节点利用率提高。传统电路中一个继电器只能提供几个节点用于连锁，在 PLC 中，一个输入中的开关量或程序中的一个"线圈"可提供用户所需要的任意个连锁节点，也就是说，节点在程序中可不受限制地使用。

（7）模拟调试。PLC 能对所控功能在实验室内进行模拟调试，缩短现场的调试时间。

（8）对现场进行监视。在 PLC 系统中，操作人员能通过显示器观测到所控每一个节点的运行情况，随时监视事故发生点。

（9）快速动作。PLC 里的节点反应很快，内部是微秒级的，外部是毫秒级的。

（10）体积小、质量轻、功耗低。由于采用半导体集成电路，与传统控制系统相比较，其体积小、质量轻、功耗低。

（11）编程简单、使用方便。PLC 采用面向控制过程、面向问题的"自然语言"编程，容易掌握。

1.2.4.2　PLC 的性能指标

PLC 的性能指标可分为硬件指标和软件指标两大类。PLC 的性能指标是 PLC 控制系统应用设计时选择 PLC 产品的重要依据。PLC 的性能指标如下：

（1）编程语言。PLC 常用的编程语言有梯形图、指令表、流程图及某些高级语言等。目前，使用最多的是梯形图和指令表。不同的 PLC 可能采用不同的语言。

（2）I/O 总点数。PLC 的输入和输出量有开关量和模拟量两种。开关量 I/O 用最大 I/

O 点数表示，模拟量 I/O 点数则用最大 I/O 通道数表示。

（3）内部继电器的种类和数目。内部继电器的种类和数目包括普通继电器、保持继电器、特殊继电器等。

（4）用户程序存储量。用户程序存储器用于存储通过编程器输入的用户程序，其存储量通常是以字/字节为单位来计算的。16 位二进制数为一个字，8 位为一个字节，每 1024 个字为 1K 字。中小型 PLC 的存储容量一般在 8K 字以下，大型 PLC 的存储容量有的已达 96K 字以上。通常一般的逻辑操作指令每条占一个字，数字操作指令占两个字。

（5）扫描速度。以 ms/K 字为单位表示。

（6）工作环境。温度 0 ~ 55℃，湿度小于 80%。

学习性工作任务 2　认识和了解什么是 PLC

2.1　任务背景及要求

S7-300/400 PLC 多采用模块式结构，PLC 的各种模块的功能、选择和装配是本课程最基础的内容之一，也是一个非常重要的知识点、技能点。本单元首先组织学生参观 PLC 相关的实验实训室，利用实物，通过教师的讲解与演示，完整展示 S7-300/400 PLC 的基本组成、装配过程及工作过程，学生能识别 PLC 各模块型号、安装方式，掌握 PLC 的工作过程及编程语言，为安装与维护打下基础。

2.2　相关知识

2.2.1　PLC 的基本结构

PLC 的类型繁多，但其结构和工作原理大同小异，PLC 控制系统是通过修改 PLC 的程序来完成的，PLC 控制系统也称之为"软接线"程序控制系统，与微型计算机控制系统基本相似，它由硬件和软件两大部分组成。PLC 实质上是一种用于工业控制的专用计算机，但对硬件各部分的定义及工作过程则与 PC 有很大差异。

本书以西门子公司的 S7-300/400 系列大中型 PLC 为主要讲授对象。S7-300/400 属于模块式 PLC，主要由机架、CPU 模块、信号模块、功能模块、接口模块、通信处理器、电源模块和编程设备组成，如图 2-1 所示。各种模块安装在机架上。通过 CPU 模块或通信模块上的通信接口，PLC 被连接到通信网络上，可以与计算机、其他 PLC 或其他设备通信。

（1）DIN 导轨（机架）。S7-300 系列 PLC 采用背板总线结构，直接将总线集成在每个模块上，导轨是安装 PLC 各类模块的机架，可根据实际需要选择。

（2）电源模块。电源模块用于对 PLC 内部电路供电。PLC 一般使用 AC 220V 电源或 DC24V 电源，电源模块用于将输入电压转换为 DC24V 电压和背板总线上的 DC5V 电压，供其他模块使用。

（3）CPU 模块。CPU 模板有多种型号，它是 PLC 的核心部件，CPU 模块主要由微处理器（CPU 芯片）和存储器组成。在 PLC 控制系统中，CPU 模块相当于人的大脑和心脏，是系统的运算控制核心。其主要任务有：接收并存储用户程序和数据，接收现场输入设备

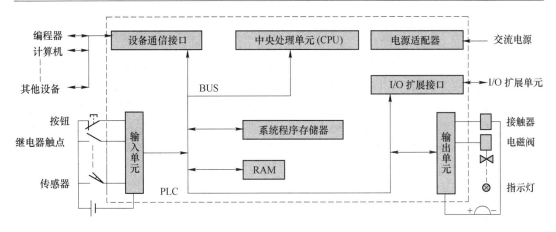

图 2-1 PLC 结构框图

的状态和数据，检查、校验编程过程中的语法错误；执行用户程序，完成用户程序规定的运算任务，更新有关标志位的状态和输出状态寄存器的内容，实现输出控制或数据通信等功能；诊断电源、PLC 内部电路的故障，根据故障或错误的类型，通过显示器显示出相应的信息。

S7-300/400 将 CPU 模块简称为 CPU。

（4）信号模块。输入/输出模块简称为 I/O 模块，开关量输入、输出模块简称为 DI 模块和 DO 模块。模拟量输入、输出模块简称为 AI 模块和 AO 模块，它们统称为信号模块。

输入模块用来接收和采集输入信号，开关量输入模块用来接收从按钮、选择开关、数字拨码开关、限位开关、接近开关、光电开关、压力继电器等的开关量输入信号；模拟量输入模块用来接收电位器、测速发电动机和各种变送器提供的连续变化的模拟量电流电压信号。开关量输出模块用来控制接触器、电磁阀、电磁铁、指示灯、数字显示装置和报警装置等输出设备，模拟量输出模块用来控制电动调节阀、变频器等执行器。

CPU 模块内部的工作电压一般是 DC5V，而 PLC 的输入/输出信号电压一般较高，如 DC24V 或 AC230V。从外部引入的尖峰电压和干扰噪声可能损坏 CPU 模块中的元器件，或使 PLC 不能正常工作。在信号模块中，用光耦合器、光敏晶闸管、小型继电器等器件来隔离 PLC 的内部电路和外部的输入、输出电路。信号模块除了传递信号外，还有电平转换与隔离的作用。

信号模块是系统的眼、耳、手、脚，是联系外部现场设备和 CPU 模块的桥梁。用户可根据现场输入/输出元件选择各种用途的 I/O 模板。一般 PLC 均配置 I/O 电平转换及电气隔离。输入电压转换是用来将输入端不同电压或电流信号转换成微处理器所能接收的低电平信号。输出电平转换是用来将微处理器控制的低电平信号转换为控制设备所需的电压或电流信号。输出电路还要进行功率放大，足以带动一般的工业控制元器件，如电磁阀、接触器等。电气隔离是在微处理器与 I/O 回路之间采用的防干扰措施，输入/输出模块既可以与 CPU 模块放置在一起，又可远程安装。一般 I/O 模块都有 I/O 状态显示和接线端子排。有些 PLC 还具有一些其他功能的 I/O 模块。

（5）接口模块。CPU 模块所在的机架称为中央机架，如果一个机架不能容纳全部模块，可以增设一个或多个扩展机架。接口模块用来实现中央机架与扩展机架之间的通信，有的接口模块还可以为扩展机架供电。

（6）通信处理器。通信处理器用于 PLC 之间、PLC 与远程 I/O 之间、PLC 与计算机和其他智能设备之间的通信，可以将 PLC 接入 MPI、PROFIBUS-DP、AS-i 和工业以太网，或者用于实现点对点通信等。CPU 模块集成有 MPI 通信接口，有的还集成了其他通信接口。

（7）编程设备。S7-300/400 使用安装了编程软件 STEP 7 的个人计算机作为编程设备，在计算机屏幕上直接生成和编辑各种文本程序或图形程序，可以实现不同编程语言之间的相互转换。程序被编译后下载到 PLC，也可以将 PLC 中的程序上传到计算机。程序可以存盘或打印，通过网络，可以实现远程编程和传送。编程软件还具有对网络和硬件组态、参数设置、监控和故障诊断等功能。

2.2.2　PLC 的工作过程

PLC 可视为一种特殊的工业控制计算机，但 PLC 具有比计算机更强的工业过程接口，编程语言和工作原理与计算机相比也有一定的差别，与继电器控制逻辑的工作过程有很大差别。

可以把 PLC 的工作过程简单地分为输入采样、执行用户程序、输出刷新三个阶段，如图 2-2 所示。

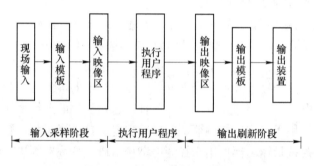

图 2-2　PLC 的一般工作过程

PLC 采用循环执行用户程序的方式，这种运行方式也称为扫描工作方式。OB1 是用于循环处理的组织块，相当于用户程序中的主程序，它可以调用别的逻辑块，或被中断程序（组织块）中断。

2.2.2.1　输入采样阶段

PLC 以扫描方式进行工作，输入电路时刻监视着输入状况，并将其暂存于输入暂存器中。每一输入点都有一个对应的存储其信息的暂存器。按顺序将所有信号读入到寄存输入状态的输入映像区中存储，人们时常将此过程称为采样。在整个工作周期内，这个采样结果的内容不会改变，而且这个采样结果将在 PLC 执行程序时被使用。

2.2.2.2　执行用户程序

PLC 按顺序对程序进行扫描，即从上到下、从左到右地扫描每条指令，并分别从输入映像区和输出映像区中获得所需的数据进行运算、处理，再将程序执行的结果写入寄存执行结果的输出映像区中保存。这个结果在程序执行期间可能发生变化，但在整个程序未执行完毕之前不会送到输出端口。

2.2.2.3　输出刷新阶段

在执行完用户所有程序后，PLC 将输出映像区中的内容送到寄存输出状态的输出锁存器中，这一过程称为输出刷新。输出锁存器与输出点也是一一对应的关系，输出电路要把输出锁存器的信息传送给输出点，再去驱动用户设备。

当 PLC 投入运行后，重复完成以上三个阶段的工作，即采用循环扫描工作过程。PLC 工作的主要特点是输入输出采样、程序执行、输出刷新"串行"工作方式，这样既可避免继电器、接触器控制系统中的触点竞争和时序失配，又可提高 PLC 的运算速度，这是 PLC 系统可靠性高、响应快的原因。但是，也导致输出对输入在时间上的滞后。

为此，PLC 的工作速度要快。速度快、执行指令时间短，是 PLC 实现控制的基础。事实上，它的速度是很快的，执行一条指令，多的几微秒、几十微秒，少的才零点几微秒，或零点零几微秒，而且这个速度还在不断提高中。

图 2-3 所示的过程是简化的过程，实际的 PLC 工作流程还要复杂些。除了 I/O 刷新及运行用户程序，还要做些公共处理工作。公共处理工作有：循环时间监控、外设服务及通信处理等。

PLC 的开机流程要经过上电初始化、系统自检、运行程序、循环时间计算、I/O 刷新、外设及通信服务等几个阶段，如图 2-3 所示。

2.2.3　PLC 的编程语言

PLC 的用户程序是设计人员根据控制系统的工艺控制要求，通过 PLC 编程语言的编制设计的。根据国际电工委员会制定的工业控制编程语言标准（IEC1131-3），定义了 5 种编程语言：

（1）指令表 IL（Instruction list）：西门子称为语句表 STL。

（2）结构文本 ST（Structured text）：西门子称为结构化控制语言（SCL）。

（3）梯形图 LD（Ladder diagram）：西门子简称为 LAD。

（4）功能块图 FBD（Function block diagram）：标准中称为功能方框图语言。

（5）顺序功能图 SFC（Sequential function chart）：对应于西门子的 S7Graph。

2.2.3.1　梯形图语言（LAD）

梯形图语言是 PLC 程序设计中最常用的编程语言。它是与继电器线路类似的一种编程语言。由于电气设计人员对继电器控制较为熟悉，因此，梯形图编程语言得到了广泛的欢迎和应用。梯形图编程语言的特点是：与电气操作原理图相对应，具有直观性和对应性；与原有继电器控制相一致，电气设计人员易于掌握。梯形图编程语言与原有的继电器控制的不同点是：梯形图中的电流不是实际意义的电流，内部的继电器也不是实际存在的继电器，应用时，需要与原有继电器控制的概念区别对待。

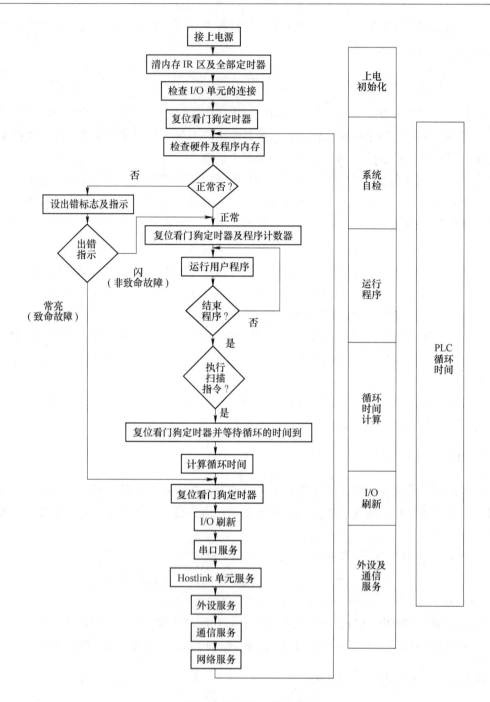

图 2-3　PLC 的工作流程

2.2.3.2　指令表语言（STL）

指令表编程语言是与汇编语言类似的一种助记符编程语言，和汇编语言一样由操作码和操作数组成。在无计算机的情况下，适合采用 PLC 手持编程器对用户程序进行编制。同时，指令表编程语言与梯形图编程语言图一一对应，在 PLC 编程软件下可以相互转换。

2.2.3.3　功能块图语言（FBD）

功能模块图语言是与数字逻辑电路类似的一种PLC编程语言。采用功能模块图的形式来表示模块所具有的功能，不同的功能模块有不同的功能。

功能模块图程序设计语言的特点是：以功能模块为单位，分析理解控制方案简单容易；功能模块是用图形的形式表达功能，直观性强，对于具有数字逻辑电路基础的设计人员很容易掌握的编程；对规模大、控制逻辑关系复杂的控制系统，由于功能模块图能够清楚表达功能关系，使编程调试时间大大减少。

2.2.4　可编程控制器与其他工业控制装置的比较

2.2.4.1　PLC与继电器控制系统的比较

继电器控制系统是针对一定的生产机械、固定的生产工艺设计的，采用硬接线方式装配而成，只能完成既定的逻辑控制、定时、计数等功能，一旦生产工艺过程改变，则控制柜必须重新设计，重新配线。传统的继电器控制系统被PLC所取代已是必然趋势，而PLC由于应用了微电子技术和计算机技术，各种控制功能都是通过软件来实现的，只要改变程序并改动少量的接线端子，就可适应生产工艺的改变。从适应性、可靠性、安装维护等各方面比较，PLC都有显著的优势。因此，PLC控制系统将取代大多数传统的继电器控制系统。

2.2.4.2　PLC与集散控制系统的比较

PLC与集散控制系统在发展过程中，始终是互相渗透、互为补充的，它们分别由两个不同的古典控制设备发展而来。PLC由继电器逻辑控制系统发展而来，所以它在数字处理、顺序控制方面具有一定优势，主要侧重于开关量顺序控制方面。集散控制系统（DCS）由单回路仪表控制系统发展而来，所以它在模拟量处理、回路调节方面具有一定优势，主要侧重于回路调节功能。

集散控制系统自20世纪70年代问世之后，发展非常迅速，特别是单片微处理器的广泛应用和通信技术的成熟，把顺序控制装置、数据采集装置、过程控制的模拟量仪表、过程监控装置有机地结合在一起，产生了满足不同要求的集散型控制系统。现代PLC的模拟量控制功能很强，多数都配备了各种智能模块，以适应生产现场的多种特殊要求，具有了PID调节功能和构成网络系统组成分级控制的功能以及集散系统所完成的功能。集散控制系统既有单回路控制系统，又有多回路控制系统，同时也具有顺序控制功能。

到目前为止，PLC与集散控制系统的发展越来越接近，很多工业生产过程既可以用PLC，也可以用集散控制系统实现其控制功能。把PLC系统和DCS系统各自的优势有机地结合起来，可形成一种新型的分布式计算机控制系统。

2.2.4.3　PLC与工业控制计算机的比较

工业控制计算机是通用微型计算机适应工业生产控制要求发展起来的一种控制设备。硬件结构方面总线标准化程度高、兼容性强，而软件资源丰富，特别是有实时操作系统的支持，故对要求快速、实时性强、模型复杂、计算工作量大的工业对象的控制占有优势。但是，使用工业控制机控制生产工艺过程，要求开发人员具有较高的计算机专业知识和微机软件编程的能力。

　　PLC 最初是针对工业顺序控制应用而发展起来的，硬件结构专用性强，通用性差，很多优秀的微机软件不能直接使用，必须经过二次开发。但是，PLC 使用技术人员熟悉的梯形图语言编程，易学易懂，便于推广应用。

　　从可靠性方面看，PLC 是专为工业现场应用而设计的，采用整体密封或插件组合型，并采取了一系列抗干扰措施，具有很高的可靠性；而工业控制计算（工控机）机虽然也能够在恶劣的工业环境下可靠运行，但毕竟是由通用机发展而来，在整体结构上要完全适应现场生产环境，还要做工作。另一方面，PLC 用户程序是在 PLC 监控程序的基础上运行的，软件方面的抗干扰措施在监控程序里已经考虑得很周全，而工业控制计算（工控机）机用户程序则必须考虑抗干扰问题，这也是工控机应用系统比 PLC 应用系统可靠性差的原因。

　　尽管现代 PLC 在模拟量信号处理、数值运算、实时控制等方面有了很大提高，但在模型复杂、计算量大、实时性要求较高的环境中，工业控制计算机则更能体现出它的优势。

习　题

（1）美国数字设备公司于哪年研制出世界第一台 PLC？

（2）PLC 从组成结构形式上可以分为哪两类？

（3）PLC 是由什么逻辑控制系统发展而来的，它在什么方面具有一定优势？

（4）PLC 主要由哪几部分组成？

（5）PLC 中的用户程序存储量通常以什么作为计算单位？

（6）PLC 常用编程语言有哪些？

（7）PLC 是通过一种通过周期扫描工作方式来完成控制的，每个周期包括哪三个阶段？

（8）PLC 控制系统分为哪三大类？

（9）什么是可编程控制器？

（10）可编程控制器是如何分类的？简述其特点。

（11）简述可编程控制器的工作原理，如何理解 PLC 的循环扫描工作过程？

（12）简述 PLC 与继电接触器控制在工作方式上各有什么特点。

（13）PLC 能用于工业现场的主要原因是什么？

（14）详细说明 PLC 在扫描的过程中，输入映像寄存器和输出映像寄存器各起什么作用？

（15）可编程序控制器的控制程序为串行工作方式，继电接触器控制线路为并行工作方式，相比之下，可编程序控制器的控制结果有什么特殊性？

（16）简述可编程控制器的性能指标。

（17）可编程控制器与其他工业控制装置相比有何优点？

学习情境 2   PLC 的硬件选择、安装与接线

【知识要点】

知识目标：

(1) 知道 S7-300/400 PLC 主要模块的特点、功能及技术参数；

(2) 掌握 I/O 模块的编址方法。

能力目标：

(1) 会辨认 S7-300/400 PLC 主要模块；

(2) 能进行基本的电路分析和设计，能进行 PLC 模块的接线；

(3) 会选择、安装 S7-300/400 PLC 主要模块；

(4) 会进行 S7-300/400 CPU 模块的操作。

学习性工作任务 3   PLC 模块的选择与操作

3.1   项目背景及要求

S7-300/400 PLC 多采用模块式结构，PLC 的各种模块的功能、选择和装配是本课程最基础的内容之一，也是一个非常重要的知识点、技能点。本单元首先组织学生参观 PLC 相关的实验实训室，利用实物，通过教师的讲解与演示，完整展示 S7-300/400 PLC 的基本组成、装配过程以及工艺要点，然后学生参照教师的示范，学会各种模块的选择、安装与使用。

3.2   相关知识

3.2.1   S7-300 系列 PLC 简介

S7-300 可编程序控制器是西门子公司于 20 世纪 90 年代中期推出的新一代 PLC，采用模块化结构设计，用搭积木的方式来组成系统。S7-300 属中小型 PLC，有很强的模拟量处理能力和数字运算功能，具有许多过去大型 PLC 才有的功能，其扫描速度甚至超过了许多大型的 PLC。

S7-300 PLC 功能强、速度快、扩展灵活，它具有紧凑的、无槽位限制的模块化结构，S7-300 采用 U 形背板总线将各模块连接起来，可利用 MPI、PROFIBUS 和工业以太网组成网络，使用 STEP 7 组态软件可以对硬件进行组态和设置。CPU 的智能化诊断系统可连续监控系统功能并记录错误和特定的系统事件，多级口令保护可使用户有效保护其专用技

术，防止未经允许的拷贝及修改。

（1）S7-300 PLC 的组成。通用型 S7-300 PLC 的实物外形结构如图 3-1 所示。

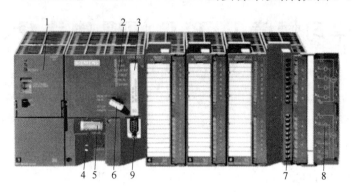

图 3-1　通用型 S7-300 PLC 的外形结构

1—电源模块；2—状态和故障指示灯；3—存储器卡；4—DC24V 连接；5—后备电池；
6—模式开关；7—前连接器；8—前门；9—MPI 多点接口

S7-300 PLC 的主要组成部分有导轨（RACK）、电源模块（PS）、中央处理单元 CPU、接口模块（IM）、信号模块（SM）、功能模块（FM）、通信处理器（CP）、特殊模块（SM 374 仿真器，占位模块 DM 370）等，如图 3-2 所示。S7-300 的 CPU 模块都有一个编程用的 RS-485 接口，有的有 PROFIBUS-DP 接口或 PtP（点对点）串行通信接口，可以建立一个 MPI（多点接口）网络或 DP 网络。

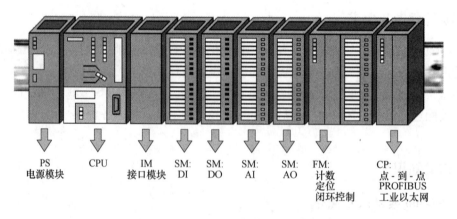

图 3-2　S7-300 模块排列顺序

1）导轨（RACK）。导轨是安装 S7-300 各类模块的机架，S7-300 采用背板总线的方式将各模块从物理上和电气上连接起来。除 CPU 模块外，每块信号模块都带有总线连接器，安装时先将总线连接器装在 CPU 模块并固定在导轨上，然后依次将各模块装入，如图 3-3 所示。

2）电源模块（PS）。电源模块用于将 AC 220V 电源转换为 DC24V 电源，供 CPU 和 I/O 模块使用。额定输出电流有 2A、5A 和 10A 等 3 种，过载时模块上的 LED 闪烁。

3）中央处理单元（CPU）。各种 CPU 有不同的性能，例如有的 CPU 集成有数字量和

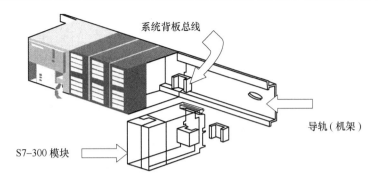

图 3-3　模块安装示意图

模拟量输入/输出点，有的 CPU 集成有 PROFIBUS-DP 等通信接口。CPU 前面板上有状态故障指示灯、模式开关、24V 电源端子、电池盒与存储器模块盒（有的 CPU 没有）。

4）接口模块（IM）。接口模块用于多机架配置时连接主机架（CR）和扩展机架（ER）。S7-300 通过分布式的主机架和 3 个扩展机架，最多可以配置 32 个信号模块、功能模块和通信处理器。

5）信号模块（SM）。信号模块是数字量输入/输出模块和模拟量输入/输出模块的总称，它们使不同的过程信号电压或电流与 PLC 内部的信号电平匹配，信号模块主要有数字量输入模块 SM321 和数字量输出模块 SM322，模拟量输入模块 SM331 和模拟量输出模块 SM332。模拟量输入模块可以输入热电阻、热电偶、DC4～20mA 和 DC0～10V 等多种不同类型和不同量程的模拟信号。每个模块上有一个背板总线连接器，现场的过程信号连接到前连接器的端子上。

6）功能模块（FM）。功能模块主要用于对实时性和存储容量要求高的控制任务，例如，FM350-1、FM350-2 计数器模块，FM351 用于快速/慢速驱动的定位模块，FM353 用于步进电机的定位模块，FM354 用于伺服电机的定位模块，FM357-2 定位和连续通道控制模块，SM 338 超声波位置探测模块，SM 338 SSI 位置探测模块，FM 352 电子凸轮控制器，FM 352-5 高速布尔运算处理器，FM 355 PID 模块以及 FM 355-2 温度 PID 控制模块等。

7）通信处理器（CP）。通信处理器用于 PLC 之间、PLC 与计算机和其他智能设备之间的通信，可以将 PLC 接入 PROFIBUS-DP、AS-i 和工业以太网，或用于实现点对点通信等。通信处理器可以减轻 CPU 处理通信的负担，并减少用户对通信的编程工作。

（2）S7-300 PLC 的系统结构。S7-300 系列 PLC 是模块化结构设计，各种单独模块之间可进行广泛组合和扩展，其系统构成如图 3-4 所示。它的主要组成部分有导轨（RACK）、电源模块（PS）、中央处理单元模块（CPU）、接口模块（IM）、信号模块（SM）、功能模块（FM）等。它通过 MPI 网的接口直接与编程器 PG、操作员面板 OP 和其他 S7 PLC 相连。

S7-300 采用紧凑的、无槽位限制的模块结构，电源模块（PS）、CPU、信号模块（SM）、功能模块（FM）、接口模块（IM）和通信处理器（CP）都安装在导轨上。导轨是一种专用的金属机架，只需将模块钩在 DIN 标准的安装导轨上，然后用螺栓锁紧就可以了。有多种不同长度规格的导轨供用户选择。

S7-300 用背板总线将除电源模块之外的各个模块连接起来。背板总线集成在模块上，

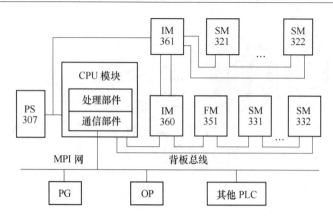

图 3-4　S7-300 系统结构

模块通过 U 形总线连接器相连，每个模块都有一个总线连接器，后者插在各模块的背后。安装时，先将总线连接器插在 CPU 模块上，并固定在导轨上，然后依次装入各个模块。外部接线接在信号模块和功能模块的前连接器的端子上，前连接器用插接的方式安装在模块前门后面的凹槽中。电源模块通过电源连接器或导线与 CPU 模块相连。信号模块和通信处理器模块可以不受限制地插到任何一个槽上，系统可以自动分配模块的地址。每个机架最多只能安装 8 个信号模块、功能模块或通信处理器模块。如需要的模块超过 8 块，则可以增加扩展机架。除了带 CPU 的中央机架（CR），最多可以增加 3 个扩展机架（ER），每个机架可以插 8 个模块（不包括电源模块、CPU 模块和接口模块）。S7-300 最多可以扩展 32 个模块。

　　安装时，插槽 1 为电源模块，中央机架（0 号机架）的插槽 2 为 CPU 模块，CPU 必须紧靠电源模块，对电源和 CPU 两块模块不分配地址。插槽 3 为接口模块，用于连接扩展机架，即使不使用接口模块，CPU 中也给接口模块分配逻辑地址。插槽 4 ～ 11 可自由分配给信号模块、功能模块和通信处理器模块，根据模块插入的位置不同具有确定的 I/O 地址。

　　如果有扩展机架，接口模块占用 3 号槽，负责与其他扩展机架自动地进行数据通信。使用 IM360/361 接口模块可以扩展 3 个机架，中央机架（CR）使用 IM360，扩展机架（ER）使用 IM361，各相邻机架之间的电缆最长为 10m。每个 IM361 需要一个外部 DC24V 电源，向扩展机架上的所有模块供电，可以通过电源连接器连接 PS 307 负载电源。所有的 S7-300 模块均可以安装在扩展机架（ER）上。接口模块是自组态的，无需进行地址分配。

　　每个机架上安装的信号模块、功能模块和通信处理器除了不能超过 8 块外，还受到背板总线 DC5V 供电电流的限制。0 号机架的 DC5V 电源由 CPU 模块产生，其额定电流值与 CPU 的型号有关。扩展机架的背板总线的 DC5V 电源由接口模块 IM361 产生。

　　3.2.1.1　S7-300 的模块地址分配

　　S7-300 的开关量地址由地址标识符、地址的字节部分和位部分组成，一个字节由 0 ～ 7 这 8 位组成。地址标识符 I 表示输入，Q 表示输出，M 表示存储器位。例如 I3.2 是一个数字输入量的地址，小数点前面的 3 是地址的字节部分，小数点后的 2 表示这个输入点是

3 号字节中的第 2 位。开关量除了按位寻址外，还可以按字节、字和双字寻址。例如输入量 I2.0 ~ I2.7 组成输入字节 IB2，B 是 Byte 的缩写；字节 IB2 和 IB3 组成一个输入字 IW2，W 是 Word 的缩写，其中的 IB2 为高位字节；IB2 ~ IB5 组成一个输入双字 ID2，D 是 Double Word 的缩写，其中的 IB2 为最高位的字节。以组成字和双字的第一个字节的地址作为字和双字的地址。S7-300 的信号模块的字节地址与模块所在的机架号和槽号有关，位地址与信号线接在模块上的哪一个端子有关。对于数字量模块，从 0 号机架的 4 号槽开始，每个槽位分配 4B（4 个字节）的地址，相当于 32I/O 点。最多可能有 32 个数字量模块，共占用 32 × 4B = 128B。

模拟量模块以通道为单位，一个通道占一个字地址，或两个字节地址。例如，模拟量输入通道 IW640 由字节 IB640 和 IB641 组成。S7-300 为模拟量模块，保留了专用的地址区域，字节地址范围为 IB256 ~ 767，可以用装载指令和传送指令访问模拟量模块。

一个模拟量模块最多有 8 个通道，从 256 开始，给每一个模拟量模块分配 16B（8 个字）的地址。数字量输入/输出模块内最低的位地址（如 I0.0）对应的端子位置最高，最高的位地址对应的端子的位置最低。

A　数字量模块及地址分配

数字量模块可以插入槽号为 4 ~ 11 的所有位置，各槽号所对应的数字量地址见表 3-1。数字量 I/O 模块每个槽划分为 4Byte（等于 32 个 I/O 点）。

表 3-1　S7-300 PLC 数字量地址分配

主机架	槽　　号							
	4	5	6	7	8	9	10	11
0	0.0 ~ 3.7	4.0 ~ 7.7	8.0 ~ 11.7	12.0 ~ 15.7	16.0 ~ 19.7	20.0 ~ 23.7	24.0 ~ 27.7	28.0 ~ 31.7
扩展机架	槽　　号							
	4	5	6	7	8	9	10	11
1	32.0 ~ 35.7	36.0 ~ 39.7	40.0 ~ 43.7	44.0 ~ 47.7	48.0 ~ 51.7	52.0 ~ 55.7	56.0 ~ 59.7	60.0 ~ 63.7
2	64.0 ~ 67.7	68.0 ~ 71.7	72.0 ~ 75.7	76.0 ~ 79.7	80.0 ~ 83.7	84.0 ~ 87.7	88.0 ~ 91.7	92.0 ~ 95.7
3	96.0 ~ 99.7	100.0 ~ 103.7	104.0 ~ 107.7	108.0 ~ 111.7	112.0 ~ 115.7	116.0 ~ 119.7	120.0 ~ 123.7	124.0 ~ 127.7

B　数字量模块地址的确定

一个数字量模块的输入或输出地址由字节地址和位地址组成。字节地址取决于其模块起始地址。例如：如果一块数字量模块插在第 4 号槽里，假设 I/O 的起始地址均为 0，则其地址分配如图 3-5 所示。

C　模拟量模块及地址分配

S7-300 PLC 的模拟量模块的功能是将过程模拟信号转换为 S7-300 内部所用的数字信号，模拟量输入模块可以连接电压传感器、电流传感器、热电阻、热电阻传感器等。模拟 I/O 模块每个槽划分为 16Byte（等于 8 个模拟量通道），每个模拟量输入或输出通道的地址总是一个字地址。

S7-300PLC 各槽号所对应的模拟量地址见表 3-2。

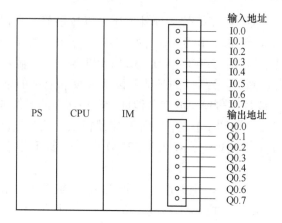

图 3-5　数字量模块地址分配举例

表 3-2　S7-300 PLC 模拟量地址分配

机架	槽　　　　号							
	4	5	6	7	8	9	10	11
0	256～270	272～286	288～302	304～318	320～334	336～350	352～366	368～382
1	384～398	400～414	416～430	432～446	448～462	464～478	480～494	496～510
2	512～526	528～542	544～558	560～574	576～590	592～606	608～622	624～638
3	640～654	656～670	672～686	688～720	704～718	720～734	736～750	752～766

D　模拟量模块地址的确定

模拟量输入或输出通道的地址总是一个字地址。通道地址取决于模块的起始地址，例如：如果第一块模拟量模块插在第 4 号槽，其地址分配如图 3-6 所示。

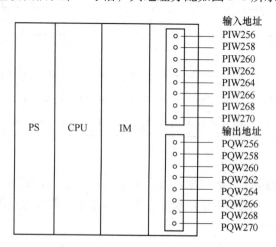

图 3-6　模拟量地址分配举例

3.2.1.2　S7-300 的 CPU 模块

A　S7-300 CPU 模块的分类

S7-300 总共有 20 种不同型号的 CPU，分别适用于不同等级的控制要求。S7-300 的

CPU 模块大致可以分成 6 类：紧凑型 CPU，6 种；标准型 CPU，5 种；革新型 CPU，5 种；户外型 CPU，3 种；故障安全型 CPU，3 种；特种型 CPU，2 种。几种通用型 CPU 的主要技术参数比较见表 3-3。

表 3-3　几种通用型 CPU 主要技术参数比较

CPU	313	314	315	315-2DP	316-2DP	318-2DP
工作存储器	12KB	24KB	48KB	64KB	128KB	512KB
功能块数量	128 个 FC，128 个 FB，127 个 DB			192 个 FC，192 个 FB，255 个 DB		512 个 FC，256 个 FB，511 个 DB（以上）
组织块	主程序循环 OB1，日时钟中断 OB10，循环中断 OB35，硬件中断 OB40，再启动控制 OB100 等					
数字 I/O	256	1024	1024	8192	16384	65536
模拟 I/O	64	256	256	512	1024	4096
I/O 映像区	32/32	128/128	128/128	128/128	128/128	256/256
模块总数	8	32	32	32	32	32
CU/EU 数量	1/0	1/3	1/3	1/3	1/3	1/3
内部标志	2048	2048	2048	2048	2048	8192
定时器	128	128	128	128	128	512
计数器	64	64	64	64	64	512

B　S7-300 CPU 模块的操作

S7-300 系列的 CPU312 IFM/313/314/314、IFM/315/315-2DP/316-2DP 以及 318-2DP 模块的方式选择开关都一样，有以下 4 种工作方式，通过可卸的专用钥匙来控制选择。图 3-7 所示为 CPU 模块面板布置示意图。

（1）RUN-P：可编程运行方式。CPU 扫描用户程序，既可以用编程装置从 CPU 中读出，也可以由编程装置装入 CPU 中。用编程装置可监控程序的运行，在此位置钥匙不能拔出。

（2）RUN：运行方式。CPU 扫描用户程序，可以用编程装置读出并监控 PLC CPU 中的程序，但不能改变装载存储器中的程序。在此位置可以拔出钥匙，以防止程序在正常运行时被改变操作方式。

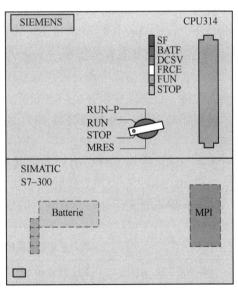

图 3-7　S7-300 CPU 模块面板布置示意图

（3）STOP：停止方式。CPU 不扫描用户程序，可以通过编程装置从 CPU 中读出，也可以下载程序到 CPU。在此位置可以拔出钥匙。

（4）MRES：清除存储器，不能保持。将钥匙开关从 STOP 状态扳到 MRES 位置，可复位存储器，使 CPU 回到初始状态。

S7-300PLC 的状态及故障情况，通过 6 个 LED 指示，各 LED 指示灯的含义如下：

（1）SF（红色）：系统出错/故障指示灯。CPU 硬件或软件错误时亮。

（2）BATF（红色）：电池故障指示灯（只有 CPU313 和 314 配备）。当电池失效或未装入时，指示灯亮。

（3）DC5V（绿色）：+5V 电源指示灯。CPU 和及总线 5V 电源正常时亮。

（4）FRCE（黄色）：强制有效指示灯。至少有一个 I/O 被强制状态时亮。

（5）RUN（绿色）：运行状态指示灯。CPU 处于"RUN"状态时亮；LED 在"Startup"状态以 2Hz 频率闪烁；在"HOLD"状态以 0.5Hz 频率闪烁。

（6）STOP（黄色）：停止状态指示灯。CPU 处于"STOP"或"HOLD"或"Startup"状态时亮；在存储器复位时 LED 以 0.5Hz 频率闪烁；在存储器置位时 LED 以 2Hz 频率闪烁。

CPU315-2DP 模块除了具有上述 6 个 LED 指示灯外，还有另外两个指示灯：

（1）BUS DF（BF）（红色）：总线出错指示灯（只适用于带有 DP 接口的 CPU）。出错时亮。

（2）SF DP（红色）：DP 接口错误指示灯（只适用于带有 DP 接口的 CPU）。当 DP 接口故障时亮。

3.2.1.3 S7-300 的数字量模块

S7-300 有多种型号的数字量 I/O 模块供选择。本节主要介绍数字量输入模块 SM321，数字量输出模块 SM322，数字量 I/O 模块 SM323 等模块的技术性能和基本原理。对仿真模块 SM374，占位模块 DM370 的功能也作了简单的介绍。

A　SM321 数字量输入模块

数字量输入模块将现场过程送来的数字信号电平转换成 S7-300 内部信号电平。对现场输入元件，仅要求提供开关触点即可。输入信号进入模块后，一般都经过光电隔离和滤波，然后才送至输入缓冲器等待 CPU 采样。采样时，信号经过背板总线进入到输入映像区。

数字量输入模块 SM321 有四种型号模块可供选择，即直流 16 点输入、直流 32 点输入、交流 16 点输入、交流 8 点输入模块。模块的每个输入点有一个绿色发光二极管显示输入状态，输入开关闭合，即有输入电压时，二极管亮。数字量输入模块 SM321 的技术特性见表 3-4。

表 3-4　数字量输入模块 SM321 的技术特性

SM321 数字输入模块	直流 16 点输入模块	直流 32 点输入模块	交流 16 点输入模块	交流 8 点输入模块
输入点数	16	32	16	8
额定负载电压 L +	24V DC	24V DC		
负载电压范围/V	20.4 ~ 28.8	20.4 ~ 28.8		
额定输入电压	24V DC	24V DC	120V AC	120/230V AC
输入电压"1"范围/V	13 ~ 30	13 ~ 30	79 ~ 132	79 ~ 264
输入电压"0"范围/V	−3 ~ +5	−3 ~ +5	0 ~ 20	0 ~ 40
输入电压频率/Hz			47 ~ 63	47 ~ 63

SM321 数字输入模块	直流 16 点输入模块	直流 32 点输入模块	交流 16 点输入模块	交流 8 点输入模块
隔离（与背板总线）	光耦	光耦	光耦	光耦
输入电流（"1"信号）/mA	7	7.5	6	6.5 /11
最大允许静态电流/mA	1.5	1.5	1	2
典型输入延迟时间/ms	1.2 ~ 4.8	1.2 ~ 4.8	25	25
消耗背板总线最大电流/mA	25	25	16	29
消耗 L + 最大电流/mA	1	—	—	—
功耗/W	3.5	4	4.1	4.9

B　SM322 数字量输出模块

SM322 数字量输出模块将 S7-300 内部信号电平转换成过程所要求的外部信号电平，可直接用于驱动电磁阀、接触器、小型电动机、灯和电动机启动器等。按负载回路使用的电源不同分为：直流输出模块、交流输出模块和交直流两用输出模块。按输出开关器件的种类不同又可分为：晶体管输出方式、可控硅输出方式和继电器触点输出方式。晶体管输出方式的模块，只能带直流负载，属于直流输出模块；可控硅输出方式属于交流输出模块；继电器触点输出方式的模块属于交直流两用输出模块。从响应速度上看，晶体管响应最快，继电器最慢；从安全隔离效果及应用灵活性角度看，以继电器触点输出型最佳。

数字量输出模块 SM322 有 7 种型号输出模块可供选择，即 16 点晶体管输出、32 点晶体管输出、16 点可控硅输出、8 点晶体管输出、8 点可控硅输出、8 点继电器输出和 16 点继电器输出模块。模块的每个输出点有一个绿色发光二极管显示输出状态，输出逻辑"1"时，二极管发光。

在选择使用何种模块时，因每个模块的端子共地情况不同，不仅要考虑输出类型，还要考虑现场输出信号负载回路的供电情况。例如，现场需输出 4 点信号，但每点用的负载回路电源不同，此时 8 点继电器输出模块将是最佳的选择，选用别的输出模块将增加模块的数量。

晶体管型输出模块没有反极性保护措施，输出具有短路保护功能，适用于驱动电磁阀和直流接触器。

继电器输出模块的额定负载电压范围较宽，直流可以从 24 ~ 120V，交流可以从 48 ~ 230V，继电器触点容量与负载电压有关，电压越高触点容量越低。当电源切断后约 200ms 内电容器仍蓄有能量，在这段时间内用户程序还可以暂时地使继电器动作。

可控硅输出型模块上有红色 LED 指示故障或错误，当用于输出短路保护的保险丝熔断或负载电源一端（L1/N）没接时可使 LED 变红。为了进行逻辑运算或者扩大输出功率，可以将同一组内的两个点并联输出。该模块适用于驱动交流电磁阀、接触器、电机启动器和灯。

C　仿真模块 SM374

仿真模块 SM374 可以仿真 16 点输入、16 点输出、8 点输入和 8 点输出的数字量模块。用螺丝刀改变面板中间开关的位置，即可仿真所需的数字量模块。仿真模块没有列入 S7 组态工具的模块目录中，也即 S7 的结构不承认仿真模块的工作方式，但组态时可以填入被仿真模块的代号。例如，组态时若 SM374 仿真 16 点输入的模块，就填入 16 点数字量输入模块的代号：6ES7 311-1BH00-0AA00；若 SM374 仿真 16 点输出的模块，就填入 16 点数字量输出模块的代号：6ES7 322-1BH00-0AA00。SM374 面板上有 16 个开关，用于输入状态的设置，还有 16 个绿色 LED，用于指示 I/O 状态。使用 SM374 后，PLC 应用系统的模拟调试变得简单而方便。

D   占位模块 DM370

占位模块 DM370 的主要作用是给数字量模块保留一个插槽，这样设计的 PLC 应用系统就有更大的灵活性和适应性。在一个应用系统中，如果用另一块 S7-300 模块代替占位模块，则整个配置的机械布局和地址的设置保持不变。DM370 上有两设定开关，开关在 NA 位置时，占位模块为接口模块保留物理位置，但不保留此槽口的地址；开关在 A 位置时，占位模块为信号模块既保留物理位置又保留槽口地址，此时必须用 STEP 7 软件的组态工具给此占位模块赋参数。

3.2.1.4   S7-300 的模拟量模块

本节阐述 S7-300 中模拟量值的表示方法、测量方法、测量范围和输出范围，介绍模拟量模块与传感器、负载或执行装置连接的方法，并具体介绍模拟量输入模块（模入模块）SM331、模拟量输出模块（模出模块）SM332、模拟量 I/O 模块 SM334 的原理、性能参数等内容。

A   模拟量值的表示方法

S7-300 的 CPU 用 16 位的二进制补码表示模拟量值。其中最高位为符号位 S，"0" 表示正值，"1" 表示负值。被测值的精度可以调整，取决于模拟量模块的性能和它的设定参数。对于精度小于 15 位的模拟量值，低字节中幂项低的位不用。

S7-300 模拟量模块的输入测量范围很宽，它可以直接输入电压、电流、电阻、热电偶等信号。S7-300 的模拟量输出模块可以输出 $0 \sim 10V$，$1 \sim 5V$，$\pm 10V$，$0 \sim 20mA$，$4 \sim 20mA$，$\pm 20mA$ 等模拟信号。

B   模拟量输入模块 SM331

（1）功能及连接。模拟量输入［简称模入（AI）］模块 SM331 目前有两种规格型号：一种是 8×12 位模块，另一种是 2×12 位模块。前者是 8 通道的输入模块，后者是 2 通道的输入模块。除了通道数不一样外，其工作原理、性能、参数设置等各方面都完全一样。

（2）S7-300 的模拟量输入模块。SM331 模入模块主要由 A/D 转换部件、模拟切换开关、补偿电路、恒流源、光电隔离部件、逻辑电路等组成。A/D 转换部件是模块的核心，其转换原理采用积分方法，积分时间直接影响到 A/D 转换时间和 A/D 转换的精度。被测模拟量的精度是所设定的积分时间的正函数，也即积分时间越长，被测值的精度越高。SM331 可选四档积分时间：2.5ms、16.7ms、20ms、100ms，相对应的以位表示的精度为：9、12、12、14 位。每一种积分时间有一个最佳的噪声抑制频率 f_0，以上四种积分时间分别对应 400Hz、60Hz、50Hz、10Hz。例如，A/D 的积分时间设为 20ms，则它的转换精度为 12 位，此时对频率为 50Hz 的噪声干扰有很强的抑制作用。在我国为了抑制工频及其谐波的干扰，一般选用 20ms 的积分时间。SM331 的转换时间包括由积分时间决定的基本转换时间和用于电阻测量、断线监视的附加转换时间。对应上述四种积分时间的基本转换时间分别为 3ms、17ms、22ms、102ms，电阻测量的附加转换时间为 1ms，断线监视的附加转换时间为 10ms，电阻测量和断线监视都有的附加转换时间为 16ms。

SM331 的 8 个模拟量输入通道共用一个积分式 A/D 转换部件，即通过模拟切换开关，各输入通道按顺序一个接一个地转换。某一通道从开始转换模拟量输入值起，一直持续到再次开始转换的时间称模入模块的循环时间，它是模块中所有活动的模拟量输入通道的转换时间的总和。实际上，循环时间是对外部模拟量信号的采样间隔。为了缩短循环时间，应该使用 STEP 7 组态工具屏蔽掉不用的模拟量通道，使其不占用循环时间。对于一个积分时间设定为 20ms，8 个输入通道都接有外部信号且都需断线监视的 SM331 模块，其循环时间为 (22 + 10) × 8 = 256ms。因此，对于采样时间要求更快一些的场合，优先选用二输入通道的 SM331 模块。

SM331 的每两个输入通道构成一个输入通道组，可以按通道组任意选择测量方法和测量范围。模块上需接 24V DC 的负载电压 L +，有反接性保护功能；对于变送器或热电偶的输入具有短路保护功能。模块与 S7-300 CPU 及负载电压之间是光电隔离的。

C　模拟量输出模块 SM332

模拟量输出（简称模出（AO））模块 SM332 目前有三种规格型号，即 4AO × 12 位模块、2AO × 12 位模块和 4AO × 16 位模块，分别为 4 通道的 12 位模拟量输出模块、2 通道的 12 位模拟量输出模块、4 通道的 16 位模拟量输出模块。

SM332 与负载/执行装置的连接：SM332 可以输出电压，也可以输出电流。在输出电压时，可以采用 2 线回路和 4 线回路两种方式与负载相连。采用 4 线回路能获得比较高的输出精度。

D　模拟量 I/O 模块 SM334

模拟量 I/O 模块 SM334 有两种规格，一种是有 4 模入/2 模出的模拟量模块，其输入、输出精度为 8 位，另一种也是有 4 模入/2 模出的模拟量模块，其输入、输出精度为 12 位。SM334 模块输入测量范围为 0 ~ 10 V 或 0 ~ 20 mA，输出范围为 0 ~ 10V 或 0 ~ 20mA。它的 I/O 测量范围的选择是通过恰当的接线而不是通过组态软件编程设定的。

与其他模拟量块不同，SM334 没有负的测量范围，且精度比较低。SM334 的通道地址见表 3-5。

表 3-5　SM334 通道地址

通　道	地　址
输入通道 0	模块的起始地址
输入通道 1	模块的起始地址 + 2Byte 的地址偏移量
输入通道 2	模块的起始地址 + 4Byte 的地址偏移量
输入通道 3	模块的起始地址 + 6Byte 的地址偏移量
输出通道 0	模块的起始地址
输出通道 1	模块的起始地址 + 4Byte 的地址偏移量

3.2.1.5　S7-300 的电源模块

PS307 是西门子公司为 S7-300 专配的 24VDC 电源。PS307 系列模块除输出额定电流不同外（有 2A、5A、10A 三种），其工作原理和各种参数都一样。PS307 10A 模块的输入接单相交流系统，输入电压 120/230V、50/60Hz，在输入和输出之间有可靠的隔离。如果正常输出额定电压 24V，则绿色 LED 点亮；如果输出电路过载，则 LED 闪烁，输出电流长期在 10 ~ 13A 之间时，输出电压下降，电源寿命缩短，电流超过 13A 时，电压跌落，跌落后可自动恢复；如果输出短路，输出电压为 0V，LED 变暗，在短路消失后电压自动恢复。输出电压允许范围 24V ±5%，最大上升时间 2.5s，最大残留纹波 150mVpp。电源效率 89%，功率输入 270W，功率损耗 30W。PS307 2A 模块的功率损耗 10W，PS307 5A 模块的功率损耗 18W。

3.2.1.6　S7-300 的接口模块

在 S7-300PLC 中接口模块主要有 IM360、IM361 及 IM365。IM360、IM361 是用于多机架的接口模块，IM360 用于发送数据，IM361 用于接收数据。IM360 和 IM361 的最大距离为 10m。如果只扩展两个机架，可选用比较经济的 IM365 接口模块对，这一对接口模块由 1m 长的连接电缆相互固定连接。表 3-6 概述了 S7-300 接口模块的最主要的特性。

表 3-6　S7-300 接口模块的最主要的特性

特性 ＼ 模块	IM 360 接口模块	IM 361 接口模块	IM 365 接口模块
适合于插入 S7-300 模块机架	0	1 ~ 3	0 和 1
数据传输	通过 386 连接电缆，从 IM 360 到 IM361	通过 386 连接电缆，从 IM 360 到 IM361 或从 IM 361 到 IM 361	通过 386 连接电缆，从 IM 365 到 IM 365
距　离	最长 10m	最长 10m	1m，永久连接
特　性	—	—	只在机架 1 中安装信号模块；预装模块对；IM 365 不能路由通信总线至子机架 1

3.2.2　S7-400 系列 PLC 简介

S7-400 是具有中高档性能的 PLC，采用模块化无风扇设计，适用于对可靠性要求极高的大型复杂的控制系统。

S7-400 可编程序控制器由机架、电源模块（PS）、中央处理单元（CPU）、数字量输入/输出（DI/DO）模块、模拟量输入/输出（AI/AO）模块、通信处理器（CP）、功能模块（FM）和接口模块（IM）组成。DI/DO 模块和 AI/AO 模块统称为信号模块（SM）。

S7-400 的模块插座焊在机架中的总线连接板上，模块插在模块插座上，有不同槽数的机架供用户选用，如果一个机架容纳不下所有的模块，可以增设一个或数个扩展机架，各机架之间用接口模块和通信电缆交换信息。

　　S7-400 提供了多种级别的 CPU 模块和种类齐全的通用功能模块，使用户能根据需要组成不同的专用系统。S7-400 采用模块化设计，性能范围宽广的不同模块可以灵活组合，扩展十分方便。

　　S7-400 有很强的通信功能，CPU 模块集成有 MPI 和 DP 通信接口，有 PROFIBUS-DP 和工业以太网的通信模块，以及点对点通信模块。通过 PROFIBUS-DP 或 AS-i 现场总线，可以周期性地自动交换 I/O 模块的数据。

3.2.2.1　S7-400 的模块地址分配

　　S7-400 可编程序控制器 I/O 模块的默认编址与 S7-300 不同，它的输入/输出地址分别按顺序排列。数字 I/O 模块的输入/输出默认首地址为 0，模拟 I/O 模块的输入/输出默认首地址为 512。模拟 I/O 模块的输入/输出地址可能占用 32 个字节，也可能占用 16 个字节，它是由模拟量 I/O 模块的通道数来决定的。图 3-8 所示是 S7-400 PLC 的 I/O 模块地址示例。

| 机架 1 | 电源
模块
PS407 | I4.0
～
I7.7
DI32 | Q4.0
～
Q7.7
DO32 | 544
～
574
AI16 | 544
～
558
AO8 | I8.0
～
I9.7
DI16 | … | 接口模块
IM461 |
| 机架 0 | 电源
CPU
模块 | I0.0
～
I3.7
DI32 | Q0.0
～
Q3.7
DO32 | 512
～
542
AI16 | 512
～
526
AO8 | 528
～
542
AO8 | … | 接口模
板M460 |

图 3-8　S7-400 PLC 的 I/O 模块地址示例

3.2.2.2　S7-400 的 CPU 模块

　　S7-400 有 CPU412-1、CPU412-2、CPU414-2、CPU414-3、CPU414-4H、CPU416-2、CPU416-3、CPU417-4、CPU417-4H 等中央处理单元可供选择。

　　A　CPU 的控制和指示灯

　　表 3-7 列出了 CPU 每个指示灯的含义。

表 3-7　CPU 每个指示灯的含义

指示灯	颜色	含　　义	412-1	412-2 414-2 416-2	414-3 416-3	417-4	414-4H 417-4H
INTF	红色	内部故障	×	×	×	×	×
EXTF	红色	外部故障	×	×	×	×	×
FRCE	黄色	强制工作	×	×	×	×	×
RUN	绿色	运行 RUN 状态	×	×	×	×	×
STOP	黄色	停止 STOP 状态	×	×	×	×	×

指示灯	颜色	含　义	412-1	412-2 414-2 416-2	414-3 416-3	417-4	414-4H 417-4H
BUS1F	红色	MPI/PROF IBUS DP 接口 1 的总线故障	×	×	×	×	×
BUS2F	红色	MPI/PROF IBUS DP 接口 2 的总线故障	—	×	×	×	×
MSTR	黄色	CPU 运行	—	—	—	—	×
REDF	红色	冗余错误	—	—	—	—	×
RACK0	黄色	CPU 在机架 0 中	—	—	—	—	×
RACK1	黄色	CPU 在机架 1 中	—	—	—	—	×
IFM1F	红色	接口子模块 1 故障	—	—	×	×	×
IFM2F	红色	接口子模块 2 故障	—	—	—	×	×

（1）模式选择开关。可以用模式选择开关选择 CPU 当前的运行模式。模式选择开关是一把钥匙开关，可以选择 4 个位置。使用模式选择开关，可以将 CPU 处于 RUN/RUN-P、STOP 或存储器复位状态。表 3-8 列出了模式选择开关的位置。当发生故障时，不管模式选择开关位于何处，CPU 将进入或保持 STOP 模式。

表 3-8　模式选择开关

位　置	说　明
RUN-P	如果启动时无故障，CPU 进入 RUN 模式，CPU 执行用户程序或空载运行。此时可以访问 I/O，钥匙在该位置时不能拔出。 程序可以通过编程器从 CPU 中读出，也可以传送到 CPU
RUN	如果启动时无故障，CPU 进入 RUN 模式，CPU 执行用户程序或空载运行。此时可以访问 I/O，钥匙在该位置时可以拔出以确保在没有授权的情况下不能改变运行模式。程序可以通过编程器从 CPU 中读出。当开关位于 RUN 位置时，不能修改 CPU 中的程序。 在 STEP 7/HWCONFIG 中可以设置保护等级，也就是说，当开关位于 RUN 位置时，通过口令也可以修改程序
STOP	CPU 不能处理用户程序，数字量信号模块被禁止。钥匙在该位置时可以拔出以确保在没有授权的情况下不能改变运行模式。 程序可以通过编程器从 CPU 中读出，也可以传送到 CPU
MRES	钥匙开关的临时触点，用于 CPU 的主站复位以及冷启动

（2）存储器卡插槽。此插槽用于插入存储器卡。

（3）接口模块插槽。可以将接口模块（IF 模块）插入 CPU 41X-3 及 CPU 41X-4 的接口模块插槽中，也可将 H-SYNC 模块插入 CPU 414-4H 和 CPU 417-4H 的接口模块插槽中。

B　CPU 的监视功能

CPU 的硬件和操作系统具有监视功能，它可以确保整个系统正确地运行，并能在发生故障时作出确定的响应。通过用户程序可以处理这些故障。

C　保护等级

在 CPU 中可以设置保护等级，以防止未经授权地访问 CPU 中的程序。你可以用保护等级决定在未经授权的情况下，用户可以在 CPU 上执行哪种编程器功能。用口令可以执行编程器的全部功能。在 STEP 7/硬件配置中可以设置 CPU 的保护等级（1~3）。用模式选择开关进行手动复位，可以删除在 STEP 7/硬件配置中可以设置 CPU 的保护等级，也可以用模式选择开关设置保护等级 1 和保护等级 2。表 3-9 列出了 S7-400 CPU 的保护等级。

表 3-9　S7-400 CPU 的保护等级

保护等级	功　能	开关位置
1	允许所有编程器功能（缺省设置）	RUN-P/STOP
2	允许将程序从 CPU 中调入编程器，也就是说编程器； 功能只允许进行读操作； 允许过程控制、过程监视、过程通信； 允许所有信息功能	RUN
3	允许过程控制、过程监视、过程通信； 允许所有信息功能	—

如果用模式选择开关和用 STEP 7 设置的保护等级不同，则使用最高的保护等级（3 高于 2，2 高于 1）。

表 3-10 列出了几种 S7-400 PLC 的 CPU 技术规范。

表 3-10　几种 S7-400 PLC 的 CPU 技术规范

项　目	CPU412-2	CPU414-2	CPU416-2	CPU417-4
程序存储器	72KB	128KB	0.8MB	2MB
数据存储器	72KB	128KB	0.8MB	2MB
S7 定时器	256	256	512	512
S7 计时器	256	256	512	512
位存储器	4KB	8KB	16KB	16KB
时钟存储器	8（1 个标志字节）	8（1 个标志字节）	8（1 个标志字节）	8（1 个标志字节）
输入/输出	4KB/4KB	8KB/8KB	16KB/16KB	16KB/16KB
过程 I/O 映像	4KB/4KB	8KB/8KB	16KB/16KB	16KB/16KB
数字量通道	32768/32768	65536/65536	131072/131072	131072/131072
模拟量通道	2048/2048	4096/4096	8192/8192	8192/8192
CPU/扩展单元	1/21	1/21	1/21	1/21
编程语言	STEP 7（LAD、FBD、STL）、SCL、CFC、GRAPH			
执行时间/定点数	0.2μs	0.1μs	0.08μs	0.1μs
执行时间/浮点数	0.6μs	0.6μs	0.48μs	0.6μs
MPI 连接数量	16	32	44	44
GD 包的大小	64 字节	64 字节	64 字节	64 字节
传输速率	最高 12Mb	最高 12Mb	最高 12Mb	最高 12Mb

3.2.2.3　S7-400 的数字量模块

S7-400 有多种型号的数字量 I/O 模块供选择。本节主要介绍数字量输入模块 SM421，数字量输出模块 SM422。

表 3-11、表 3-12 列出了数字量模块的最主要特性。

表 3-11　数字量输入模块的特性

特性 ＼ 模块	SM 421 DI2×24VDC	SM 421 DI6×24VDC	SM 421 DI16×120 VAC	SM 421 DI16×24/60VUC	SM 421 DI16×120/230VUC	SM 421 DI16×120/230 VUC	SM 421 DI32×120 VUC
输入点数	32DI，隔离为 32 组	16DI，隔离为 8 组	16DI，隔离为 1 组	16DI，隔离为 1 组	16DI，隔离为 4 组	16DI，隔离为 4 组	32DI，隔离为 8 组
额定输入电压	24 VDC	24 VDC	120 VAC	24～60 VUC	120 VAC/230 VDC	120/230 VUC	120 VAC/VDC
适用于	开关 两线接近开关（BERO）						
可编程诊断	不可以	可以	不可以	可以	不可以	不可以	不可以
诊断中断	不可以	可以	不可以	可以	不可以	不可以	不可以
沿触发硬件中断	不可以	可以	不可以	可以	不可以	不可以	不可以
输入延迟可调整	不可以	可以	不可以	可以	不可以	不可以	不可以
替换值输出	—	可以	—	—	—	—	—
特性	高封装密度	快速，带中断能力	通道隔离	中断能力，低可变电压范围	高可变电压范围	高可变电压输入特性曲线 IEC 611 31-2	高封装密度

表 3-12　数字量输出模块特性

特性 ＼ 模块	SM 422 DO16×24VDC/2A	SM 422 DO16×20～125VDC/1.5A	SM 422 DO 32×24VDC/05A	SM 422 DO 32×24VDC/0.5A	SM 422 DO 8×120/230VAC/5A	SM 422 DO 16×120/230VAC/2A	SM 422 DO16×20～120VAC/2A
输出点数	16DO，隔离为 8 组	16DO，隔离和反极性保护为 8 组	32DO，隔离为 32 组	32DO，隔离为 8 组	8DO，隔离为 1 组	16DO，隔离为 4 组	16DO，隔离为 1 组
输出电流	2A	1.5A	0.5A	0.5A	5A	2A	2A
额定负载电压	24 VDC	20～125VDC	24 VDC	24 VUC	120/230 VDC	120/230VUC	20～120VAC
可编程诊断	不可以	可以	不可以	可以	不可以	不可以	可以
诊断中断	不可以	可以	不可以	可以	不可以	不可以	可以
替换值输出	不可以	可以	不可以	可以	不可以	不可以	可以
特性	高电流	可变电压	高封装密度	快速，带中断能力	高电流，通道隔离	—	可变电流，通道隔离

3.2.2.4　S7-400 的模拟量模块

本节介绍模拟量输入模块（模入模块）SM431、模拟量输出模块（模出模块）SM432 的原理、性能参数等内容。用于模拟量功能的 STEP 7 块可以在 STEP 7 中用 FC 100 ~ FC 111 读取和输出模拟量值。在 STEP 7 标准库可以查到相应的 FC。

A　模拟量模块概述

表 3-13、表 3-14 列出了模拟量模块的最主要特性。

表 3-13　模拟量输入模块的特性

特性 ＼ 模块	SM 431 AI 8 × 13 位	SM 431 AI 8 × 14 位	SM 431 AI 8 × 14 位	SM 431 AI 13 × 16 位	SM 431 AI 16 × 16 位	SM 431 AI 8 × RTD 16 位	SM 431 AI 8 × 16 位
输入点数	8AI，U/I 测量，4AI 电阻测量	8AI，U/I 测量，4AI 电阻测量	8AI，U/I 测量，4AI 电阻测量	16 点	16AI，U/I/温度测量，8AI 电阻测量	8 点	8 点
分辨率	13 位	14 位	14 位	13 位	16 位	16 位	16 位
测量方法	电压、电流、电阻	电压、电流、电阻、温度	电压、电流、电阻	电压、电流	电压、电流、电阻、温度	电阻	电压、电流、温度
测量原理	积分式	积分式	瞬时值编码	积分式	积分式	积分式	积分式
可编程诊断	不可以	不可以	不可以	不可以	可以	可以	可以
诊断中断	不可以	不可以	不可以	不可以	可调整	可以	可以
监视极限值	不可以	不可以	不可以	不可以	可调整	可调整	可调整
沿触中断上限值	不可以	不可以	不可以	不可以	可调整	可调整	可调整
在周期结束时硬件中断	不可以	不可以	不可以	不可以	可调整	不可以	不可以
电势关系	模拟量部分与 CPU 隔离			非隔离	模拟量部分与 CPU 隔离		
最大共模电压	通道间或连接传感器的参考电势和 M_ANA 间：30VAC	通道间或通道与中央接地点间：120VAC	通道间或连接传感器的参考电势和 M_ANA 间：8VAC	通道间或连接传感器的参考电势和中央接地点间：2VDC/AC	通道间或通道与中央接地点间：120VAC	通道与中央接地点间：120VAC	通道间或通道与中央接地点间：120VAC
需要外部电源	无	24VDC（只对于两线传感器）	24VDC（只对于两线传感器）	24VDC（只对于两线传感器）	24VDC（只对于两线传感器）	无	无
特　性	—	适于温度测量，可设置温度传感器类型，传感器特性曲线的线性化，平滑测量值	快速 A/D 转换，适用于高速动态处理，平滑测量值	—	适于温度测量，可设置温度传感器类型，传感器特性曲线的线性化，平滑测量值	可设置热电阻参数，传感器特性曲线的线性化，平滑测量值	内部测量电阻，可现场连接内部温度参考，平滑测量值

表 3-14　模拟量输出模块的特性

模　块 特　性	SM 432AO 8 × 13 位
输出点数	8 点
分辨率	13 位
输出类型	电压、电流
可编程诊断	无
诊断中断	无
替换值输出	无
电势关系	模拟部分与 CPU、负载电压隔离
最大允许共模电压	通道与通道间对 M_{ANA} 为 3VDC
特　性	—

B　模拟量模块从选择到调试的步骤

下面的步骤只是一个建议，您可以根据需要随时调整（例如给模块进行参数赋值）。

（1）选择模块。

（2）对于一些模拟量输入模块：设置测量方法，以及通过量程模块设定量程。

（3）安装模块。

（4）对模块参数赋值。

（5）连接测量传感器或负载。

（6）组态调试。

C　模拟值的表示方法

（1）转换模拟值。模拟量输入模块将模拟量过程信号转换为数字量格式。模拟量输出模块将数字量输出值转换为模拟量信号。

1）16 位分辨率的模拟值表示。数字化的模拟值对于输入和输出具有相同的测量范围。模拟值以 2 的补码形式用定点数表示。

位　　15　14　13　12　11　10　9　8　7　6　5　4　3　2　1　0

位值　2^{15}　2^{14}　2^{13}　2^{12}　2^{11}　2^{10}　2^9　2^8　2^7　2^6　2^5　2^4　2^3　2^2　2^1　2^0

第 15 位可表示为符号位，模拟值的符号位在第 15 位表示：

"0" → +

"1" → -

2）小于 16 位的分辨率。如果模拟量模块的分辨率小于 16 位，则模拟值在累加器里做左移调整之后才被输入。在未用到的幂次低的位则填入"0"。

用 16 位和 13 位表示的模拟值见表 3-15。

表 3-15　用 16 位和 13 位表示的模拟值

分辨率	模　拟　值															
位	15	14	13	12	11	10	9	8	7	6	5	4	3	2	1	0
16 位值	0	1	0	0	0	1	1	0	0	1	1	1	0	0	1	1
13 位值	0	1	0	0	0	1	1	0	0	1	1	1	0	0	0	0

（2）模拟量输入通道的模拟值表示。表 3-16 包含了测量值的二进制表示方法。因为二进制的表示方法总是相同的，所以这些表只有被测值和单位。表中的值可应用于具有相同量程的所有模块。

根据模拟量模块及其参数，模拟值的精度可能不同。对于精度小于 16 位的，标有"×"的位设成"0"。

注意：精度不应用于温度值。温度值的改变是由于在模拟量模块内重新计算的结果。

表 3-16　模拟值的精度

按位表示的精度	单　位		模　拟　值	
	十进制	16 进制	高字节	低字节
9	128	80H	0 0 0 0 0 0 0 0	1 × × × × × × ×
10	64	40H	0 0 0 0 0 0 0 0	0 1 × × × × × ×
11	32	20H	0 0 0 0 0 0 0 0	0 0 1 × × × × ×
12	16	10H	0 0 0 0 0 0 0 0	0 0 0 1 × × × ×
13	8	8H	0 0 0 0 0 0 0 0	0 0 0 0 1 × × ×
14	4	4H	0 0 0 0 0 0 0 0	0 0 0 0 0 1 × ×
15	2	2H	0 0 0 0 0 0 0 0	0 0 0 0 0 0 1 ×
16	1	1H	0 0 0 0 0 0 0 0	0 0 0 0 0 0 0 1

D　模拟量输入通道测量方法和测量范围的设定

模拟量输入模块的输入通道的测量方法和测量范围的设定有以下两个步骤：

（1）用量程模块和 STEP 7。

（2）通过模块量程输入通道的接线和 STEP 7。

根据模块的特性决定用哪种方法进行设定。用量程模块设定测量方法和测量范围，如果模拟量模块有量程模块，则供货时量程模块已插在模拟量模块内。

如果需要，要重新插入量程模块以改变测量方法和测量范围。注意：确保量程模块在模拟量输入模块的边上。在安装模拟量输入模块前，检查量程模块是否设置为其他测量方法和测量范围。量程模块可设置在以下位置：A、B、C 和 D。

按以下步骤重新插入量程模块：

（1）使用螺丝刀轻轻地将量程模块撬离模拟量输入模块。

（2）将量程模块（正确位置 1）插入模拟量输入模块。指向 2 的位置为所选择的量程。所有量程模块均按此方法进行设置。

注意：如果量程模块设置错误，可能损坏模块。

3.2.2.5　S7-400 的电源模块

A　电源模块的共性

S7-400 的电源模块通过背板总线，向机架上的其他模块提供工作电压。它们不为信号模块提供负载电压。所有电源模块的最重要的共性是：

（1）用于 S7-400 系统安装基板的封装设计。

（2）通过自然对流冷却。

（3）带 AC-DC 编码的电源电压的插入式连接。

（4）符合 IEC 60536，VDE 0106 第 1 部分的保护等级 1。

（5）按 NAMUR 推荐技术标准第 1 部分（1998 年 8 月）的接通电流限制。

（6）短路保护。

（7）两个输出电压的监视。如果其中一个电压故障，则向 CPU 发送故障信号。

（8）两个输出电压（5VDC 和 24VDC）共地。

（9）前面板上有运行和故障/出错指示 LED。

电池后备作为选件。通过背板总线对 CPU 和可编程模块的参数设置和存储器内容（RAM）进行后备。此外，后备电池可以对 CPU 热启动。电压模块和后备模块都能监视电池电压。

当安装交流电源模块时，必须提供一个电源断开设备。如果电源模块插错插槽，则它将不能工作，该模块将损坏，应确保电源模块插在允许的插槽内。在这种情况下，应按以下步骤正确地启动电源模块：

（1）断开电源模块的电源（不仅是断开 Stand by 开关）。

（2）取出电源模块。

（3）将电源模块安装到 1 号槽。

（4）至少等待 1min，然后再接通电源。

B　控制和指示灯

S7-400 电源模块的控制和指示灯均基本相同，其主要区别是：

（1）不是所有的电源模块都有电压选择开关。

（2）带后备电池的电源模块有一个 LED（BATTF），用来指示电池耗尽、不合格或没有电池。

（3）带两个冗余后备电池的电源模块有两个 LED（BATTF 和 BATT2F），用来指示电池耗尽、不合格或没有电池。

电源模块上的 LED 指示灯的含义描述见表 3-17 ~ 表 3-19。

表 3-17　INTF, 5 VDC, 24 VDC 的情况

LED	颜　色	含　义
INTF	红色	内部故障时点亮
5V DC	绿色	只要 5V 电压在容许的电压范围内就点亮
24V DC	绿色	只要 24V 电压在容许的电压范围内就点亮

表 3-18　BAF，BATTF 的情况

LED	颜　色	含　义
BAF	红色	如果背板总线上的电池电压太低，并且 BATT INDIC 开关置于 BATT 位置时就点亮
BATTF	黄色	如果电池用完、或者极性倒置或未装电池，并且 BATT INDIC 开关置于 BATT 位置时就点亮

表 3-19　BAF，BATT1F，BATT2F 的情况

LED	颜　色	含　义
BAF	红色	如果背板总线上的电池电压太低，并且 BATT INDIC 开关置于 1 BATT 或 2 BATT 位置时就点亮
BATT1F	黄色	如果电池 1 用完、或者极性倒置或未装电池，并且 BATT INDIC 开关置于 1 BATT 或 2 BATT 位置时就点亮
BATT2F	黄色	如果电池 2 用完、或者极性倒置或未装电池，并且 BATT INDIC 开关置于 1 BATT 或 2 BATT 位置时就点亮

注：如果取下电池或断开外部电源，在 BAF、BATT1F 或 BATT2F 指示灯点亮前，也许有一些延时，这是内部电容引起的。

3.2.2.6　S7-400 的接口模块

在 S7-400 PLC 中接口模块主要有 IM 460、IM 461、IM 460-3、IM 461-3、IM 460-4、IM 461-4。

A　模块概述

（1）接口模块的共性。如果一个或多个扩展单元（EU）连接到中央控制器（CC）时，需要接口模块（发送 IM 和接收 IM）。接口模块必须一起使用。发送模块（发送 IM）插在 CC 中，相应的接收模块（接收 IM）插在串联的 EU 中。表 3-20 列出了 S7-400 接口模块的应用区域。表 3-21 列出了 S7-400 接口模块的连接属性。

表 3-20　S7-400 接口模块的应用区域

接口模块	应用区域
IM 460-0	发送 IM 用于不带 PS 发送器的局域连接；带通信总线
IM 461-0	接收 IM 用于不带 PS 发送器的局域连接；带通信总线
IM 460-1	发送 IM 用于带 PS 发送器的局域连接；不带通信总线
IM 461-1	接收 IM 用于带 PS 发送器的局域连接；不带通信总线
IM 460-3	发送 IM 用于最长 102m 的远程连接；带通信总线
IM 461-3	接收 IM 用于最长 102m 的远程连接；带通信总线
IM 460-4	发送 IM 用于最长 605m 的远程连接；不带通信总线
IM 461-4	接收 IM 用于最长 605m 的远程连接；不带通信总线

表 3-21　S7-400 接口模块的连接属性

属　性	局部连接		远程连接	
发送 IM	460-0	460-1	460-3	460-4
接收 IM	461-0	461-1	461-3	461-4
每条链路最多可连接的 EM 的数量	4	1	4	4
最远距离	3m	1.5m	102.25m	605m
5V 传送	无	有	无	无
每个接口传送的最大电流	—	5A	—	—
通信总线传送	可以	不可以	可以	可以

（2）连接原则。当中央基板与扩展基板连接时，必须遵守下列原则：

1）一个 CR 最多连接 21 个 S7-400 的 ER；

2）ER 分配有识别号，必须在接收 IM 上的编码开关设置基板号，基板号可以设置为 1 ~ 21，并且不能复制；

3）一个 CR 上最多可插入 6 个发送 IM，但在一个 CR 上最多只能有两个带 5V 发送器的发送 IM；

4）连接到发送 IM 接口的每条链路最多只能包括 4 个 ER（不带 5V 发送器）或 1 个 ER（带 5V 发送器）；

5）最多只有 7 个基板可以通过通信总线传送数据，就是指 CR 和 ER 的数字为 1 ~ 6；

6）电缆不能超过所规定的长度。

表 3-22 列出了 S7-400 接口模块的连接最大电缆长度。

表 3-22　S7-400 接口模块的连接最大电缆长度

连接类型	最大电缆长度/m
通过 IM 460-1 和 IM461-1 进行带 5V 电源发送的局部连接	1.5
通过 IM 460-0 和 IM 461-0 进行不带 5V 电源发送的局部连接	3
通过 IM 460-3 和 IM 461-3 进行远程连接	102.25
通过 IM 460-4 和 IM 461-4 进行远程连接	605

B　接口模块 IM 460 和 IM 461

（1）接口模块的共性。接口模块 IM 460-0（发送 IM）和 IM 461-0（接收 IM）用于局域连接。通信总线使用最高传输率。使用模块上前面板的 DIP 开关设置安装接收 IM 的安装基板的号数，允许范围是 1 ~ 21。安装基板号的设定/更改方法如下：

1）将要更改的 EU 中的电源模块开关设置为断开状态（输出电压 0V）。

2）用 DIP 开关输入号码。

3）重新上电。

（2）IM 460-0 和 IM 461-0 的技术特性

表 3-23 描述了 S7-400 IM 460-0 和 IM 461-0 接口模块的技术特性。

表 3-23　S7-400 IM 460-0 和 IM 461-0 接口模块的技术特性

线路最大长度 5m	IM 461-0（6ES7 461-0AA01-0AA0）， IM 461-0（6ES7 461-0AA00-0AA0），版本 4 IM 460-0（6ES7 460-1AA01-0AA0）， IM 461-0（6ES7 460-1AA00-0AA0），版本 5
尺寸（$W \times H \times D$）/mm × mm × mm	25 × 290 × 280
质量/g 　　IM 460-0 　　IM 461-0	 600 610
S7-400 总线上 5VDC 的电流消耗/mA 　　IM 460-0 　　IM 461-0	 典型值 130，最大值 140 典型值 260，最大值 290
功耗/mW 　　IM 460-0 　　IM 461-0	 典型值 650，最大值 700 典型值 1300，最大值 1450

C 接口模块 IM 460-1 和 IM 461-1

（1）接口模块的共性。接口模块 IM 460-1（发送 IM）和 IM 461-1（接收 IM）用于局域连接（最长 1.5m）。通过这些接口模块可传送 5V 电压。此外，还需特别注意以下几点：

1）插入到 EU 上的模块电流需求不能超过 5V/5A；

2）每条线路只能连接一个 EU；

3）不能为插入到基板上的模块提高 24V 电源，并且不能后备；

4）接口模块 IM 460-1 和 IM 461-1 不能传送通信总线；

5）在 EU 中不能使用电源模块。

使用模块上前面板的 DIP 开关设置安装接收 IM 的安装基板的号数，允许范围是 1 ~ 21。安装基板号的设定/更改方法如下：

1）将要更改的 EU 中的电源模块开关设置为断开状态（输出电压 0V）。

2）用 DIP 开关输入号码。

3）重新上电。

（2）IM 460-1 和 IM 461-1 的技术特性。表 3-24 描述了 S7-400 IM 460-1 和 IM 461-1 接口模块的技术特性。

表 3-24 S7-400 IM 460-1 和 IM 461-1 接口模块的技术特性

线路最大长度/m	1.5
尺寸（$W \times H \times D$）/mm × mm × mm	25 × 290 × 280
质量/g IM 460-1 IM 461-1	 600 610
S7-400 总线上 5 VDC 的电流消耗/mA IM 460-1 IM 461-1	 典型值 50，最大值 85 典型值 120，最大值 100
功耗/mW IM 460-1 IM 461-1	 典型值 250，最大值 425 典型值 500，最大值 600
EU 的电源	每条线路 5V/5A

D 接口模块 IM 460-3 和 IM 461-3

（1）接口模块的共性。接口模块 IM 460-3（发送 IM）和 IM 461-3（接收 IM）用于远程连接，最长 102m（准确地说 100m + 0.75m 的输入/输出）。通信总线以最高传输率传输。

使用模块上前面板的 DIP 开关设置安装接收 IM 的安装基板的号数，允许范围是 1 ~ 21。如果需要，可以用编程器上的 STEP 7 更改链路长度设定，链路长度的缺省设定值为 100m。确保设定长度与实际长度尽量接近，这样有利于数据快速传输。安装基板号的设定/更改方法如下：

1）将要更改的 EU 中的电源模块开关设置为断开状态（输出电压 0V）。

2）用 DIP 开关输入号码。

3）重新上电。

（2）IM 460-3 和 IM 461-3 的技术特性。表 3-25 描述了 S7-400 IM 460-3 和 IM 461-3 接口模块的技术特性。

表 3-25　S7-400 IM 460-3 和 IM 461-3 接口模块的技术特性

线路最大长度/m	102
尺寸（$W \times H \times D$）/mm × mm × mm	25 × 290 × 280
质量/g 　IM 460-3 　IM 461-3	 630 620
S7-400 总线上 5 VDC 的电流消耗/mA 　IM 460-3 　IM 461-3	 典型值 1350，最大值 1550 典型值 590，最大值 620
功耗/mW 　IM460-3 　IM461-3	 典型值 6750，最大值 7750 典型值 2950，最大值 3100

E　接口模块 IM 460-4 和 IM 461-4

（1）接口模块的共性。接口模块 IM 460-4（发送 IM）和 IM 461-4（接收 IM）用于远程连接，最长 605m（准确地说 600m + 1.5m 的输入/输出）。通信总线以最高传输率传输。使用模块上前面板的 DIP 开关设置安装接收 IM 的安装基板的号数，允许范围是 1 ~ 21。如果需要，可以用编程器上的 STEP 7 更改链路长度设定。链路长度的缺省设定值为 600m。确保设定长度与实际长度尽量接近，这样有利于数据快速传输。安装基板号的设定/更改方法如下：

1）将要更改的 EU 中的电源模块开关设置为断开状态（输出电压 0V）。

2）用 DIP 开关输入号码。

3）重新上电。

（2）IM 460-4 和 IM 461-4 的技术特性。表 3-26 列出了 S7-400 IM 460-4 和 IM 461-4 接口模块的技术特性。

表 3-26　S7-400 IM 460-4 和 IM 461-4 接口模块的技术特性

线路最大长度/m	605
尺寸（$W \times H \times D$）/mm × mm × mm	25 × 290 × 280
质量/g 　IM 460-4 　IM 461-4	 630 620
S7-400 总线上 5VDC 的电流消耗/mA 　IM 460-4 　IM 461-4	 典型值 1350，最大值 1550 典型值 590，最大值 620
功耗/mW 　IM 460-4 　IM 461-4	 典型值 6750，最大值 7750 典型值 2950，最大值 3100

学习性工作任务 4　PLC 的安装与接线

4.1　项目背景及要求

PLC 的安装与接线是本课程学生必须掌握的技能点。本单元首先组织学生参观 PLC 的机柜，利用实物，通过教师的讲解与拆装演示，完整展示 PLC 的安装过程与接线方法。然后学生练习、掌握安装规范、基本要领和各种安装技巧，并了解安装安全的基本要求。

4.2　相关知识

4.2.1　S7-300 PLC 的安装位置及安装规范

4.2.1.1　S7-300 PLC 的安装方式

一台 S7-300 PLC 由一个主机架和一个或多个扩展机架（根据需要配置）组成。如果主机架上的模块数量不能满足应用要求，可以使用扩展机架。安装有 CPU 的模块机架用作主机架。安装有模块的模块机架可以用作扩展机架，与系统的主机架相连。在使用扩展机架时，除了另需模块机架和接口模块（IM）以外，可能还需要另加电源模块。

S7-300 的机架（导轨）有多种规格，可以使用该导轨安装 S7-300 系统的所有模块。DIN 导轨如图 4-1 所示。

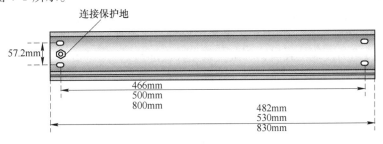

图 4-1　DIN 导轨

S7-300 既可以水平安装，也可以垂直安装。要注意其允许的环境温度为：垂直安装：0 ~ 40℃；水平安装：0 ~ 60℃。

CPU 和电源必须安装在左侧（水平安装，如图 4-2 所示）或底部（垂直安装，如图 4-3 所示）。

图 4-2　水平安装

应配合模块的安装宽度选择不同长度导轨，不同模块的宽度参见订货样本，模拟 I/O

模块和数字 I/O 模块的宽度一般为 40mm。对于安装在多个模块机架上的 S7-300 系统，规定了模块机架以及相邻组件、电缆导轨和机柜壁等之间的间隙。

4.2.1.2　机柜的选择和安装

对于大型设备的运行或安装环境中有干扰或污染时，应将 S7-300 安装在一个机柜中。在选择机柜时，应注意以下事项：

（1）机柜安装位置处的环境条件（温度、湿度、化学影响、爆炸危险）决定了机柜所需的防护等级（IP××）；

（2）模块机架（导轨）间的安装间隙；

（3）机柜中所有组件的总功率消耗。

在确定 S7-300 机柜安装尺寸时，应注意以下技术参数：

（1）模块机架（导轨）所需安装空间；

（2）模块机架和机柜柜壁之间的最小间隙；

（3）模块机架之间的最小间隙；

（4）电缆导管或风扇的所需安装空间；

（5）机柜固定位置。

4.2.1.3　安装间距

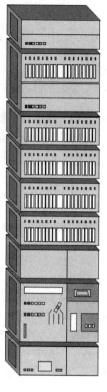

图 4-3　垂直安装

安装间距必须保持如图 4-4 中所示的间距，以便为安装模块提供充足的空间，并能够散发模块所产生的热量。图 4-4 显示的是安装在多个机架上的 S7-300 装配，其中显示了各机架与相邻组件、电缆槽、机柜壁之间的间距。例如，在沿电缆槽为模块接线时，屏蔽接触元件底部与电缆槽间的最小间距为 40mm。

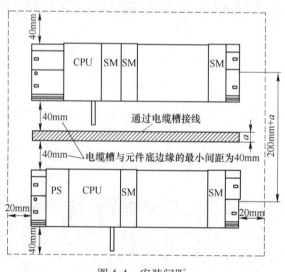

图 4-4　安装间距

4.2.2　电源与 CPU 的接线

电源模块主要有：PS307（2A），PS307（5A），PS307（10A）等。这些模块的输入电压是 AC120/230V，输出电压是模块所需的 DC5V 和 DC24V 工作电压。

电源模块的 L1、N 端子接 AC220V 电源，电源模块的接地端子和 M 端子一般用端路片短接后接地，机架的导轨也应接地。电源模块上的 L＋和 M 端子分别是 DC24V 输出电压的正极和负极，用专用的电源连接线或导线连接电源模块和 CPU 模块的 L＋和 M 端子，如图 4-5所示。

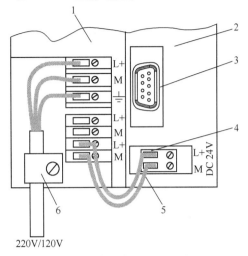

图 4-5　电源和 CPU 接线图
1—电源（PS）模块；2—CPU；3—MPI 接口；
4—可拆卸的电源连接；5—连接电缆；6—电源线扣夹

具体步骤如下：

（1）打开电源模块和 CPU 模块面板上的前盖；

（2）松开电源模块上接线端子的夹紧螺钉；

（3）将进线电缆连接到端子上，并注意绝缘；

（4）上紧接线端子的夹紧螺钉；

（5）用连接器将电源模块与 CPU 模块连接起来并上紧螺钉；

（6）关上前盖；

（7）检查进线电压的选择开关把槽号插入前盖。

4.2.3　前连接器的接线

系统的传感器和执行器是通过前连接器连接到 S7-300 的 SM 模块的。将传感器和执行器连线到相关的前连接器，然后插入模块。

前连接器类型所提供的前连接器有 20 针和 40 针两种类型，均有螺钉型或弹簧卡入式两种安装类型。

前连接器	型　　号
20 针，螺钉型前连接器	6ES7 392-1AJ00-0AA0
20 针，弹簧型前连接器	6ES7 392-1BJ00-0AA0
40 针，螺钉型前连接器	6ES7 392-1AM00-0AA0
40 针，弹簧型前连接器	6ES7 392-1BM01-0AA0

前连接器的外形如图 4-6 所示。

具体步骤如下：

（1）打开信号模块的前盖；

（2）将前连接器放在接线位置；

（3）将夹紧装置插入前连接器中；

（4）剥去电缆的绝缘层（6mm 长度）；

（5）将电缆连接到端子上；

（6）用夹紧装置将电缆夹紧；

（7）将前连接器放在运行位置；

（8）关上前盖；

（9）填写端子标签并将其压入前盖中；

（10）在前连接器盖上黏贴槽口号码。

4.3　知识拓展

导轨的安装和接地，将模块安装在装配导轨上，具体步骤如下：

（1）首先，插入电源模块。将其向左滑动到装配导轨上的接地螺钉位置，然后将其拧紧，如图 4-7 所示。

图 4-6　前连接器　　　　　　　　　　　　图 4-7　插入电源模块示意图

（2）要连接其他模块，请将一个总线连接器插入 CPU 中（如图 4-8 所示）。

（3）悬挂在 CPU 上（如图 4-8 中①所示）。

（4）将其滑动至左侧模块（如图 4-8 中②所示）。

（5）然后，可向下旋压（如图 4-8 中③所示）。

（6）在装配导轨上用螺钉拧紧模块（如图 4-9 所示）。

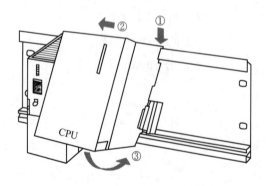

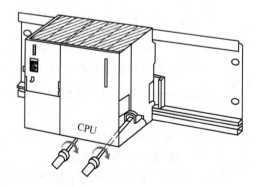

图 4-8　连接其他模块示意图　　　　　　　　图 4-9　拧紧模块示意图

（7）需要使用带有 SIMATIC 微型存储卡的 CPU，将其插入插槽中。

（8）还需要将数字输入和输出模块安装在该 CPU 的右侧。要执行此操作，请重复第（1）～（6）步。

习　题

一、填空题

（1）S7-300 PLC 一个机架最多可安装_____个信号模块，最多可扩展_____个机架，机架之间的通信距离最大不超过_____，最大数字量 I/O 点数_____，支持的可保持定时器最多为_____个，计数器最多为_____个。

（2）确定机架 0 的 6 号槽上 SM323 DI8/DO8 的地址范围_____以及 5 号槽上 SM334 AI4/AO2 的地址范围_____。

（3）高速、大功率的交流负载，应选用_____输出的输出接口电路。

（4）PLC 的位元件采用_____制进行编号，其他所有软元件均采用_____制进行编号。

二、思考题

（1）SIMATIC S7-300 MPI 接口有何用途？

（2）数字量输入模块的接口电路有哪几种形式？输出接口电路有哪几种形式？

（3）PLC 的工作方式有几种？如何改变 PLC 的工作方式？

（4）PLC 数字量输出模块若按负载使用的电源分类，可有哪几种输出模块？若按输出的开关器件分类，可有哪几种输出方式？如何选用 PLC 输出类型？

（5）PLC 中的"软继电器"与实际继电器相比，有哪些特点？

（6）何谓通道和通道号？PC 的通道分哪几类？

（7）S7-300/400 PLC 有几类模块？各有什么功能？

（8）S7-300/400 的接口模块在组态时有何区别？

（9）集中扩展时如何选择信号模块？

学习情境 3　PLC 的指令及编程应用

【知识要点】

知识目标:

(1) 知道 S7-300/400 PLC 的系统存储器分类、功能,掌握 S7 PLC 的基本数据类型,理解 PLC 的基本编程原则;

(2) 以 LAD 为主,掌握 STEP 7 指令系统中各指令的基本功能及使用方法。

能力目标:

(1) 会描述 LAD 指令的含义;

(2) 能进行基本的电路分析和设计,能进行 PLC 模块的接线;

(3) 会应用 LAD 指令解释常规的 PLC 控制程序;

(4) 能熟练运用、组合各类指令进行基本的程序设计。

学习性工作任务 5　位逻辑指令及应用

5.1　项目背景及要求

位逻辑指令是 PLC 指令中最基础、使用最广泛的一类指令,了解位逻辑指令的含义、使用方法以及不同指令间的灵活应用是学生必须了解和掌握的基础知识。本项目利用 S7-300PLC 实现三相异步电动机正反转控制,"技能点"在于使学生掌握 S7-300PLC 输入输出模块的接线方法;"知识点"在于使学生掌握编程软件的使用方法、程序输入、下载和调试的方法,以及掌握位逻辑指令的使用方法。本单元首先通过教师的讲解与演示,完整展示控制系统的装配过程,详细阐述每个环节的注意事项和技能点、控制要求,然后编程调试,学生参照教师的示范,在教师指导下进行实训。

5.2　相关知识

5.2.1　PLC 编程基础

5.2.1.1　数据类型及寻址方式

A　数据类型

在 STEP 7 中,数据类型分成三大类:基本数据类型,定义不超过 32 位的数据(符合 IEC1131-3 的规定);复式数据类型,定义超过 32 位或由其他数据类型组成的数据;参数类型,定义传给 FB 块和 FC 块的参数。

（1）基本数据类型。基本数据类型有确定的位数，如：位（地址）、（Bit）或叫布尔数据类型（BOOL），为一位（位是二进制的数字"0"或"1"），一个字节（BYTE）由 8 位组成，一个字（WORD）由 16 位（2 字节）组成，一个双字（DWORD）由 32 位（4 字节）组成。

对于这些基本数据类型的理解，例如：I1.3 表示 PII 区（过程映像输入存储器）1 号字节位 3。QB4 表示 PIQ 区（过程映像输出存储器）4 号字节，即由 Q4.0 ~ Q4.7 八个位组成。MW20 表示 M 区（内部存储器区）20 号字，即由 MB20、MB21 两个字节组成。MD8 表示 M 区 8 号双字，即由 MW8、MW10 两个字组成。

表 5-1 列出了 S7-300/400 所支持的基本数据类型。其中，给出了对不同基本数据类型直接寻址的例子，也说明了各种常数的表示法。

表 5-1　STEP 7 中常用的基本数据类型

类型和描述	以位计的长度	格式选项	范围和计数法（最低到最高值）	实　例
BOOL（位）	1	布尔文本	TRUE/FALSE	TRUE
BYTE（字节）	8	十六进制的数字	B#16#0 到 B#16#FF	L B#16#10 L byte#16#10
WORD（字）	16	二进制的数字 十六进制的数字 BCD 十进制无符号数字	2#0 到 2#1111_1111_1111_1111 W#16#0 到 W#16#FFFF C#0 到 C#999 B#（0.0）到 B#（255.255）	L 2#0001_0000_0000_0000 L W#16#1000 L word#16#1000 L C#998 L B#（10，20） L byte#（10，20）
DWORD（双字）	32	二进制的数字 十六进制的数字 十进制无符号数字	2#0 到 2#1111_1111_1111_1111 1111_1111_1111_1111 DW#16#0000_0000 到 DW#16#FFFF_FFFF B#（0，0，0，0）到 B#（255，255，255，255）	2#1000_0001_0001_1000_ 1011_1011_0111_1111 L DW#16#00A2_1234 L dword#16#00A2_1234 L B#（1，14，100，120） L byte#（1，14，100，120）
INT（整数）	16	十进制有符号数字	– 32768 – – 32767	L 1
DINT（整数，32 位）	32	十进制有符号数字	L# – 2147483648 到 L#2147483647	L L#1
REAL（浮点数）	32	IEEE 浮点数	上限：3.402823e + 38 下限：1.175 495e – 38	L 1.234567e + 13
S5TIME（SIMATIC 时间）	16	S7 时间 以步长 10ms（默认值）	S5T#0H_0M_0S_10MS 到 S5T#2H_46M_30S_0MS 和 S5T#0H_0M_0S_0MS	L S5T#0H_1M_0S_0MS L S5TIME#0H_1H_1M_0S_0MS
TIME（IEC 时间）	32	IEC 时间步长为 1ms，有符号整数	– T#24D_20H_31M_23S_ 648MS 到 T#24D_20H_ 31M_23S_647MS	L T#0D_1H_1M_0S_0MS L TIME#0D_1H_1M_0S_0MS

续表 5-1

类型和描述	以位计的长度	格式选项	范围和计数法（最低到最高值）	实　例
DATE（IEC 日期）	16	IEC 日期步长为 1d	D#1990 - 1 - 1 到 D#2168 - 12 - 31	L D#1996 - 3 - 15 L DATE#1996 - 3 - 15
TIME_OF_DAY（时间）	32	时间步长为 1ms	TOD#0：0：0.0 到 TOD#23：59：59.999	L TOD#1：10：3.3 L TIME_OF_DAY#1：10：3.3
CHAR（字符）	8	ASCII 字符	'A'，'B' 等	L 'E'

　　数据类型决定了你以什么方式或格式理解或访问存储区中的数据。例如，基本数据类型中的字和整数的位数均为 16 位。对于某 16 位的存储器，你若以整数格式访问 16 位的存储区，16 位中的最高位有特殊含义，它表示整数是正数还是负数；而若以字格式访问时，最高位则没有特殊含义。

　　语句表、梯形图和功能块图指令使用特定长度的数据对象。例如，位逻辑指令使用位。装载和传递指令（STL）以及移动指令（LAD 和 FBD）使用字节、字和双字。数学运算指令也使用字节、字或双字。在这些字节、字或双字地址中，可以对各种格式，如整数和浮点数，进行编码。

　　（2）复杂数据类型。复杂数据类型定义大于 32 位的数字数据群或包含其他数据类型的数据群。STEP 7 允许下列复杂数据类型：

　　DATE_AND_TIME，STRING，ARRAY，STRUCT，UDT（用户自定义数据类型），FB 和 SFB。

　　表 5-2 描述了复杂数据类型。要么在逻辑块的变量说明中，要么在数据块中定义结构和数组。

表 5-2　STEP 7 中常用的基本数据类型

数据类型	描　述
DATE_AND_TIME DT	定义具有 64 位（8 个字节）的区域，此数据类型以二进制编码的十进制的格式保存
STRING	定义最多有 254 个字符的组（数据类型 CHAR），为字符串保留的标准区域是 256 个字节长，这是保存 254 个字符和 2 个字节的标题所需要的空间，可以通过定义即将存储在字符串中的字符数目来减少字符串所需要的存储空间（例如：string [9] 'Siemens'）
ARRAY	定义一个数据类型（基本或复杂）的多维组群，例如："ARRAY [1..2，1..3] OF INT" 定义 2×3 的整数数组，使用下标（"[2，2]"）访问组中存储的数据，最多可以定义 6 维数组，下标可以是任何整数（-32768 ~ 32767）
STRUCT	定义一个数据类型任意组合的组群，例如，可以定义结构的数组或结构和数组的结构
UDT	在创建数据块或在变量声明中声明变量时，简化大量数据的结构化和数据类型的输入；在 STEP 7 中，可以组合复杂的和基本的数据类型以创建用户的"用户自定义"数据类型，UDT 具有自己的名称，因此可以多次使用
FB、SFB	确定分配的实例数据块的结构，并允许在一个实例数据块中传送数个 FB 调用的背景数据

保存结构化的数据类型和字的限制是一致的（WORD 对齐）。

（3）参数类型。除了基本和复杂数据类型外，也可以为块之间传送的形式参数定义参数类型。STEP 7 识别下列参数类型：

TIMER 或 COUNTER：指定当执行块时将使用的特定定时器或特定计数器。如果赋值给 TIMER 或 COUNTER 参数类型的形参，相应的实际参数必须是定时器或计数器，换句话说，在正整数之后输入"T"或"C"。

块：指定用作输入或输出的特定块。参数的声明确定使用的块类型（FB、FC、DB 等）。如果提赋给 BLOCK 参数类型的形参，指定块地址作为实际参数。实例："FC101"（当使用绝对寻址时）或"Valve"（使用符号寻址）。

POINTER：参考变量的地址。指针包含地址而不是值。当赋值给 POINTER 参数类型的形式参数，指定地址作为实际参数。在 STEP 7 中，可以用指针格式或简单地以地址指定指针（例如：M 50.0）。寻址以 M 50.0 开始的数据的指针格式的实例：P#M50.0。

ANY：当实际参数的数据类型未知或当可以使用任何数据类型时，可以使用这个。关于 ANY 参数类型的更多信息，参见章节"参数类型 ANY 的格式"和"使用参数类型 ANY"。

参数类型也可以在用户自定义数据类型（UDT）中使用。关于 UDT 的更多信息，参见章节"使用用户自定义数据类型以访问数据"。

B　寻址方式

操作数是指令的操作或运算对象。所谓寻址方式是说指令得到操作数的方式，可以直接给出或间接给出。可用作 STEP 7 指令操作对象的有：常数；S7 状态字中的状态位；S7 的各种寄存器、数据块；功能块 FB、FC 和系统功能块 SFB，SFC；S7 的各存储区中的单元。

S7 有四种寻址方式，它们分别是：立即寻址、存储器直接寻址、存储器间接寻址和寄存器间接寻址。限于篇幅，下面只介绍立即寻址和直接寻址。

（1）立即寻址。这是对常数或常量的寻址方式，操作数本身直接包含在指令中，有些指令中的操作数是唯一的，为方便起见不再在指令中特别写出。例如：

SET		//把 RLO 置 1
OW	W#16#A320	//将常量 W#16#A320 与累加器 1"或"运算
L	27	//把整数 27 装入累加器 1
L	'ABCD'	//把 ASCII 码字符 ABCD 装入累加器 1
L	C#0100	//把 BCD 码常数 0100 装入累加器 1

（2）直接寻址。直接寻址包括对寄存器和存储器的直接寻址，在直接寻址的指令中，直接给出操作数的存储单元地址。例如：

A	I	0.0	//对输入位 100 进行"与"逻辑操作
S	L	20.0	//把本地数据位 L 20.0 置 1
=	M	115.4	//使存储区位 M 115.4 的内容等于 RLO 的内容
L	IB	10	//把输入字节 IB10 的内容装入累加器 1

　　T　　　DBD 12　　　　　　　　//把累加器 1 中的内容传送给数据双字 DBD12 中

5.2.1.2　S7-300/400 CPU 的存储区

A　S7-300/400 CPU 的存储器

　　S7-300/400 CPU 的存储器包括装载存储器、工作存储器和系统存储器。装载存储器用于存储逻辑块（OB、FC、FB），数据块 DB，系统数据。工作存储器用于存储需要执行的部分逻辑块（OB、FC、FB）和数据块 DB。系统存储器用于存储 PII、PIQ、M、T、C、局部数据。

　　（1）过程映像输入表/输出表（PII/ PIQ）。过程映像输入表（process image input，PII）：循环扫描开始时，存储数字量输入模块的输入信号的状态。

　　过程映像输出表（process image output，PIQ）：循环扫描结束时，存储用户程序计算的输出值，并将 PIQ 的内容写入数字量输出模块。

　　（2）内部存储器区（M）。内部存储器区（M），主要用于存储中间变量。

　　（3）定时器（T）存储器区。在 CPU 的存储器中，有一个区域是专为定时器保留的。此存储区域为每个定时器地址保留一个 16 位字。梯形图逻辑指令集支持 256 个定时器。时间值可以用二进制或 BCD 码方式读取。

　　（4）计数器（C）存储器区。在用户 CPU 的存储器中，有为计数器保留的存储区。此存储区为每个计数器地址保留一个 16 位字。梯形图指令集支持 256 个计数器。计数值（0～999）可以用二进制或 BCD 码方式读取。

　　（5）共享数据块（DB）/背景数据块（DI）。DB 为共享数据块，DBX2.3，DBB5，DBW10 和 DBD12；DI 为背景数据块，DIX，DIB，DIW 和 DID。

　　（6）外部 I/O 存储区（PI/PQ）。外设输入（PI）和外设输出（PQ）区允许直接访问本地的和分布式的输入模块和输出模块。

　　S7 CPU 的系统存储器被划分成多个地址区，参见表 5-3。使用程序中的指令，可以在相应的地址区域中直接对数据寻址。

表 5-3　S7 CPU 的系统存储器

地址区	通过下列范围的单元进行访问	S7 符号（IEC）	描　述
过程映像输入表	输入（位）	I	在扫描周期的开始，CPU 从输入模块读取输入，并记录该区域中的值
	输入字节	IB	
	输入字	IW	
	输入双字	ID	
过程映像输出表	输出（位）	Q	在扫描周期期间，程序计算输出值并将它们放入此区域；在扫描周期结束时，CPU 发送计算的输出值到输出模块
	输出字节	QB	
	输出字	QW	
	输出双字	QD	

地址区	通过下列范围的单元进行访问	S7 符号（IEC）	描　　述
位存储器	存储器（位）	M	此区域用于存储程序中计算的中间结果
	存储器字节	MB	
	存储器字	MW	
	存储器双字	MD	
定时器	定时器	T	此区域为定时器提供存储空间
计数器	计数器	C	此区域为计数器提供存储空间
数据块	数据块，用"OPN DB"打开	DB	数据块包含程序的信息，它们可以被由所有逻辑块定义为通用（共享 DB），或者可以分配给特定的 FB 或 SFB（实例数据块）
	数据位	DBX	
	数据字节	DBB	
	数据字	DBW	
	数据双字	DBD	
数据块	数据块，用"OPN DI"打开	DI	
	数据位	DIX	
	数据字节	DIB	
	数据字	DIW	
	数据双字	DID	
本地数据	本地的数据位	L	当块被执行时，此区域包含块的临时数据；L 堆栈也提供存储空间，用于传送块参数和记录来自梯形图程序段的中间结果
	本地的数据字节	LB	
	本地的数据字	LW	
	本地的数据双字	LD	
外围设备（I/O）区：输入	外围设备输入字节	PIB	外围设备输入和输出区域允许直接访问中央和分布式的输入和输出模块（DP）
	外围设备输入字	PIW	
	外围设备输入双字	PID	
外围设备（I/O）区：输出	外围设备输出字节	PQB	
	外围设备输出字	PQW	
	外围设备输出双字	PQD	

　　B　S7-300/400 CPU 的寄存器

　　（1）累加器（ACCUX）。累加器用于处理字节、字或双字的寄存器。S7-300 有两个 32 位累加器（ACCU1 和 ACCU2），S7-400 有 4 个累加器（ACCU1 ~ ACCU4）。

　　（2）状态字寄存器（16 位）。状态字用于表示 CPU 执行指令时所具有的状态。一些指令是否执行或以何方式执行可能取决于状态字中的某些位；执行指令时也可能改变状态字中的某些位，也能在位逻辑指令或字逻辑指令中访问并检测他们。状态字的结构如图5-1所示。

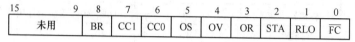

15		9	8	7	6	5	4	3	2	1	0
未用			BR	CC1	CC0	OS	OV	OR	STA	RLO	$\overline{FC}$

图 5-1　状态字的结构

1）首位检测位（$\overline{FC}$）。状态字的位 0 称为首位检测位。若$\overline{FC}$位的状态为 0，则表明一个梯形逻辑网络的开始，或指令为逻辑串的第一条指令。CPU 对逻辑串第一条指令的检测（称为首位检测）产生的结果直接保存在状态字的 RLO 位中，经过首次检测存放在 RLO 中的 0 或 1 被称为首位检测结果。$\overline{FC}$位在逻辑串的开始时总是 0，在逻辑串指令执行过程中$\overline{FC}$位为 1，输出指令或与逻辑运算有关的转移指令（表示一个逻辑串结束的指令）将$\overline{FC}$清 0。

2）逻辑操作结果（RLO）。状态字的位 1 称为逻辑操作结果 RLO（Result of Logic Operation）。该位存储逻辑指令或算术比较指令的结果。在逻辑串中，RLO 位的状态能够表示有关信号流的信息。RLO 的状态为 1，表示有信号流（通）；RLO 的状态为 0，表示无信号流（断）。可用 RLO 触发跳转指令。

3）状态位（STA）。状态字的位 2 称为状态位。状态位不能用指令检测，它只是在程序测试中被 CPU 解释并使用。如果一条指令是对存储区操作的位逻辑指令，则无论是对该位的读或写操作，STA 总是与该位的值取得一致；对不访问存储区的位逻辑指令来说，STA 位没有意义，此时它总被置为 1。

4）或位（OR）。状态字的位 3 称为或位（OR）。在先逻辑"与"后逻辑"或"的逻辑串中，OR 位暂存逻辑"与"的操作结果，以便进行后面的逻辑"或"运算。其他指令将 OR 位清 0。

5）溢出位（OV）。状态字的位 4 称为溢出位。溢出位被置 1，表明一个算术运算或浮点数比较指令执行时出现错误（错误：溢出、非法操作、不规范格式）。后面的算术运算或浮点数比较指令执行结果正常的话 OV 位就被清 0。

6）溢出状态保持位（OS）。状态字的位 5 称为溢出状态保持位（或称为存储溢出位）。OV 被置 1 时 OS 也被置 1；OV 被清 0 时 OS 仍保持。所以它保存了 OV 位，可用于指明在先前的一些指令执行中是否产生过错误。只有下面的指令才能复位 OS 位：JOS（OS =1 时跳转）；块调用指令和块结束指令。

7）条件码 1（CC1）和条件码 0（CC0）。状态字的位 7 和位 6 称为条件码 1 和条件码 0。这两位结合起来用于表示在累加器 1 中产生的算术运算或逻辑运算结果与 0 的大小关系；比较指令的执行结果或移位指令的移出位状态，详见表 5-4 和表 5-5。

表 5-4　算术运算后的 CC1 和 CC0

CC1	CC0	算术运算 无溢出	整数算术运算 有溢出	浮点数算术运算 有溢出
0	0	结果 =0	整数加时产生负范围溢出	平缓下溢
0	1	结果 <0	乘时负范围溢出；加、减、取负时正溢出	负范围溢出

CC1	CC0	算术运算 无溢出	整数算术运算 有溢出	浮点数算术运算 有溢出
1	0	结果 >0	乘、除时正溢出；加、减时负溢出	正范围溢出
1	1	—	在除时除数为 0	非法操作

表 5-5　比较、移位和循环移位、字逻辑指令后的 CC1 和 CC0

CC1	CC0	比较指令	移位和循环指令	字逻辑指令
0	0	累加器 2 = 累加器 1	移位 =0	结果 =0
0	1	累加器 2 < 累加器 1	—	—
1	0	累加器 2 > 累加器 1	—	结果 ≠0
1	1	不规范（只用于浮点数比较）	移出位 =1	—

8）二进制结果位（BR）。状态字的位 8 称为二进制结果位。它将字处理程序与位处理联系起来，在一段既有位操作又有字操作的程序中，用于表示字操作结果是否正确（异常）。将 BR 位加入程序后，无论字操作结果如何，都不会造成二进制逻辑链中断。在 LAD 的方块指令中，BR 位与 ENO 有对应关系，用于表明方块指令是否被正确执行。如果执行出现了错误，BR 位为 0，ENO 也为 0；如果功能被正确执行，BR 位为 1，ENO 也为 1。

在用户编写的 FB 和 FC 程序中，必须对 BR 位进行管理，当功能块正确运行后使 BR 位为 1，否则使其为 0。使用 STL 指令 SAVE 或 LAD 指令——（SAVE），可将 RLO 存入 BR 中，从而达到管理 BR 位的目的。当 FB 或 FC 执行无错误时，使 RLO 为 1 并存入 BR，否则，在 BR 中存入 0。

（3）数据块寄存器。DB 和 DI 寄存器分别用来保存打开的共享数据块和背景数据块的编号。

5.2.1.3　PLC 编程的基本原则

PLC 编程应该遵循以下基本原则：

（1）外部输入、输出继电器、内部继电器、定时器、计数器等器件的接点可多次重复使用，无需用复杂的程序结构来减少接点的使用次数。

（2）梯形图每一行都是从左母线开始，线圈接在最右边，接点不能放在线圈的右边。

（3）线圈不能直接与左母线相连。

（4）同一编号的线圈在一个程序中使用两次称为双线圈输出。双线圈输出容易引起误操作，应尽量避免线圈重复使用。

（5）梯形图程序必须符合顺序执行的原则，即从左到右，从上到下地执行，如不符合顺序执行的电路不能直接编程，桥式电路就不能直接编程。

（6）在梯形图中串联接点、并联接点的使用次数没有限制，可无限次地使用。

5.2.2 位逻辑指令及应用

5.2.2.1 位逻辑指令

A 位逻辑指令概述

位逻辑指令使用 1 和 0 两个数字。这两个数字组成了名为二进制数字系统基础。将 1 和 0 两个数字称作二进制数字或位。在触点和线圈领域中，1 表示激活或激励状态，0 表示未激活或未激励状态。

位逻辑指令对 1 和 0 信号状态加以解释，并按照布尔逻辑组合它们。这些组合会产生由 1 或 0 组成的结果，称作"逻辑运算结果"（RLO：result of logic operation）。

介于篇幅有限及梯形图 LAD 运用的广泛性，本章的指令及应用主要以 LAD 为主。

常用的位逻辑（LAD）指令见表 5-6。

表 5-6 常用的位逻辑指令

---| |---	常开触点（地址）
---| / |---	常闭触点（地址）
---( )	输出线圈
--| NOT |--	能流取反
---(#)---	中间输出
---(S)	置位线圈
---(R)	复位线圈
SR 触发器	SR 复位优先型 SR 触发器
RS 触发器	RS 置位优先型 RS 触发器
---(N)---	RLO 负跳沿检测
---(P)---	RLO 正跳沿检测
NEG	地址下降沿检测
POS	地址上升沿检测

B 常用的位逻辑指令

（1）常开触点、常闭触点、输出线圈。

1）LAD 符号：

< address >　　　　< address >　　　　< address >

---\| \|---　　　　---\|/\|---　　　　---( )

常开触点、常闭触点、输出线圈的参数说明见表 5-7。

表 5-7 常开触点、常闭触点、输出线圈的参数说明

参 数	数据类型	内存区域	说 明
< address >	BOOL	I、Q、M、L、D、T、C	选中的位

2）说明：---\| \|---存储在指定＜地址＞的位值为"1"时，（常开触点）处于闭合状态。触点闭合时，梯形图轨道能流流过触点，逻辑运算结果（RLO）="1"。否则，

如果指定 <地址> 的信号状态为 "0"，触点将处于断开状态。触点断开时，能流不流过触点，逻辑运算结果（RLO）= "0"。串联使用时，通过 AND 逻辑将 ---| |--- 与 RLO 位进行链接。并联使用时，通过 OR 逻辑将其与 RLO 位进行链接。

---| / |--- 存储在指定 <地址> 的位值为 "0" 时，（常闭触点）处于闭合状态。触点闭合时，梯形图轨道能流流过触点，逻辑运算结果（RLO）= "1"。否则，如果指定 <地址> 的信号状态为 "1"，将断开触点。触点断开时，能流不流过触点，逻辑运算结果（RLO）= "0"。串联使用时，通过 AND 逻辑将 ---| / |--- 与 RLO 位进行链接。并联使用时，通过 OR 逻辑将其与 RLO 位进行链接。

---( )（输出线圈）的工作方式与继电器逻辑图中线圈的工作方式类似。如果有能流通过线圈（RLO = 1），将置位 <地址> 位置的位为 "1"。如果没有能流通过线圈（RLO = 0），将置位 <地址> 位置的位为 "0"。只能将输出线圈置于梯级的右端。可以有多个（最多 16 个）输出单元。使用 ---| NOT |---（能流取反）单元可以创建取反输出。

3）举例：如图 5-2 所示，满足下列条件之一时，输出端 Q4.0 的信号状态将是 "1"：输入端 I0.0 和 I0.1 的信号状态为 "1"，M10.0 的信号状态也为 "1" 时；或输入端 I0.2 的信号状态为 "0" 时，M10.0 的信号状态也为 "1" 时。

满足下列条件之一时，输出端 Q4.1 的信号状态将是 "1"：输入端 I0.0 和 I0.1 的信号状态为 "1"，M10.0 和输入端 I0.3 的信号状态都为 "1" 时；或输入端 I0.2 的信号状态为 "0"，M10.0 和输入端 I0.3 的信号状态都为 "1" 时。

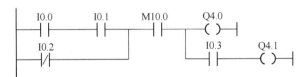

图 5-2 常开触点、常闭触点、输出线圈（LAD）

上述的 LAD，可用语句表 STL 完全表示，对应的 STL 如图 5-3 所示。

上述的 LAD，也可用功能图 FBD 完全表示，对应的 FBD 如图 5-4 所示。

（2）能流取反。

1）LAD 符号：

---| NOT |---

2）说明：

---| NOT |---（能流取反）取反 RLO 位。

3）举例：

如图 5-5 所示，满足下列条件之一时，输出端 Q4.0 的信号状态将是 "0"：输入端 I0.0 的信号状态为 "1" 时，或当输入端 I0.1 和 I0.2 的信号状态为 "1" 时。

（3）中间输出。

1）符号：

< address >

---(#)---

右栏（图 5-3）：

```
A(
A     I     0.0
A     I     0.1
ON    I     0.2
)
A     M     10.0
=     L     20.0
A     L     20.0
BLD   102
=     Q     4.0
A     L     20.0
A     I     0.3
=     Q     4.1
```

图 5-3 常开触点、常闭触点、输出线圈（STL）

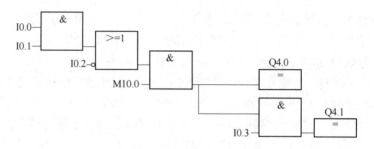

图 5-4　常开触点、常闭触点、输出线圈（FBD）

	A(		
	O	I	0.0
	O		
	A	I	0.1
	A	I	0.2
	)		
	NOT		
	=	Q	4.0

图 5-5　取反指令（LAD、STL）

中间输出的参数说明见表 5-8。

表 5-8　中间输出的参数说明

参　数	数据类型	内存区域	说　明
＜address＞	BOOL	I、Q、M、＊L、D	分配位

2）说明：－－－(#)－－－（中间输出）是中间分配单元，它将 RLO 位状态（能流状态）保存到指定＜地址＞。中间输出单元保存前面分支单元的逻辑结果。以串联方式与其他触点连接时，可以像插入触点那样插入－－－（#）－－－，不能将－－－（#）－－－单元连接到电源轨道、直接连接在分支连接的后面或连接在分支的尾部。

3）举例：如图 5-6 所示，输入端 I0.0 的信号状态为“1”时，中间输出 M10.0 的信号状态为“1”；同时当 I0.1 的信号状态为“1”时，中间输出 Q4.0 的信号状态也将为“1”；如果此时 M20.0 的信号状态也为“1”，则输出线圈 Q4.5 的信号状态也将为“1”。

A	I	0.0
=	M	10.0
A	M	10.0
A	I	0.1
=	Q	4.0
A	Q	4.0
A	M	20.0
=	Q	4.5

图 5-6　中间输出（LAD、STL）

图 5-6 等价的 LAD 程序如图 5-7 所示。可见，中间输出在一定程度上可以简化程序结构。

（4）置位/复位线圈。

1）符号：

　＜address＞　　　　　＜address＞

　－－－(S)　　　　　　－－－(R)

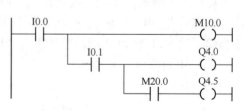

图 5-7　中间输出等价的 LAD 程序

置位/复位线圈的参数说明见表 5-9。

表 5-9　置位/复位线圈的参数说明

参　数	数据类型	内存区域	说　明
<地址>	BOOL	I、Q、M、L、D	置位
<地址>	BOOL	I、Q、M、L、D、T、C	复位

2）说明：对于 −−−(S)（置位线圈），只有在前面指令的 RLO 为"1"（能流通过线圈）时，才会执行 −−−(S)（置位线圈）。如果 RLO 为"1"，将把单元的指定 <地址> 置位为"1"。RLO = 0 将不起作用，单元的指定地址的当前状态将保持不变。

对于 −−−(R)（复位线圈），只有在前面指令的 RLO 为"1"（能流通过线圈）时，才会执行 −−−(R)（复位线圈）。如果能流通过线圈（RLO 为"1"），将把单元的指定 <地址> 复位为"0"。RLO 为"0"（没有能流通过线圈）将不起作用，单元指定地址的状态将保持不变。<地址> 也可以是值复位为"0"的定时器（T 编号）或值复位为"0"的计数器（C 编号）。

3）举例：如图 5-8 所示，满足下列条件之一时，输出端 Q4.0 的信号状态将是"1"：输入端 I0.0 和 I0.1 的信号状态为"1"时，或输入端 I0.2 的信号状态为"0"时。如果 RLO 为"0"，输出端 Q4.0 的信号状态将保持不变。

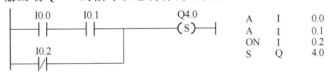

图 5-8　置位线圈（LAD、STL）

如图 5-9 所示，满足下列条件之一时，将把输出端 Q4.0 的信号状态复位为"0"：输入端 I0.0 和 I0.1 的信号状态为"1"时，或输入端 I0.2 的信号状态为"0"时。如果 RLO 为"0"，输出端 Q4.0 的信号状态将保持不变。

满足下列条件时才会复位定时器 T1 的信号状态：输入端 I0.3 的信号状态为"1"时。

满足下列条件时才会复位计数器 C1 的信号状态：输入端 I0.4 的信号状态为"1"时。

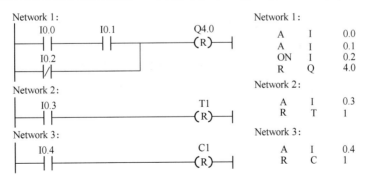

图 5-9　复位线圈（LAD、STL)

（5）SR 触发器/RS 触发器。

1）符号：

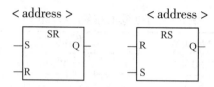

SR 触发器/RS 触发器的参数说明见表 5-10。

表 5-10　SR 触发器/RS 触发器的参数说明

参　数	数据类型	内存区域	说　明
< address >	BOOL	I、Q、M、L、D	置位或复位位
S	BOOL	I、Q、M、L、D	启用置位指令
R	BOOL	I、Q、M、L、D	启用复位指令
Q	BOOL	I、Q、M、L、D	< 地址 > 的信号状态

2）说明：对于 SR 触发器，如果 S 输入端的信号状态为"1"，R 输入端的信号状态为"0"，则置位 SR（复位优先型 SR 双稳态触发器）。否则，如果 S 输入端的信号状态为"0"，R 输入端的信号状态为"1"，则复位触发器。如果两个输入端的 RLO 状态均为"1"，则指令的执行顺序是最重要的。SR 触发器先在指定 < 地址 > 执行置位指令，然后执行复位指令，以使该地址在执行余下的程序扫描过程中保持复位状态。只有在 RLO 为"1"时，才会执行 S（置位）和 R（复位）指令。这些指令不受 RLO "0"的影响，指令中指定的地址保持不变。

对于 RS 触发器，如果 R 输入端的信号状态为"1"，S 输入端的信号状态为"0"，则复位 RS（置位优先型 RS 双稳态触发器）。否则，如果 R 输入端的信号状态为"0"，S 输入端的信号状态为"1"，则置位触发器。如果两个输入端的 RLO 均为"1"，则指令的执行顺序是最重要的。RS 触发器先在指定 < 地址 > 执行复位指令，然后执行置位指令，以使该地址在执行余下的程序扫描过程中保持置位状态。只有在 RLO 为"1"时，才会执行 S（置位）和 R（复位）指令。这些指令不受 RLO "0"的影响，指令中指定的地址保持不变。

3）举例：

如图 5-10 所示，如果输入端 I0.0 的信号状态为"1"，I0.1 的信号状态为"0"，则 Q4.0 将是"1"。否则，如果输入端 I0.0 的信号状态为"0"，I0.1 的信号状态为"1"，则输出 Q4.0 将是"0"。如果两个信号状态均为"0"，则不会发生任何变化。如果两个信号状态均为"1"，将因顺序关系执行复位指令，复位 Q4.0。Q 端的"RL0"与置位或复位位 Q4.0 是一致的。

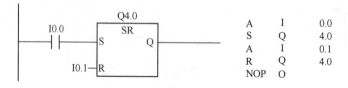

图 5-10　SR 触发器（LAD、STL）

（6）RLO 正跳沿检测/ RLO 负跳沿检测。

1）符号：

```
< address >          < address >
---(P)---            ---(N)---
```

RLO 负跳沿检测/ RLO 正跳沿检测的参数说明见表5-11。

表5-11　RLO 负跳沿检测/ RLO 正跳沿检测的参数说明

参　数	数据类型	内存区域	说　明
< 地址 >	BOOL	I、Q、M、L、D	边沿存储位，存储 RLO 的上一信号状态

2）说明：---(P)---（RLO 正跳沿检测）检测地址中“0”到“1”的信号变化，并在指令后将其显示为 RLO = “1”。将 RLO 中的当前信号状态与地址的信号状态（边沿存储位）进行比较。如果在执行指令前地址的信号状态为“0”，RLO 为“1”，则在执行指令后 RLO 将是“1”（脉冲），在所有其他情况下将是“0”。指令执行前的 RLO 状态存储在地址中。

---(N)---（RLO 负跳沿检测）检测地址中“1”到“0”的信号变化，并在指令后将其显示为 RLO = “1”。将 RLO 中的当前信号状态与地址的信号状态（边沿存储位）进行比较。如果在执行指令前地址的信号状态为“1”，RLO 为“0”，则在执行指令后 RLO 将是“1”（脉冲），在所有其他情况下将是“0”。指令执行前的 RLO 状态存储在地址中。

3）举例：如图5-11所示，如果输入端 I0.0 的信号状态由“0”变为“1”，这一正跳沿将被 ---(P)--- 指令检测到，并向后面的 M20.0 输出一个脉冲信号。M10.0 为边沿存储位，它将保存 RLO 的先前状态，其时序图与 I0.0 一样。

如果输入端 I0.1 的信号状态由“1”变为“0”，这一负跳沿将被 ---(N)--- 指令检测到，并向后面的 M20.1 输出一个脉冲信号。M10.1 为边沿存储位，它将保存 RLO 的先前状态，其时序图与 I0.1 一样。

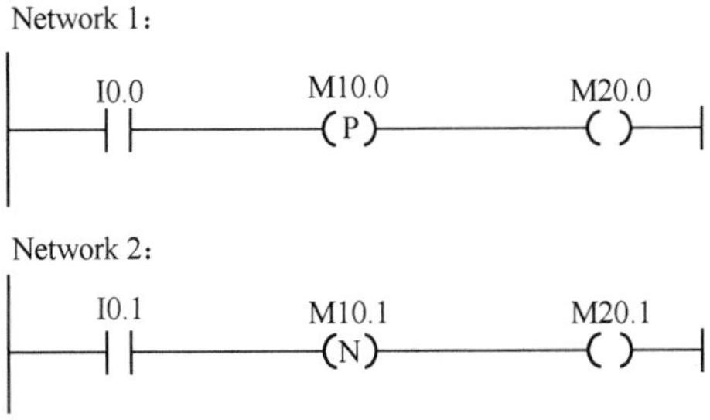


```
Network 1:
A   I   0.0
FP  M   10.0
=   M   20.0

Network 2:
A   I   0.1
FN  M   10.1
=   M   20.1
```

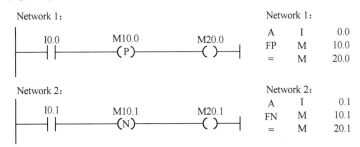

图5-11　RLO 正跳沿检测/RLO 负跳沿检测（LAD、STL）

（7）地址上升沿检测/地址下降沿检测。

1）符号：

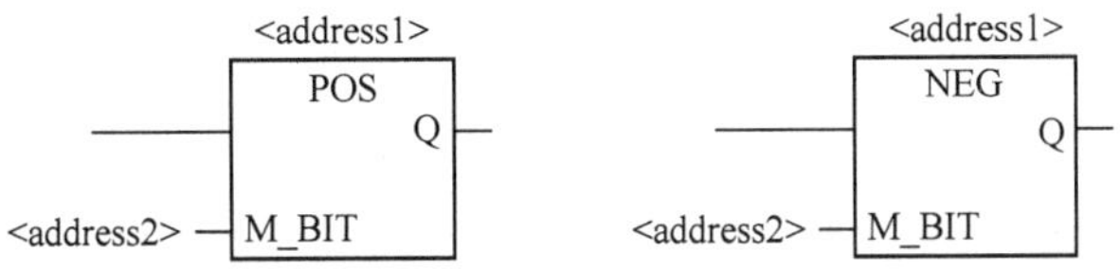

地址上升沿检测/地址下降沿检测的参数说明见表 5-12。

表 5-12   地址上升沿检测/地址下降沿检测的参数说明

参　　数	数据类型	内存区域	说　　明
< address1 >	BOOL	I、Q、M、L、D	已扫描信号
< address2 >	BOOL	I、Q、M、L、D	M_BIT 边沿存储位，存储 < address1 > 的前一个信号状态
Q	BOOL	I、Q、M、L、D	单触发输出

2）说明：POS（地址上升沿检测）比较 < address1 > 的信号状态与前一次扫描的信号状态（存储在 < address2 > 中）。如果当前 RLO 状态为"1"且其前一状态为"0"（检测到上升沿），执行此指令后 RLO 位将是"1"。

NEG（地址下降沿检测）比较 < address1 > 的信号状态与前一次扫描的信号状态（存储在 < address2 > 中）。如果当前 RLO 状态为"0"且其前一状态为"1"（检测到上升沿），执行此指令后 RLO 位将是"1"。

3）举例："地址上升沿检测/地址下降沿检测"与"RLO 负跳沿检测/ RLO 正跳沿检测"用法相似。图 5-11 的等价程序如图 5-12 所示。

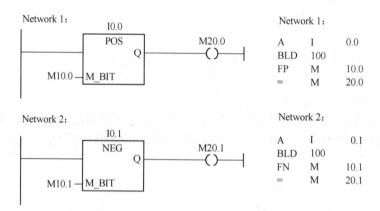

图 5-12   地址上升沿检测/地址下降沿检测（LAD、STL）

5.2.2.2　位逻辑指令的应用

我们先要领会一个思想，那就是程序设计是没有标准答案的，没有十全十美的程序，只有越来越完善、漏洞越来越少的程序。

【例 5.1】　运用 PLC 实现对"三相异步电动机双重联锁正反转"的控制。

"三相异步电动机双重联锁正反转"控制电路是一个经典的继电-接触器控制环节。运用 PLC 对其进行改造控制，也是 PLC 设计的传统入门题目。

在三相异步电动机正反转控制电路中，最基本的方法是采用双重联锁正反转控制电路，如图 5-13 所示。

采用 KM1、KM2 的常闭辅助触点实现控制电路的电气连锁，用 SB2、SB3 的常闭触点实现控制电路的机械连锁，即双重连锁。在实际控制中，对于小功率的电机或空载启动的

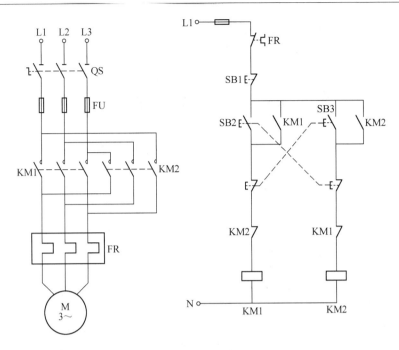

图 5-13 三相异步电动机双重联锁正反转控制电路

电机，可通过 SB2、SB3 在正、反转之间直接切换。但对于大功率的电机或负载启动的电机，则需要先按下停止按钮 SB1 后，再进行转向的切换。

采用 PLC 控制电机正反转，即是要对原继电-接触器电路的控制电路进行控制或改造。但在学校的实验室里，很多都是用指示灯来模拟数字量（开关量）的输出，这样编写的程序是不能用于实际工程的。因为在实际工程控制中，为了检测接触器是否正常工作，即接触器的线圈得电，接触器的触点是否正常动作；或接触器的线圈断电，接触器的触点是否正常复位，往往需要将接触器的辅助触点引入 PLC 的 DI 模块来作为反馈检测信号，同时在外围电路中将可能引起电源相间短路的接触器进行硬件上的电气互锁。这种控制方案在实际工程中得到了广泛的应用。

设计参考：

（1）列 I/O 分配表，见表 5-13。

表 5-13 三相异步电动机正反转 PLC 控制 I/O 分配表

I/O 设备名称	I/O 地址	说 明
FR	I0.0	热保护（常闭触点）
SB1	I0.1	停止按钮（常闭触点）
SB2	I0.2	正转启动按钮（常开触点）
SB3	I0.3	反转启动按钮（常开触点）
KM1	I0.4	正转接触器（常开）辅助触点
KM2	I0.5	反转接触器（常开）辅助触点
KM1	Q4.0	正转接触器线圈
KM2	Q4.1	反转接触器线圈

（2）绘制 I/O 接线示意图，如图 5-14 所示。

FR
I0.0
SB1
I0.1
SB2
I0.2
SB3
I0.3
KM1
I0.4
KM2
I0.5
L+
24V
M
Q4.0
Q4.1
N
KM1
KM2
KM2
KM1
FU
L
220V

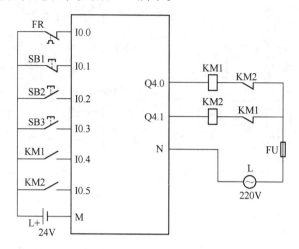

图 5-14 三相异步电动机正反转 PLC 控制 I/O 接线示意图

（3）程序设计。

1）“实验模拟型”程序。说明：由于某些 PLC 实验装置的 DO 模块只连接了指示灯，即只用指示灯来表示所有类型 DO 设备的输出状态，例如用指示灯来模拟电机的运行状态。这样的程序由于没有引入必要的反馈信号，不能检测 DO 设备是否真的动作，是不能直接用于实际工程的，而只能用于实验模拟显示。因此，把这类程序叫做“实验模拟型”程序，如图 5-15 所示。

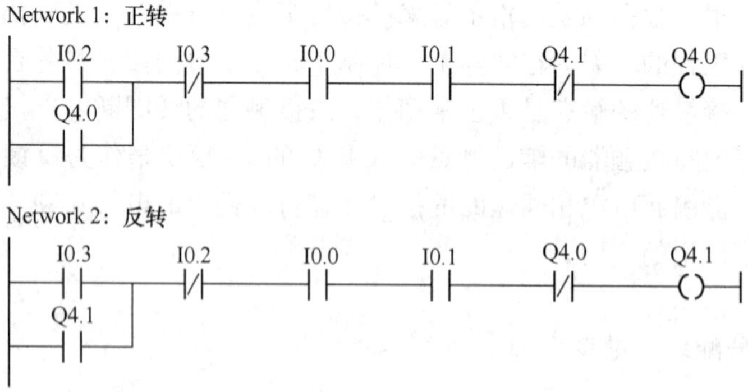

Network 1：正转
I0.2
I0.3
I0.0
I0.1
Q4.1
Q4.0
Q4.0
Network 2：反转
I0.3
I0.2
I0.0
I0.1
Q4.0
Q4.1
Q4.1

图 5-15 三相异步电动机正反转 PLC 控制“实验模拟型”程序

2）“实际工程型”程序。说明：某些 PLC 的外围 DO 设备的动作状态，其信号的反馈是来自于相应的辅助触点或限位开关，如将 FR、KM 的辅助触点或限位开关作为 DI 信号接至 DI 模块，这样就可以真实地反应 DO 设备是否真的动作。这是真正的实际工程的控制方法，因此把这类程序叫做“实际工程型”程序。

图 5-16 所示就是反馈了 KM1、KM2 两个接触器的常开辅助触点的信号，地址分别为 I0.4、I0.5，这样就可以准确地检测出两个接触器是否真的动作。

说明：“实验模拟型”程序与“实际工程型”程序为本章编者自定义的两个名称，特此说明。

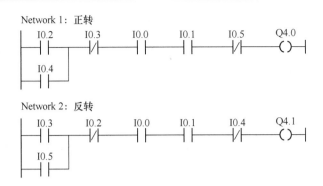

图 5-16　三相异步电动机正反转 PLC 控制"实际工程型"程序

【例 5.2】　运用 PLC 实现对两台电动机的"顺启、逆停"控制。

让我们来看一个工业自动化典型的控制环节——"顺启、逆停",比如由两台电动机控制的两段皮带就是典型的顺启/逆停控制。但由于实际的皮带控制系统包含了许多保护环节及检测环节,并且根据不同的现场工艺还有一些特殊的控制方案。

本例题仅仅是针对皮带部分最基本的顺启/逆停动作做简单的 PLC 控制,不考虑漏料装置及其他控制环节,特此说明。

如图 5-17 所示,基于工艺的考虑,系统"顺启"是指先启动 A 段皮带,再启动 B 段皮带。系统"逆停"是指先停止 B 段皮带,再停止 A 段皮带。当某段电机或皮带出现故障(例如 A 段皮带),其上级的皮带将立即停车(例如 B 段皮带),否则会出现皮带堆料的事故。

系统的 I/O 地址分配,如图 5-17 所示。

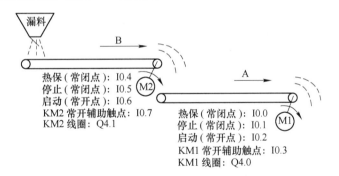

图 5-17　两段皮带的顺启/逆停控制

设计参考:

(1)"实验模拟型"程序,如图 5-18 所示。

(2)"实际工程型"程序,如图 5-19 所示。

5.3　任务实施

任务要求:用 PLC 实现三相异步电动机双重连锁正反转控制。

电路原理:在三相异步电动机正反转控制电路中,最基本的方法是采用正反转双重连锁控制电路,如图 5-20 所示。采用 KM1、KM2 的常闭辅助触点实现控制电路的电气连锁,

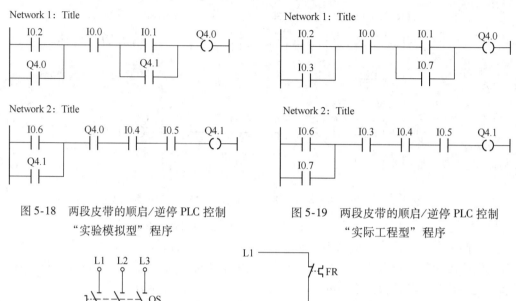

图 5-18　两段皮带的顺启/逆停 PLC 控制　　　图 5-19　两段皮带的顺启/逆停 PLC 控制
　　　　　"实验模拟型"程序　　　　　　　　　　　　　"实际工程型"程序

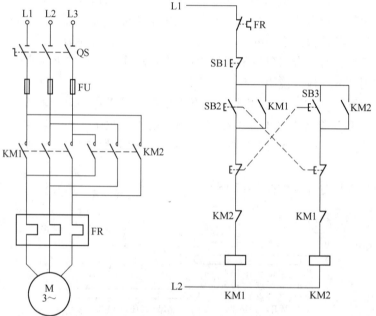

图 5-20　三相异步电动机正反转双重连锁控制电路

用 SB2、SB3 的常闭触点实现控制电路的机械连锁，即双重连锁。在实际控制中，对于小功率的电机或空载启动的电机，可通过 SB2、SB3 在正、反转之间直接切换。但对于大功率的电机或负载启动的电机，则需要先按下停止按钮 SB1 后，再进行转向的切换。

采用 PLC 控制电机正反转，也就是要对原继电 - 接触器电路的控制电路进行 PLC 改造。实施步骤：

（1）进行 I/O 地址分配并绘制"I/O 分配表"。

（2）绘制"I/O 接线示意图"（与"I/O 分配表"相对应）。

（3）进行系统 I/O 接线。

（4）进行程序设计（分别用常开、常闭触点和输出线圈指令、置位复位指令以及 S/R 触发器指令编写）。

（5）进行程序调试、运行，并能进行基本的硬件、软件故障分析与排除。

（6）编写实训报告。

学习性工作任务6　定时器指令及应用

6.1　项目背景及要求

定时器指令是PLC指令类似于继电器控制系统中时间继电器的一类指令，了解定时器指令的类型、触发方式、数据结构及使用注意点，才能正确地选择和灵活应用该类指令。本项目利用S7-300PLC实现三相异步电动机的减压启动控制，训练学生对定时器指令的应用，重点在SD的应用。项目实施时，教师先对三相异步电动机的减压启动控制的工作原理、控制过程进行详细讲解，并对项目的编程思路进行提示启发，学生尝试进行编程调试，最后老师做指导性总结，并给出正确程序供学生参考。

6.2　相关知识

6.2.1　定时器指令

6.2.1.1　定时器指令概述

（1）存储器中的区域。在CPU的存储器中，有一个区域是专为定时器保留的。此存储区域为每个定时器地址保留一个16位字。梯形图逻辑指令集支持256个定时器。要确定可用的定时器字数，请参考CPU的技术信息。

（2）时间值。定时器字的位0到位9包含二进制编码的时间值。时间值指定单位数。时间更新操作按以时间基准指定的时间间隔，将时间值递减一个单位，递减至时间值等于零。可以用二进制、十六进制或以二进制编码的十进制（BCD）格式，将时间值装载到累加器1的低位字中。

可以使用以下任意一种格式预先装载时间值：

1）W#16#wxyz。其中，W = 时间基准（即时间间隔或分辨率），xyz = 以二进制编码的十进制格式表示的时间值。

2）S5T#aH_bM_cS_dMS。其中，H = 小时，M = 分钟，S = 秒，MS = 毫秒；a、b、c、d由用户定义。

时间基准是自动选择的，数值会根据时间基准四舍五入到下一个较低数。

可以输入的最大时间值是9990秒或2小时46分钟30秒。

S5TIME#4S = 4 秒

s5t#2h_15m = 2 小时 15 分钟

S5T#1H_12M_18S = 1 小时 12 分钟 18 秒

（3）时间基准。定时器字的位12和位13包含二进制编码的时间基准。时间基准定义将时间值递减一个单位所用的时间间隔。最小的时间基准是10毫秒，最大的时间基准是10秒，见表6-1。此时，时基是自动选择的，原则是：根据定时时间选择能满足定时范围要求的最小时基。

表 6-1　S5TIME 的时基

时间基准	时间基准的二进制编码
10 毫秒	00
100 毫秒	01
1 秒	10
10 秒	11

不接受超过 2 小时 46 分 30 秒的数值。其分辨率超出范围限制的值（例如，2 小时 10 毫秒）将被舍入到有效的分辨率。用于 S5TIME 的通用格式对范围和分辨率的限制见表 6-2。

表 6-2　S5TIME 的范围和分辨率的关系

分辨率	范　围
0.01 秒	10MS 到 9S_990MS
0.1 秒	100MS 到 1M_39S_900MS
1 秒	1S 到 16M_39S
10 秒	10S 到 2H_46M_30S

（4）定时器单元中的位组态。定时器启动时，定时器单元的内容用作时间值。定时器单元的位 0 到位 11 容纳二进制编码的十进制时间值（BCD 格式：四位一组，包含一个用二进制编码的十进制值）。位 12 和位 13 存储二进制编码的时间基准。

图 6-1 所示显示装载了时间值 127，时间基准 1 秒的定时器单元的内容。

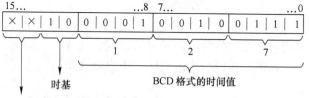

无关：当定时器启动时这两位被忽略

图 6-1　定时器单元中的位组态

（5）S5 定时器的分类。S7-300 提供了多种形式的 S5 定时器，见表 6-3。

表 6-3　S5 定时器指令的分类

S_PULSE	脉冲 S5 定时器
S_PEXT	扩展脉冲 S5 定时器
S_ODT	接通延时 S5 定时器
S_ODTS	保持接通延时 S5 定时器
S_OFFDT	断开延时 S5 定时器
---(SP)	脉冲定时器线圈
---(SE)	扩展脉冲定时器线圈
---(SD)	接通延时定时器线圈
---(SS)	保持接通延时定时器线圈
---(SF)	断开延时定时器线圈

6.2.1.2   常用的定时器指令

（1）S_PULSE（脉冲 S5 定时器）。

1）LAD 符号：

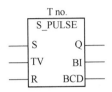

定时器指令的参数说明表见表 6-4。

表 6-4   定时器指令的参数说明表

参 数	数据类型	内存区域	说 明
T 编号	定时器	T	定时器标识号，范围取决于 CPU
S	布尔	I、Q、M、L、D	使能输入
TV	S5TIME	I、Q、M、L、D	预设时间值
R	布尔	I、Q、M、L、D	复位输入
BI	字	I、Q、M、L、D	剩余时间值，整型格式
BCD	字	I、Q、M、L、D	剩余时间值，BCD 格式
Q	布尔	I、Q、M、L、D	定时器的状态

2）说明：如果在启动（S）输入端有一个上升沿，S_PULSE（脉冲 S5 定时器）将启动指定的定时器。信号变化始终是启用定时器的必要条件。定时器在输入端 S 的信号状态为"1"时运行，但最长周期是由输入端 TV 指定的时间值。只要定时器运行，输出端 Q 的信号状态就为"1"。如果在时间间隔结束前，S 输入端从"1"变为"0"，则定时器将停止。这种情况下，输出端 Q 的信号状态为"0"。

如果在定时器运行期间定时器复位（R）输入从"0"变为"1"时，则定时器将被复位。当前时间和时间基准也被设置为零。如果定时器不是正在运行，则定时器 R 输入端的逻辑"1"没有任何作用。

可在输出端 BI 和 BCD 上扫描当前时间值。时间值在 BI 处为二进制编码，在 BCD 端是 BCD 格式。当前时间值为初始 TV 值减去定时器启动后经过的时间。

3）时序图：S_PULSE（脉冲 S5 定时器）的时序图如图 6-2 所示。

4）举例：如图 6-3 所示，如果输入端 I0.0 的信号状态从"0"变为"1"（RLO 中的上升沿），则定时器 T5 将启动。只要 I0.0 为"1"，定时器就将继续运行指定的两秒（2s）时间。如果定时器达到预定时间前，I0.0 的信号状态从"1"变为"0"，则定时器将停止。如果输入端 I0.1 的信号状态从"0"变为"1"，而定时器仍在运行，则时间复位。

只要定时器运行，输出端 Q4.0 就是逻辑"1"，如果定时器预设时间结束或复位，则输出端 Q4.0 变为"0"。

（2）S_PEXT（扩展脉冲 S5 定时器）。

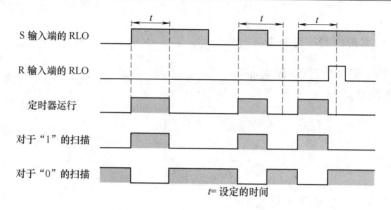

图 6-2　S_PULSE（脉冲 S5 定时器）的时序图

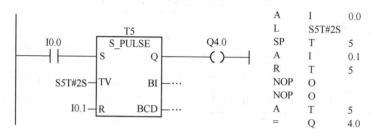

图 6-3　S_PULSE（脉冲 S5 定时器）（LAD、STL）

1）LAD 符号：

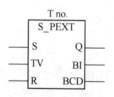

2）说明：如果在启动（S）输入端有一个上升沿，S_PEXT（扩展脉冲 S5 定时器）将启动指定的定时器。信号变化始终是启用定时器的必要条件。定时器以在输入端 TV 指定的预设时间间隔运行，即使在时间间隔结束前，S 输入端的信号状态变为"0"。只要定时器运行，输出端 Q 的信号状态就为"1"。如果在定时器运行期间输入端 S 的信号状态从"0"变为"1"，则将使用预设的时间值重新启动（"重新触发"）定时器。

如果在定时器运行期间复位（R）输入从"0"变为"1"，则定时器复位。当前时间和时间基准被设置为零。

可在输出端 BI 和 BCD 上扫描当前时间值。时间值在 BI 处为二进制编码，在 BCD 处为 BCD 编码。当前时间值为初始 TV 值减去定时器启动后经过的时间。

3）时序图：S_PEXT（扩展脉冲 S5 定时器）的时序图如图 6-4 所示。

4）举例：如图 6-5 所示，如果输入端 I0.0 的信号状态从"0"变为"1"（RLO 中的上升沿），则定时器 T5 将启动。定时器将继续运行指定的两秒（2s）时间，而不会受到输入端 S 处下降沿的影响。如果在定时器达到预定时间前 I0.0 的信号状态从"0"变为"1"，则定时器将被重新触发。只要定时器运行，输出端 Q4.0 就为逻辑"1"。

（3）S_ODT（接通延时 S5 定时器）。

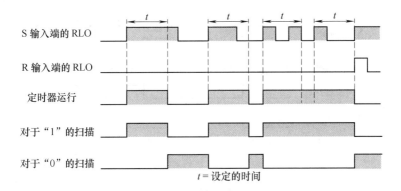

图 6-4　S_PEXT（扩展脉冲 S5 定时器）的时序图

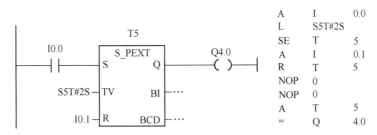

图 6-5　S_PEXT（扩展脉冲 S5 定时器）（LAD、STL）

1）LAD 符号：

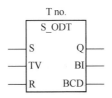

2）说明：如果在启动（S）输入端有一个上升沿，S_ODT（接通延时 S5 定时器）将启动指定的定时器。信号变化始终是启用定时器的必要条件。只要输入端 S 的信号状态为正，定时器就以在输入端 TV 指定的时间间隔运行。定时器达到指定时间而没有出错，并且 S 输入端的信号状态仍为"1"时，输出端 Q 的信号状态为"1"。如果定时器运行期间输入端 S 的信号状态从"1"变为"0"，定时器将停止。这种情况下，输出端 Q 的信号状态为"0"。

如果在定时器运行期间复位（R）输入从"0"变为"1"，则定时器复位。当前时间和时间基准被设置为零。然后，输出端 Q 的信号状态变为"0"。如果在定时器没有运行时 R 输入端有一个逻辑"1"，并且输入端 S 的 RLO 为"1"，则定时器也复位。

可在输出端 BI 和 BCD 扫描当前时间值。时间值在 BI 处为二进制编码，在 BCD 处为 BCD 编码。当前时间值为初始 TV 值减去定时器启动后经过的时间。

3）时序图：S_ODT（接通延时 S5 定时器）的时序图如图 6-6 所示。

4）举例：如图 6-7 所示，如果 I0.0 的信号状态从"0"变为"1"（RLO 中的上升沿），则定时器 T5 将启动。如果指定的两秒时间结束并且输入端 I0.0 的信号状态仍为"1"，则输出端 Q4.0 将为"1"。如果 I0.0 的信号状态从"1"变为"0"，则定时器停止，并且 Q4.0 将为"0"（如果 I0.1 的信号状态从"0"变为"1"，则无论定时器是否运行，

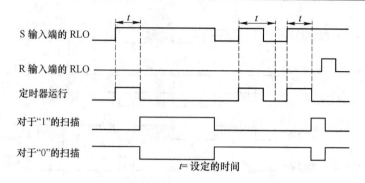

图 6-6　S_ODT（接通延时 S5 定时器）的时序图

时间都复位）。

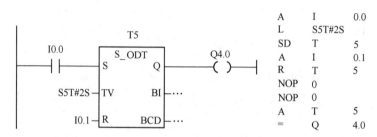

图 6-7　S_ODT（接通延时 S5 定时器）（LAD、STL）

（4）S_ODTS（保持接通延时 S5 定时器）。

1）LAD 符号：

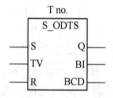

2）说明：如果在启动（S）输入端有一个上升沿，S_ODTS（保持接通延时 S5 定时器）将启动指定的定时器。信号变化始终是启用定时器的必要条件。定时器以在输入端 TV 指定的时间间隔运行，即使在时间间隔结束前，输入端 S 的信号状态变为"0"。定时器预定时间结束时，输出端 Q 的信号状态为"1"，而无论输入端 S 的信号状态如何。如果在定时器运行时输入端 S 的信号状态从"0"变为"1"，则定时器将以指定的时间重新启动（重新触发）。

如果复位（R）输入从"0"变为"1"，则无论 S 输入端的 RLO 如何，定时器都将复位。然后，输出端 Q 的信号状态变为"0"。

可在输出端 BI 和 BCD 扫描当前时间值。时间值在 BI 端是二进制编码，在 BCD 端是BCD 编码。当前时间值为初始 TV 值减去定时器启动后经过的时间。

3）时序图：S_ODTS（保持接通延时 S5 定时器）的时序图如图 6-8 所示。

4）举例：如图 6-9 所示，如果 I0.0 的信号状态从"0"变为"1"（RLO 中的上升沿），则定时器 T5 将启动。无论 I0.0 的信号是否从"1"变为"0"，定时器都将运行。如果在定时器达到指定时间前，I0.0 的信号状态从"0"变为"1"，则定时器将重新触发。

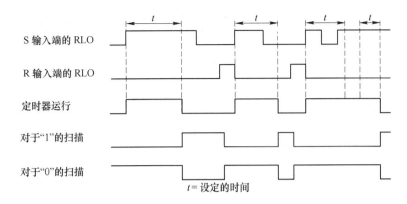

图 6-8　S_ODTS（保持接通延时 S5 定时器）的时序图

如果定时器达到指定时间，则输出端 Q4.0 将变为"1"（如果输入端 I0.1 的信号状态从"0"变为"1"，则无论 S 处的 RLO 如何，时间都将复位）。

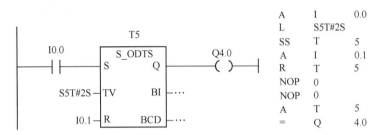

图 6-9　S_ODTS（保持接通延时 S5 定时器）（LAD、STL）

（5）S_OFFDT（断开延时 S5 定时器）。

1）LAD 符号：

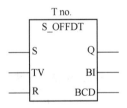

2）说明：如果在启动（S）输入端有一个下降沿，S_OFFDT（断开延时 S5 定时器）将启动指定的定时器。信号变化始终是启用定时器的必要条件。如果 S 输入端的信号状态为"1"，或定时器正在运行，则输出端 Q 的信号状态为"1"。如果在定时器运行期间输入端 S 的信号状态从"0"变为"1"时，定时器将复位。输入端 S 的信号状态再次从"1"变为"0"后，定时器才能重新启动。

如果在定时器运行期间复位（R）输入从"0"变为"1"时，定时器将复位。

可在输出端 BI 和 BCD 扫描当前时间值。时间值在 BI 端是二进制编码，在 BCD 端是 BCD 编码。当前时间值为初始 TV 值减去定时器启动后经过的时间。

3）时序图：S_OFFDT（断开延时 S5 定时器）的时序图如图 6-10 所示。

4）举例：如图 6-11 所示，如果 I0.0 的信号状态从"1"变为"0"，则定时器启动。I0.0 为"1"或定时器运行时，Q4.0 为"1"（如果在定时器运行期间 I0.1 的信号状态从

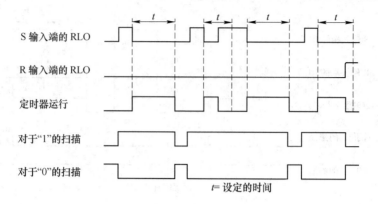

图 6-10　S_OFFDT（断开延时 S5 定时器）的时序图

"0"变为"1"，则定时器复位）。

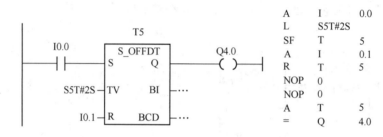

图 6-11　S_OFFDT（断开延时 S5 定时器）（LAD、STL）

（6）---（SP）脉冲定时器线圈。

1）LAD 符号：

<T 编号>

---（SP）

<时间值>

定时器线圈的参数说明见表 6-5。

表 6-5　定时器线圈的参数说明表

参　数	数据类型	内存区域	说　明
T	编号	TIMER	表格
<时间值>	S5TIME	I、Q、M、L、D	预设时间值

2）说明：如果 RLO 状态有一个上升沿，---（SP）（脉冲定时器线圈）将以该<时间值>启动指定的定时器。只要 RLO 保持正值（"1"），定时器就继续运行指定的时间间隔。只要定时器运行，计数器的信号状态就为"1"。如果在达到时间值前，RLO 中的信号状态从"1"变为"0"，则定时器将停止。这种情况下，对于"1"的扫描始终产生结果"0"。

3）举例：如图 6-12 所示，如果输入端 I0.0 的信号状态从"0"变为"1"（RLO 中的上升沿），则定时器 T5 启动。只要输入端 I0.0 的信号状态为"1"，定时器就继续运行指定的两秒时间。如果在指定的时间结束前输入端 I0.0 的信号状态从"1"变为"0"，则定时器停止。

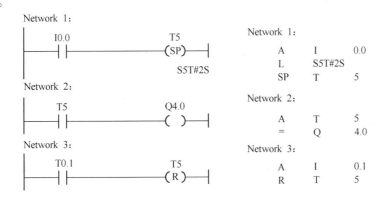

图 6-12　---（SP）脉冲定时器线圈（LAD、STL）

只要定时器运行，输出端 Q4.0 的信号状态就为"1"。如果输入端 I0.1 的信号状态从"0"变为"1"，定时器 T5 将复位，定时器停止，并将时间值的剩余部分清为"0"。

（7）---（SE）扩展脉冲定时器线圈。

1）LAD 符号：

<T 编号>

---（SE）

<时间值>

2）说明：如果 RLO 状态有一个上升沿，---（SE）（扩展脉冲定时器线圈）将以指定的<时间值>启动指定的定时器。定时器继续运行指定的时间间隔，即使定时器达到指定时间前 RLO 变为"0"。只要定时器运行，计数器的信号状态就为"1"。如果在定时器运行期间 RLO 从"0"变为"1"，则将以指定的时间值重新启动定时器（重新触发）。

3）举例：如图 6-13 所示，如果输入端 I0.0 的信号状态从"0"变为"1"（RLO 中的上升沿），则定时器 T5 启动。定时器继续运行，而无论 RLO 是否出现下降沿。如果在定时器达到指定时间前 I0.0 的信号状态从"0"变为"1"，则定时器重新触发。

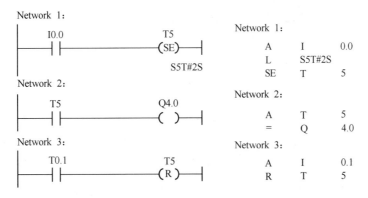

图 6-13　---（SE）脉冲定时器线圈（LAD、STL）

只要定时器运行，输出端 Q4.0 的信号状态就为"1"。如果输入端 I0.1 的信号状态从"0"变为"1"，定时器 T5 将复位，定时器停止，并将时间值的剩余部分清为"0"。

（8）---（SD）接通延时定时器线圈。

1）LAD 符号：

＜T 编号＞
---（SD）
＜时间值＞

2）说明：如果 RLO 状态有一个上升沿，---（SD）（接通延时定时器线圈）将以该＜时间值＞启动指定的定时器。如果达到该＜时间值＞而没有出错，且 RLO 仍为"1"，则定时器的信号状态为"1"。如果在定时器运行期间 RLO 从"1"变为"0"，则定时器复位。这种情况下，对于"1"的扫描始终产生结果"0"。

3）举例：如图 6-14 所示，如果输入端 I0.0 的信号状态从"0"变为"1"（RLO 中的上升沿），则定时器 T5 启动。如果指定时间结束而输入端 I0.0 的信号状态仍为"1"，则输出端 Q4.0 的信号状态将为"1"。

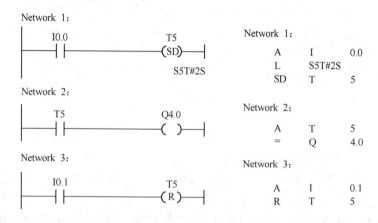

图 6-14　---（SD）脉冲定时器线圈（LAD、STL）

如果输入端 I0.0 的信号状态从"1"变为"0"，则定时器保持空闲，并且输出端 Q4.0 的信号状态将为"0"。如果输入端 I0.1 的信号状态从"0"变为"1"，定时器 T5 将复位，定时器停止，并将时间值的剩余部分清为"0"。

（9）---（SS）保持接通延时定时器线圈。

1）LAD 符号：

＜T 编号＞
---（SS）
＜时间值＞

2）说明：如果 RLO 状态有一个上升沿，---（SS）（保持接通延时定时器线圈）将启动指定的定时器。如果达到时间值，定时器的信号状态为"1"。只有明确进行复位，定时器才可能重新启动。只有复位才能将定时器的信号状态设为"0"。

如果在定时器运行期间 RLO 从"0"变为"1"，则定时器以指定的时间值重新启动。

3）举例：如图 6-15 所示，如果输入端 I0.0 的信号状态从"0"变为"1"（RLO 中的上升沿），则定时器 T5 启动。如果在定时器达到指定时间前输入端 I0.0 的信号状态从"0"变为"1"，则定时器将重新触发。如果定时器达到指定时间，则输出端 Q4.0 将变为

"1"。输入端 I0.1 的信号状态"1"将复位定时器 T5，使定时器停止，并将时间值的剩余部分清为"0"。

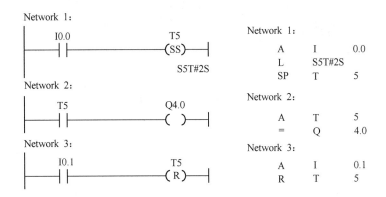

图 6-15　---(SS) 脉冲定时器线圈（LAD、STL）

（10）---(SF) 断开延时定时器线圈。

1）LAD 符号：

< T 编号 >

---(SF)

< 时间值 >

2）说明：如果 RLO 状态有一个下降沿，---(SF)（断开延时定时器线圈）将启动指定的定时器。当 RLO 为"1"时或只要定时器在 < 时间值 > 时间间隔内运行，定时器就为"1"。如果在定时器运行期间 RLO 从"0"变为"1"，则定时器复位。只要 RLO 从"1"变为"0"，定时器即会重新启动。

3）举例：如图 6-16 所示，如果输入端 I0.0 的信号状态从"1"变为"0"，则定时器启动。

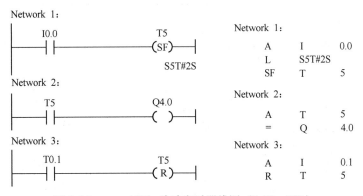

图 6-16　---(SF) 脉冲定时器线圈（LAD、STL）

如果输入端 I0.0 为"1"或定时器正在运行，则输出端 Q4.0 的信号状态为"1"。如果输入端 I0.1 的信号状态从"0"变为"1"，定时器 T5 将复位，定时器停止，并将时间值的剩余部分清为"0"。

6.2.2　定时器指令的应用

【例 6.1】　试运用 PLC 实现对"三相异步电动机丫-△减压启动"的控制，要求丫-△切换时间为 6s，电动机具有常规的保护环节。三相异步电动机丫-△减压启动控制电路如图 6-17 所示。试设计其主程序。

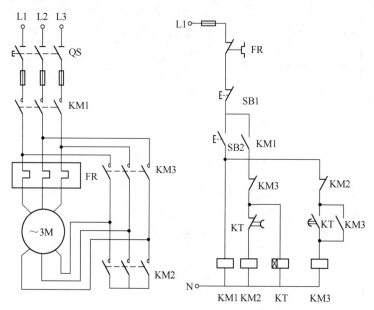

图 6-17　三相异步电动机丫-△减压启动控制电路

主程序设计参考：

（1）列 I/O 分配表，见表 6-6。

表 6-6　三相异步电动机丫-△减压启动 PLC 控制 I/O 分配表

I/O 设备名称	I/O 地址	说　明
FR	I0.0	热保护（常闭触点）
SB1	I0.1	停止按钮（常闭触点）
SB2	I0.2	启动按钮（常开触点）
KM1	I0.3	主接触器（常开）辅助触点
KM1	I0.4	丫接触器（常开）辅助触点
KM2	I0.5	△接触器（常开）辅助触点
KM1	Q4.0	主接触器线圈
KM2	Q4.1	丫接触器线圈
KM3	Q4.2	△接触器线圈

（2）绘制 I/O 接线示意图，如图 6-18 所示。

（3）程序设计。

1）"实验模拟型"程序，如图 6-19 所示。

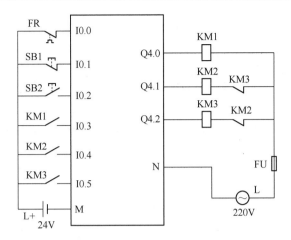

图 6-18　三相异步电动机 Y-△减压启动 PLC 控制 I/O 接线示意图

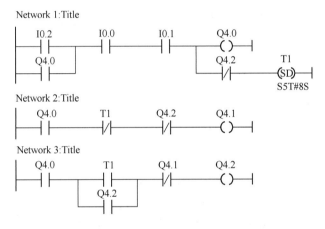

图 6-19　三相异步电动机 Y-△减压启动 PLC 控制"实验模拟型"程序

2)"实际工程型"程序，如图 6-20 所示。

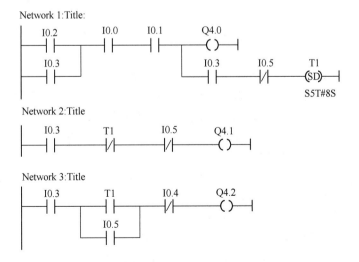

图 6-20　三相异步电动机 Y-△减压启动 PLC 控制"实际工程型"程序

【例 6.2】　试编写"脉冲发生器"程序。

脉冲发生器是工程实际中常用的控制信号，在 S7-300/400PLC 中没有直接可以使用的脉冲信号，必须自己编程或通过 CPU 进行设置。下面是采用编程的方法进行设计的。

可用两个 SD 定时器线圈（T1、T2）。开关 I0.0 闭合，"脉冲发生器"启动。Q4.0 输出周期为 1 秒，占空比为 1 : 2，即 Q4.0 的 RLO 为"1"的时间为 0.5s，RLO 为"0"的时间也为 0.5s，并不断循环。开关 I0.0 断开，结束"脉冲发生器"及输出。

设计参考 1：

Q 的 RLO 为"1-0-1-0…"的状态，先得电 0.5s，再断电 0.5s，周期为 1s，如此循环。程序设计如图 6-21 所示。

设计参考 2：

Q 的 RLO 为"0-1-0-1…"的状态，先断电 0.5s，再得电 0.5s，周期为 1s，如此循环。程序设计如图 6-22 所示。

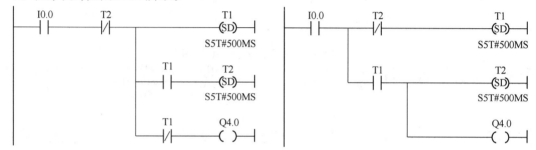

图 6-21　"脉冲发生器"程序 1　　　　　图 6-22　"脉冲发生器"程序 2

以上的脉冲发生器工作周期及占空比都可以随意调整。

【例 6.3】　试编写"电机过载故障报警"控制程序。

控制要求：试编写"电机过载故障报警"的简单控制程序。当某台电机过载时，有相应的指示灯闪烁（1Hz），直至过载故障消除自动熄灭。

三台电机的 FR 地址为 I0.2 ~ I0.4（外接 FR 常闭辅助触点），过载故障指示灯闪烁地址为 Q4.5 ~ Q4.7。

说明：实际工程的故障报警设计要丰富、复杂得多，报警设计的风格也因与设计者的设计风格、工厂的控制要求有关，并无统一定式。

设计参考："电机过载故障报警"控制程序如图 6-23 所示。

【例 6.4】　试编写三台电动机自动"顺序启动、逆序停车"的主程序。

控制要求：关于系统 I/O 点的分配说明如下：系统急停按钮 I0.0（常闭触点），逆停按钮 I0.1（常闭触点），顺启按钮 I0.5（常开触点），故障报警复位（确认）按钮 I0.6（常开触点）。

三台电机（M1 ~ M3）的热保护为 I0.2 ~ I0.4（常闭触点），主接触器输出为 Q4.0 ~ Q4.2；顺启按钮 I0.5 按下→M1 启动，5s 后→M2 自动启动，再等 5s 后→M3 自动启动；逆停按钮 I0.1 按下→M3 停车，5s 后→M2 自动停车，再等 5s 后→M1 自动停车。

要求编写"实验模拟型"和"实际工程型"两种程序。

"实际工程型"要求反馈 M1、M2、M3 三台电机的 KM1、KM2、KM3 的常开辅助触点信号，地址为 I1.0、I1.1、I1.2。

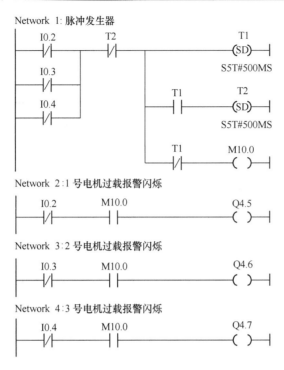

图 6-23　"电机过载故障报警"控制程序

主程序设计参考：

（1）"实验模拟型"程序。"实验模拟型"程序如图 6-24 所示。

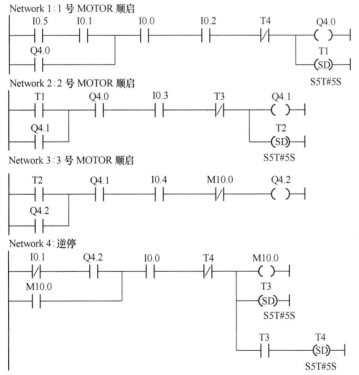

图 6-24　三台电动机自动"顺序启动、逆序停车"的"实验模拟型"程序

（2）"实际工程型"程序。"实际工程型"程序如图 6-25 所示。

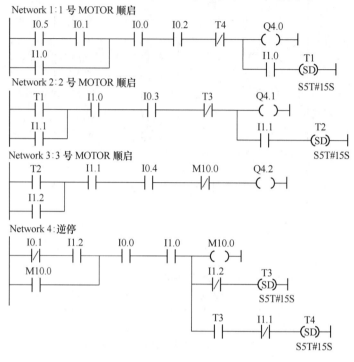

图 6-25　三台电动机自动"顺序启动、逆序停车"的"实际工程型"程序

学习性工作任务 7　计数器、传送、比较指令及应用

7.1　项目背景及要求

本项目以用 PLC 实现传送带与仓库控制为应用背景，训练学生对计数器指令、传送指令以及比较指令的综合应用。项目实施时，教师先对传送带与仓库控制系统的工作原理、控制过程进行详细讲解，并对项目的编程思路进行提示启发，学生通过对相关指令的学习与理解，在老师的指导下，利用实验设备完成传送带与仓库控制系统的设计与调试。

7.2　相关知识

7.2.1　计数器指令及应用

7.2.1.1　计数器指令概述

（1）存储器中的区域。在用户 CPU 的存储器中，有为计数器保留的存储区。此存储区为每个计数器地址保留一个 16 位字。梯形图指令集支持 256 个计数器。

计数器指令是仅有的可访问计数器存储区的函数。

（2）计数值。计数器字中的 0～11 位包含二进制代码形式的计数值。当设置某个计数器时，计数值移至计数器字。计数值的范围为 0～999。

用户可使用下列计数器指令在此范围内改变计数值：

S_CUD 双向计数器、S_CU 加计数器、S_CD 减计数器；

―――（SC）设置计数器线圈、―――（CU）加计数器线圈、―――（CD）减计数器线圈。

（3）计数器中的位组态。输入从 0～999 的数字，用户可为计数器提供预设值，例如，使用下列格式输入 127：C#127。其中 C#代表二进制编码十进制格式（BCD 格式：四位一组，包含一个用二进制编码的十进制值）。计数器中的 0～11 位包含二进制编码十进制格式的计数值。

图 7-1 显示了加载计数值 127 之后计数器的内容，以及设置计数器之后计数器单元中的内容。

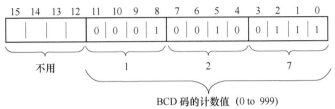

图 7-1　计数器中的位组态

7.2.1.2　计数器指令

（1）计数器。

1）LAD 符号：

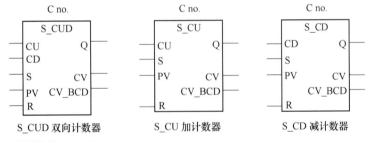

计数器的参数说明表见表 7-1。

表 7-1　计数器的参数说明表

参　数	数据类型	内存区域	说　明
C 编号	COUNTER	C	计数器标识号，其范围依赖于 CPU
CU	BOOL	I、Q、M、L、D	升值计数输入
CD	BOOL	I、Q、M、L、D	降值计数输入
S	BOOL	I、Q、M、L、D	为预设计数器设置输入
PV	WORD	I、Q、M、L、D 或常数	预设计数器的值，将计数器值以"C#<值>"的格式输入（范围 0～999）
R	BOOL	I、Q、M、L、D	复位输入
CV	WORD	I、Q、M、L、D	当前计数器值，十六进制数字
CV_BCD	WORD	I、Q、M、L、D	当前计数器值，BCD 码
Q	BOOL	I、Q、M、L、D	计数器状态

2) 说明：以 S_CUD（双向计数器）为例。如果输入 S 有上升沿，S_CUD（双向计数器）预置为输入 PV 的值。如果输入 R 为 1，则计数器复位，并将计数值设置为零。如果输入 CU 的信号状态从"0"切换为"1"，并且计数器的值小于"999"，则计数器的值增 1。如果输入 CD 有上升沿，并且计数器的值大于"0"，则计数器的值减 1。

如果两个计数输入都有上升沿，则执行两个指令，并且计数值保持不变。

如果已设置计数器，并且输入 CU/CD 的 RLO = 1，则即使没有从上升沿到下降沿或下降沿到上升沿的切换，计数器也会在下一个扫描周期进行相应的计数。

如果计数值大于零（"0"），则输出 Q 的信号状态为"1"。

3) 举例：如图 7-2 所示，如果 I0.2 从"0"变为"1"，则计数器预设为 MW10 的值。如果 I0.0 的信号状态从"0"改变为"1"，则计数器 C10 的值将增加 1，当 C10 的值等于"999"时除外。如果 I0.1 从"0"改变为"1"，则 C10 减少 1，但当 C10 的值为"0"时除外。如果 C10 不等于零，则 Q4.0 为"1"。

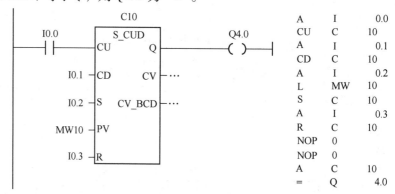

图 7-2　S_CUD 双向计数器（LAD、STL）

（2）计数器线圈。

1）LAD 符号：

＜C 编号＞	＜C 编号＞	＜C 编号＞
---(SC)	---(CU)	---(CD)
＜预设值＞		
设置计数器线圈	加计数器线圈	减计数器线圈

计数器线圈的参数说明表见表 7-2。

表 7-2　计数器线圈的参数说明表

参　数	数据类型	内存区域	说　明
＜C 编号＞	COUNTER	C	要预置的计数器编号
＜预设值＞	WORD	I、Q、M、L、D 或常数	预置 BCD 的值（0～999）

2）说明：仅在 RLO 中有上升沿时，---(SC)（设置计数器值）才会执行。此时，预设值被传送至指定的计数器。

如在 RLO 中有上升沿，并且计数器的值小于"999"，则 ---(CU)（加计数器线圈）

将指定计数器的值加 1。如果 RLO 中没有上升沿，或者计数器的值已经是 "999"，则计数器值不变。

如果 RLO 状态中有上升沿，并且计数器的值大于 "0"，则 ---（CD）（减计数器线圈）将指定计数器的值减 1。如果 RLO 中没有上升沿，或者计数器的值已经是 "0"，则计数器值不变。

3）举例：如图 7-3 所示，如果输入 I0.0 的信号状态从 "0" 改变为 "1"（RLO 中有上升沿），则将预设值 100 载入计数器 C10。

如果输入 I0.1 的信号状态从 "0" 改变为 "1"（在 RLO 中有上升沿），则计数器 C10 的计数值将减 1，但当 C10 的值等于 "0" 时除外。如果 RLO 中没有上升沿，则 C10 的值保持不变。

如果计数值为 0，则接通 Q4.0。

如果输入 I0.2 的信号状态为 "1"，则计数器 C10 复位为 "0"。

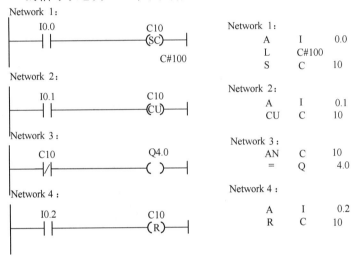

图 7-3　计数器线圈（LAD、STL）

7.2.1.3　计数器指令的应用

【例 7.1】　试用 "定时器、计数器" 指令设计如下控制程序：有四盏指示灯（*A*、*B*、*C*、*D*），按下启动按钮后，先是 *A*、*B* 两盏灯亮，3s 后变为 *B*、*C* 两盏灯亮，再 3s 后变为 *C*、*D* 两盏灯亮，再 3s 后变为 *D*、*A* 两盏灯亮，再等 3s 后又变为 *A*、*B* 两盏灯亮，如此循环。

当 *C*、*D* 两盏灯亮到第 3 次后（即循环 3 次后），4 盏灯同时以 1Hz 的频率闪烁，闪烁 5 次后全部熄灭，整个过程结束。

定时器、计数器种类不限；I/O 地址起始字节为 0/10。

程序设计参考：用 "定时器、计数器" 指令控制指示灯，如图 7-4 所示。

7.2.2　传送指令及应用

7.2.2.1　传送指令

（1）LAD 符号：

Network 1：Title

```
  I0.0      I0.1      T5              M100.0
──┤├────┬───┤├───────┤/├──────────────( )──
  M100.0 │
──┤├─────┘
```

Network 2：Title

```
  M100.0    C1        T4        T1
──┤├────────┤├───────┤/├───┬───(SD)──┤
                           │   S5T#3S
                           │   M1.2      M1.3      M1.4      M0.1
                           ├──┤/├───────┤/├───────┤/├───┬──( )──┤
                           │                            │   M0.2
                           │                            └──( )──┤
                           │   T1        T2
                           ├──┤├────┬───(SD)──┤
                           │        │   S5T#3S
                           │        │   M1.3      M1.4      M1.2
                           │        └──┤/├───────┤/├───┬──( )──┤
                           │                          │   M0.3
                           │                          └──( )──┤
                           │   T2        T3
                           ├──┤├────┬───(SD)──┤
                           │        │   S5T#3S
                           │        │   M1.4      M1.3
                           │        └──┤/├───┬──( )──┤
                           │                 │   M0.4
                           │                 └──( )──┤
                           │   T3        T4
                           └──┤├────┬───(SD)──┤
                                    │   S5T#3S
                                    │   M1.4
                                    └──( )──┤
                                        M1.1
                                       ( )──┤
```

Network 3：Title

```
  M100.0    M1.3      M3.0           C1
──┤├────────┤├───────(N)──┐      ┌─────────┐
                          │      │  S_CD   │
                          └──────┤CD      Q│
                                 │         │
                          I0.0──┤S     CV├─ …
                                 │         │
                          C#3──┤PV CV_BCD├─ …
  I0.1                           │         │
──┤/├────────────────────────────┤R        │
                                 └─────────┘
```

Network 4：Title

```
  M100.0    C1              T5
──┤├────────┤/├────┬───────(SD)──┤
                   │       S5T#5S500MS
                   │   T7        T6
                   ├──┤/├───────(SD)──┤
                   │             S5T#500MS
                   │   T6        T7
                   └──┤├────┬───(SD)──┤
                            │   S5T#500MS
                            │   M2.0
                            └──( )──┤
```

Network 5：Title

```
  M100.0    M0.1           Q10.0
──┤├────┬───┤├──────────────( )──
        │   M1.1
        ├───┤├──
        │   M2.0
        └───┤├──
```

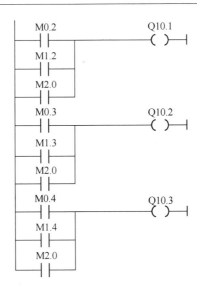

图 7-4 用"定时器、计数器"指令控制指示灯

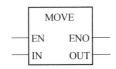

传送指令的参数说明见表 7-3。

表 7-3 传送指令的参数说明

参 数	数据类型	内存区域	说 明
EN	BOOL	I、Q、M、L、D	启用输入
ENO	BOOL	I、Q、M、L、D	启用输出
IN	所有长度为 8、16 或 32 位的基本数据类型	I、Q、M、L、D 或常数	源值
OUT	所有长度为 8、16 或 32 位的基本数据类型	I、Q、M、L、D	目标地址

（2）说明：MOVE 通过启用 EN 输入来激活。在 IN 输入指定的值将复制到在 OUT 输出指定的地址。ENO 与 EN 的逻辑状态相同。MOVE 只能复制 BYTE、WORD 或 DWORD 数据对象。

将某个值传送给不同长度的数据类型时，会根据需要截断或以零填充高位字节：

实例：双字	1111 1111	0000 1111	1111 0000	01010101
传送	结果			
到双字：	1111 1111	0000 1111	1111 0000	0101 0101
到字节：				0101 0101
到字：			1111 0000	0101 0101

实例：字节				1111 0000

传送		结果	
到字节：			1111 0000
到字：		0000 0000	1111 0000
到双字：	0000 0000	0000 0000 0000 0000	1111 0000

（3）举例：如图 7-5 所示，若 I0.0 的信号状态为 1，则执行 MOVE 指令，将 MW10 的内容复制到当前打开的 DB 的数据字 12 中。如果执行了该 MOVE 指令，则 Q4.0 的信号状态为 1。

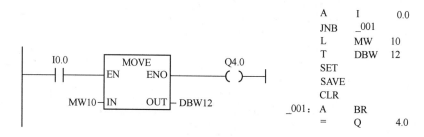

图 7-5　传送指令（LAD、STL）

7.2.2.2　传送指令的应用

【例 7.2】　试用"MOVE"指令设计。

控制要求：

按钮 I0.0 按下，Q4.0 ~ Q4.7、Q5.0 ~ Q5.7 全部为"1"；

按钮 I0.1 按下，Q4.0 ~ Q4.7、Q5.0 ~ Q5.7 的奇数位地址为"1"，偶数位地址为"0"。

按钮 I0.2 按下，Q4.0 ~ Q4.7、Q5.0 ~ Q5.7 全部为"0"。

程序设计参考："MOVE"指令设计，如图 7-6 所示。

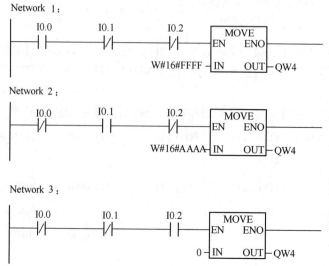

图 7-6　"MOVE"指令设计

7.2.3 比较指令及应用

7.2.3.1 比较指令概述

Step7 的比较器指令按数据类型分为三类，按比较类型分为六种。

按数据类型分为：

整数比较：CMP_I（Compare Integer）

双整数比较：CMP_D（Compare Double Integer）

浮点数（实数）比较：CMP_R（Compare Real）

按比较类型分为：

（说明：所谓比较是指对比较器 IN1 和 IN2 端的数值进行比较。）

$\quad\quad\quad$ = = $\quad$ IN1 等于 IN2

$\quad\quad\quad$ < > $\quad$ IN1 不等于 IN2

$\quad\quad\quad$ > $\quad$ IN1 大于 IN2

$\quad\quad\quad$ < $\quad$ IN1 小于 IN2

$\quad\quad\quad$ > = $\quad$ IN1 大于或等于 IN2

$\quad\quad\quad$ < = $\quad$ IN1 小于或等于 IN2

如果比较结果为"真"，则函数的 RLO 为"1"。如果以串联方式使用比较单元，则使用"与"运算将其链接至梯级程序段的 RLO；如果以并联方式使用该框，则使用"或"运算将其链接至梯级程序段的 RLO。

7.2.3.2 比较指令

（1）CMP_I 整数比较指令。

1）LAD 符号：

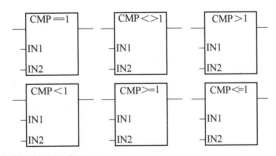

整数比较指令的参数说明见表 7-4。

表 7-4 整数比较指令的参数说明

参 数	数据类型	内存区域	说 明
输入框	BOOL	I、Q、M、L、D	上一逻辑运算的结果
输出框	BOOL	I、Q、M、L、D	比较的结果，仅在输入框的 RLO = 1 时才进一步处理
IN1	INT	I、Q、M、L、D 或常数	要比较的第一个值
IN2	INT	I、Q、M、L、D 或常数	要比较的第二个值

2）说明：如图 7-7 所示，CMP_I（整数比较）的使用方法与标准触点类似。它可位于任何可放置标准触点的位置。可根据用户选择的比较类型比较 IN1 和 IN2。

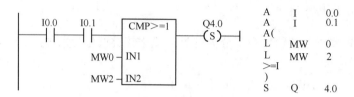

图 7-7　CMP_I 整数比较指令（LAD、STL）

如果比较结果为"真"，则函数的 RLO 为"1"。如果以串联方式使用该框，则使用"与"运算将其链接至整个梯级程序段的 RLO；如果以并联方式使用该框，则使用"或"运算将其链接至整个梯级程序段的 RLO。

（2）CMP_DI 双整数比较指令。

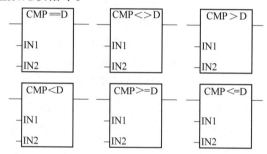

双整数比较指令的参数说明见表 7-5。

表 7-5　双整数比较指令的参数说明

参　数	数据类型	内存区域	说　明
输入框	BOOL	I、Q、M、L、D	上一逻辑运算的结果
输出框	BOOL	I、Q、M、L、D	比较结果，仅当输入框的 RLO = 1 时才进一步处理
IN1	DINT	I、Q、M、L、D 或常数	要比较的第一个值
IN2	DINT	I、Q、M、L、D 或常数	要比较的第二个值

（3）CMP_R 实数比较指令。

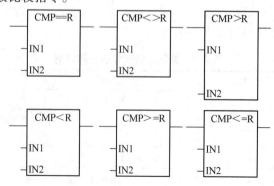

实数比较指令的参数说明见表 7-6。

表 7-6　实数比较指令的参数说明

参　数	数据类型	内存区域	说　　明
输入框	BOOL	I、Q、M、L、D	上一逻辑运算的结果
输出框	BOOL	I、Q、M、L、D	比较结果，仅在输入框的 RLO = 1 时才进一步处理
IN1	REAL	I、Q、M、L、D 或常数	要比较的第一个值
IN2	REAL	I、Q、M、L、D 或常数	要比较的第二个值

7.2.3.3　比较指令的应用

【例 7.3】　试用"计数器"、"比较器"指令设计。

控制要求：按钮 I0.0 闭合 10 次之后，输出 Q4.0；按钮 I0.0 闭合 20 次之后，输出 Q4.1；按钮 I0.0 闭合 30 次之后，计数器及所有输出自动复位。手动复位按钮为 I0.1。

程序设计参考：CMP_I 整数比较指令（LAD、STL）如图 7-8 所示。

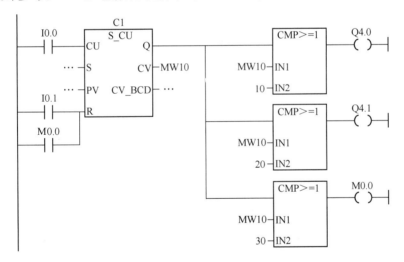

图 7-8　CMP_I 整数比较指令（LAD、STL）

【例 7.4】　水箱水位检测与控制。

现有一个水箱，高 4m，水箱里有一个液位检测计，其探头也为 4m 长，并以 4~20mA 的电流信号传送至 PLC 的 AI 模块。水箱的顶部有两个进水电磁阀 F1、F2，一用一备。水箱的底部有一个出水管，供给用户，用户的用水量随时都有可能变化。另外，水箱的底部还有一个紧急出水电磁阀 F3。

控制要求：

当水箱的水位低于 1m 时，进水阀 F1 打开，开始注水，直至水位上升至 3m 时关闭进水阀 F1，停止进水。

当水箱的水位低于 0.5m 时，说明进水量跟不上用户的使用量，进水阀 F2 也打开注水，直至水位上升至 3m 时关闭。

当水箱的水位高于 3.5m 时，说明进水阀船舱故障不能正常关闭，此时应发出报警信号，提醒值班人员关闭电磁阀 F1、F2 上游的手动球阀，以便于检修。同时，紧急出水电磁阀 F3 打开，使水位降至 3m 时关闭。

只设计基本动作控制程序。

设计参考：

（1）列 I/O 分配表，见表 7-7。

表 7-7　水箱水位检测与控制 I/O 分配表

I/O 设备名称	I/O 地址	说　明
液位检测计	PIW256	进行水箱水位的实时检测
F1	Q4.0	进水电磁阀 F1
F2	Q4.1	进水电磁阀 F2
F3	Q4.2	紧急出水电磁阀 F3
进水阀故障报警	Q4.3	报警指示灯

（2）程序设计参考：水箱水位检测与控制如图 7-9 所示。

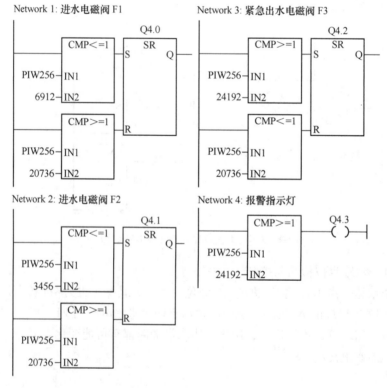

图 7-9　水箱水位检测与控制

说明：本例题中，水箱的水位 0～4m 对应的液位检测计的变送电流信号为 4～20mA，经 PLC 的 AI 模块进行 A/D 转换后，对应的数字量额定值范围为 0～27648。因此，水位

$1m$ 对应的数字量为 $\dfrac{1}{4} \times 27648 = 6912$，其他水位点对应的数字量算法可以此类推。

7.3　任务实施

任务要求：用 PLC 实现传送带与仓库控制模拟。

某物流线有一可以存放 100 件包裹的临时仓库区，包裹的入库、出库通过两条传送带运输，传送带 1 将包裹运送至临时仓库，传送带 1 靠近仓库一侧安装的光电传感器确定有多少包裹运送至仓库区。传送带 2 将仓库区中的包裹运送至货场，卡车从此处取走包裹并发送给用户。传送带 2 靠近仓库一侧安装的光电传感器确定有多少包裹运送至货场。库存状态由一块显示面板指示，面板上有五个指示灯，分别显示"仓库区空"、"仓库区不空"、"仓库区装入 50%"、"仓库区装入 90%"和"仓库区装满"五种库存状态。图 7-10 所示为该控制系统的示意图。

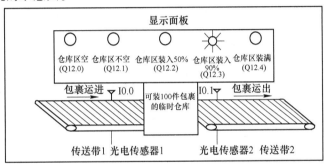

图 7-10　物流线仓库区控制系统的示意图

实施步骤：

（1）进行 I/O 地址分配并绘制"I/O 分配表"。

（2）绘制"I/O 接线示意图"（与"I/O 分配表"相对应）。

（3）进行系统 I/O 接线。

（4）进行程序设计。

（5）进行程序调试、运行，并能进行基本的硬件、软件故障分析与排除。

（6）编写实训报告。

学习性工作任务 8　数学运算指令、转换指令、字逻辑
指令及应用

8.1　项目背景及要求

数学运算指令是对存储器数据（整数、浮点数）进行的四则运算、函数运算处理的指令。转换指令是对操作数的类型进行转换，并输出到指定目标地址中去。转换指令包括数据的类型转换、数据的编码和译码指令以及字符串类型转换指令。字逻辑指令是将两个字（16 位）或两个双字（32 位）逐位进行逻辑运算的指令。了解这几类指令的格式、含义、用法，尤其是这些指令在工业控制中的灵活应用，才能开拓编程思路，提高编程效率。本

项目通过利用加热烘箱的 PLC 控制等实例，训练学生对这几类指令的应用。项目实施时，教师可先对指令的格式、含义、用法进行详细讲解，通过这些指令在工程实际中的应用实例提示启发，引导学生进行编程练习，最后通过练习加强学生对指令的理解。

8.2　相关知识

8.2.1　数学运算指令

8.2.1.1　整数算术运算指令

在 STEP 7 中可以对整数、双整数和实数进行加、减、乘、除算术运算。算术运算指令在累加器 1 和 2 中进行，在累加器 2 中的值作为被减数或被除数。算术运算的结果保存在累加器 1 中，累加器 1 原有的值被运算结果覆盖，累加器 2 中的值保持不变。

CPU 在进行算术运算时，不必考虑 RLO，对 RLO 也不产生影响。学习算术运算指令必须注意算术运算的结果将对状态字的某些位产生影响，这些位是：CC1 和 CC0、OV、OS。在位操作指令和条件跳转指令中，经常要对这些标志位进行判断来决定进行什么操作。

整数算术运算指令见表 8-1。整数算术运算指令的参数说明（以整数加为例）见表 8-2。

表 8-1　整数算术运算指令

STL 指令	LAD 符号	说　明
+I	ADD_I　EN ENO　IN1　IN2 OUT	16 位整数相加指令，将累加器 1、2 中的 16 位整数相加，16 位结果保存在累加器 1 中
-I	SUB_I　EN ENO　IN1　IN2 OUT	16 位整数相减指令，用累加器 2 中的 16 位整数减去累加器 1 中的 16 位整数，结果保存在累加器 1 中
*I	MUL_I　EN ENO　IN1　IN2 OUT	16 位整数相乘指令，将累加器 1、2 中的 16 位整数相乘，16 位乘积保存在累加器 1 中
/I	DIV_I　EN ENO　IN1　IN2 OUT	16 位整数除法指令，用累加器 2 中的 16 位整数除以累加器 1 中的 16 位整数，16 位商保存在累加器 1 中

表 8-2　整数算术运算指令的参数说明（以整数加为例）

参　数	数据类型	内存区域	说　明
EN	BOOL	I、Q、M、L、D	启用输入
ENO	BOOL	I、Q、M、L、D	启用输出
IN1	INT	I、Q、M、L、D 或常数	被加数
IN2	INT	I、Q、M、L、D 或常数	加数
OUT	INT	I、Q、M、L、D	加法结果

说明：在启用（EN）输入端通过一个逻辑"1"来激活 ADD_I（整数加）。IN1 和 IN2 相加，结果通过 OUT 查看。如果该结果超出了整数（16 位）允许的范围，OV 位和 OS 位将为"1"并且 ENO 为逻辑"0"，这样便不执行此数学框后由 ENO 连接的其他函数（层叠排列）。

8.2.1.2　双整数算术运算指令

双整数算术运算指令见表8-3。

表8-3　双整数算术运算指令

STL 指令	LAD 符号	说　　明
+ D	ADD_DI EN　ENO IN1 IN2　OUT	32 位整数相加指令，将累加器 1、2 中的 32 位整数相加，32 位结果保存在累加器 1 中
– D	SUB_DI EN　ENO IN1 IN2　OUT	32 位整数相减指令，用累加器 2 中的 32 位整数减去累加器 1 中的 32 位整数，结果保存在累加器 1 中
* D	MUL_DI EN　ENO IN1 IN2　OUT	32 位整数相乘指令，将累加器 1、2 中的 32 位整数相乘，16 位乘积保存在累加器 1 中
/D	DIV_DI EN　ENO IN1 IN2　OUT	32 位整数除法指令，用累加器 2 中的 32 位整数除以累加器 1 中的 32 位整数，32 位商保存在累加器 1 中
MOD	MOD_DI EN　ENO IN1 IN2　OUT	32 位整数除法取余数指令，用累加器 2 中的 32 位整数除以累加器 1 中的 32 位整数，余数可通过 OUT 查看

双整数算术运算指令的参数说明（以双整数加为例）见表8-4。

表8-4　双整数算术运算指令的参数说明（以双整数加为例）

参　　数	数据类型	内存区域	说　　明
EN	BOOL	I、Q、M、L、D	启用输入
ENO	BOOL	I、Q、M、L、D	启用输出
IN1	DINT	I、Q、M、L、D 或常数	被加数
IN2	DINT	I、Q、M、L、D 或常数	加数
OUT	DINT	I、Q、M、L、D	加法结果

在启用（EN）输入端通过逻辑"1"激活 ADD_DI（双整数加）。IN1 和 IN2 相加，结果通过 OUT 查看。如果该结果超出了双整数（32 位）允许的范围，OV 位和 OS 位将为"1"并且 ENO 为逻辑"0"，这样便不执行此数学框后由 ENO 连接的其他函数（层叠排列）。

8.2.1.3 浮点数（实数）算术运算指令

S7-300/400PLC 系列 CPU 可以处理符合 IEEE 标准的 32 位浮点数，可以完成 32 位浮点数的加、减、乘、除运算，以及取绝对值、平方、开平方、指数、对数、三角函数、反三角函数等指令。

基本的浮点数算术运算指令见表 8-5。

表 8-5　基本的浮点数算术运算指令

STL 指令	LAD 符号	说　　明
+R	ADD_R EN　ENO IN1 IN2　OUT	实数加，将累加器 1、2 中的 32 位浮点数相加，32 位结果保存在累加器 1 中
−R	SUB_R EN　ENO IN1 IN2　OUT	实数减，用累加器 2 中的 32 位浮点数减去累加器 1 中的浮点数，结果保存在累加器 1 中
*R	MUL_R EN　ENO IN1 IN2　OUT	实数乘，将累加器 1、2 中的 32 位浮点数相乘，32 位乘积保存在累加器 1 中
/R	DIV_R EN　ENO IN1 IN2　OUT	实数除，用累加器 2 中的 32 位浮点数除以累加器 1 中的浮点数，32 位商保存在累加器 1 中
ABS	ABS EN　OUT IN　ENO	求浮点数的绝对值，对累加器 1 中的 32 位浮点数取绝对值

扩展的浮点数算术运算指令见表 8-6。

表 8-6　扩展的浮点数算术运算指令

STL 指令	LAD 符号	说　　明
SQR	SQR EN OUT IN ENO	求平方，求累加器 1 中的 32 位浮点数的平方值

STL 指令	LAD 符号	说　　明
SQRT	SQRT —EN OUT— —IN ENO—	求平方根，求累加器 1 中的 32 位浮点数的开平方值
EXP	EXP —EN OUT— —IN ENO—	求指数值，求累加器 1 中的 32 位浮点数以 e 为底的指数
LN	LN —EN OUT— —IN ENO—	求自然对数，求累加器 1 中的 32 位浮点数的自然对数
SIN	SIN —EN OUT— —IN ENO—	求正弦值，求累加器 1 中的 32 位浮点数的正弦值
COS	COS —EN OUT— —IN ENO—	求余弦值，求累加器 1 中的 32 位浮点数的余弦值
TAN	TAN —EN OUT— —IN ENO—	求正切值，求累加器 1 中的 32 位浮点数的正切值
ASIN	ASIN —EN OUT— —IN ENO—	求反正弦值，求累加器 1 中的 32 位浮点数的反正弦值
ACOS	ACOS —EN OUT— —IN ENO—	求反余弦值，求累加器 1 中的 32 位浮点数的反余弦值
ATAN	ATAN —EN OUT— —IN ENO—	求反正切值，求累加器 1 中的 32 位浮点数的反正切值

8.2.1.4　数学运算指令的应用

【例 8.1】　整数"加、减、乘、除"运算。

试用整数"加、减、乘、除"指令设计"$[(835-89) \div 12 + 786] \times 26 = ?$"的 PLC

程序。

要求：

启动信号为 I0.0；运算结果存储在 MW30 中。

设计参考：整数"加、减、乘、除"运算如图 8-1 所示。

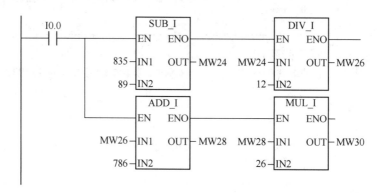

图 8-1　整数"加、减、乘、除"运算

【例 8.2】　双整数"加、减、乘、除"运算。

试用双整数"加、减、乘、除"指令设计"（12345 + 2345688 – 248）÷ 269 × 321566 = ?"的 PLC 程序。

要求：

启动信号为 I0.0；运算结果存储在 MD20 中；复位信号 I0.1 将运算结果存储（包括中间运算结果存储）全部清零。

设计参考：双整数"加、减、乘、除"运算如图 8-2 所示。

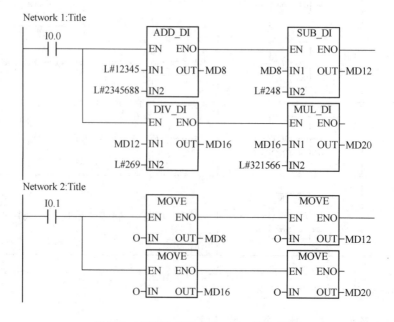

图 8-2　双整数"加、减、乘、除"运算

8.2.2　转换指令

转换指令将累加器 1 中的数据进行类型转换，转换的结果仍在累加器 1 中。能够实现的转换操作有：BCD 码和整数及长整数间的转换，实数和长整数间的转换，数的取反、取负，字节扩展等。

在 STEP 7 中，整数和长整数是以补码形式表示的。BCD 码数值有两种：一种是字（16 位）格式的 BCD 码数，其数值范围从 –999 ~ +999；另一种是双字（32 位）格式的 BCD 码数，范围从 –9999999 ~ +9999999。

8.2.2.1　BCD 和整数间的转换

BCD 和整数间的转换见表 8-7。

表 8-7　BCD 和整数间的转换

指　　令	说　　明
BTI	将累加器 1 低字中的 3 位 BCD 码数转换为 16 位整数
BTD	将累加器 1 中的 7 位 BCD 码数转换为 32 位整数
ITB	将累加器 1 低字中的 16 位整数转换为 3 位 BCD 码数
ITD	将累加器 1 低字中的 16 位整数转换为 32 位整数
DTB	将累加器 1 中的 32 位整数转换为 7 位 BCD 码数
DTR	将累加器 1 中的 32 位整数转换为 32 位浮点数

（1）BTI 指令。

SLT 格式：BTI。

说明：将累加器 1 低字中的 3 位 BCD 码数转换为 16 位整数，装入累加器 1 的低字中（0 ~ 11 位）；低字的最高位（15 位）为符号位。累加器 1 的高字及累加器 2 的内容不变。

例如：　　L　MW 10

　　　　　　BTI

　　　　　　T　MW20

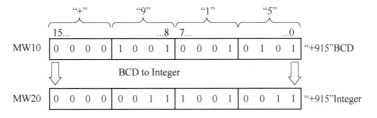

（2）BTD 指令。

SLT 格式：BTD。

说明：将累加器 1 中的 7 位 BCD 码数转换为 32 位整数，装入累加器 1 中（0 ~ 27 位）；最高位（31 位）为符号位。

（3）ITB 指令。

SLT 格式：ITB。

说明：将累加器 1 低字中的 16 位整数转换为 3 位 BCD 码数，16 位整数的范围是 −999 ~ +999。如果欲转换的数据超出范围，则有溢出发生，同时将 OV 和 OS 位置位。累加器 1 的低字中（0 ~ 11 位）存放 3 位 BCD 码。（12 ~ 15）位作为符号位，（0000）表示正数，（1111）表示负数。累加器 1 高字（16 ~ 31 位）不变。

例如：　　　L　MW 10

　　　　　　ITB

　　　　　　T　MW20

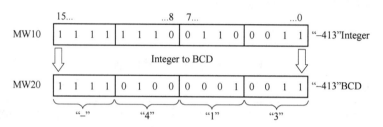

（4）ITD 指令。

SLT 格式：ITD。

说明：将累加器 1 低字中的 16 位整数转换为 32 位整数，16 位整数的范围是 −999 ~ +999。如果欲转换的数据超出范围，则有溢出发生，同时将 OV 和 OS 位置位。累加器 1 的低字中（0 ~ 11 位）存放 3 位 BCD 码。（12 ~ 15）位作为符号位，（0000）表示正数，（1111）表示负数。累加器 1 高字（16 ~ 31 位）不变。

例如：　　　L　MW 10

　　　　　　ITB

　　　　　　T　MW20

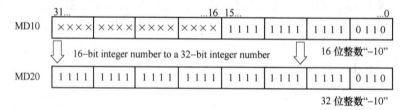

（5）DTB 指令。

SLT 格式：DTB。

说明：将累加器 1 中的 32 位整数转换为 7 位 BCD 码数，32 位整数的范围是 −9999999 ~ +9999999。如果欲转换的数据超出范围，则有溢出发生，同时将 OV 和 OS 位置位。累加器 1 中（0 ~ 27 位）存放 7 位 BCD 码。（28 ~ 31）位作为符号位，（0000）表示正数，（1111）表示负数。

例如：　　　L　MD 10

　　　　　　DTB

　　　　　　T　MD20

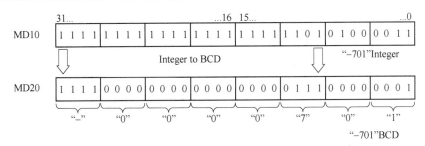

（6）DTR 指令。

SLT 格式：DTR。

说明：将累加器 1 中的 32 位整数转换为 32 位浮点数（IEEE-FP）。

例如：　　　L　MD 10

　　　　　　DTR

　　　　　　T　MD20

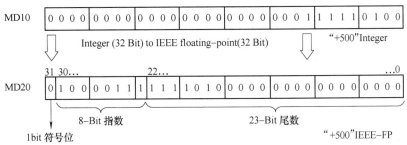

8.2.2.2　实数和长整数间的转换

实数和长整数间的转换见表 8-8。

表 8-8　实数和长整数间的转换

指　令	说　　明
RND	将实数化整为最接近的整数
RND +	将实数化整为大于或等于该实数的最小整数
RND −	将实数化整为小于或等于该实数的最大整数
TRUNC	取实数的整数部分（截尾取整）

　　因为实数的数值范围远大于 32 位整数，所以有的实数不能成功地转换为 32 位整数。如果被转换的实数格式非法或超出了 32 位整数的表示范围，则在累加器 1 中得不到有效结果，而且状态字中的 OV 和 OS 被置 1。

　　上面的指令都是将累加器 1 中的实数化整为 32 位整数，因化整的规则不同，所以在累加器 1 中得到的结果也不一致，见表 8-9。

8.2.2.3　数的取反取负

数的取反取负见表 8-10。

表 8-9　实数和长整数间的转换对累加器 1 的内容的影响

执行的指令	累加器 1 的内容		说　　明
	化整前	化整结果	
RND	+99.5	+100	将实数化整为最接近的整数
RND +	+99.5	+100	将实数化整为大于或等于该实数的最小整数
RND −	+99.5	+99	将实数化整为小于或等于该实数的最大整数
TRUNC	+99.5	+99	只取实数的整数部分（截尾取整）

表 8-10　数的取反取负

指　　令	说　　明
INVI	对累加器 1 低字中的 16 位整数求反码
INVD	对累加器 1 中的 32 位整数求反码
NEGI	对累加器 1 低字中的 16 位整数求补码，相当于乘 −1
NEGD	对累加器 1 中的 32 位整数求补码，相当于乘 −1
NEGR	对累加器 1 中的 32 位实数的符号位求反码

对累加器中的数求反码，即逐位将 0 变为 1，1 变为 0。对累加器中的整数求补码，则逐位取反，再对累加器中的内容加 1。对一个整数求补码相当于对该数乘以 −1。实数取反是将符号位取反，注意与计算机中反码、补码意义上的区别。

（1）INVI 指令。

```
                    ACCU1-L
            15...        ..         ..        ...0
INVI 指令执行前   0110      0011       1010       1110
INVI 指令执行后   1001      1100       0101       0001
```

（2）INVD 指令。

```
                    ACCU1-H                        ACCU1-L
            31...     ..      ..    ...16   15...     ..      ..     ...0
INVD 指令执行前  0110   1111   1000   1100   0110   0011   1010   1110
INVD 指令执行后  1001   0000   0111   0011   1001   1100   0101   0001
```

（3）NEGI 指令。

```
                    ACCU1-L
            15...        ..         ..        ...0
NEGI 指令执行前   0101      1101       0011       1000
NEGI 指令执行后   1010      0010       1100       1000
```

（4）NEGD 指令。

```
                    ACCU1-H                        ACCU1-L
            31...     ..      ..    ...16   15...     ..      ..     ...0
NEGD 指令执行前  0101   0110   0100   0101   0101   1101   0011   1000
```

NEGD 指令执行后　1010	1001	1011	1010	1010	0010	1100	1000

（5）NEGR 指令。

	ACCU1-H				ACCU1-L		
	31…	..	..	…16	15…	..	.. …0
NEGR 指令执行前　0101	0110	0100	0101	0101	1101	0011	1000
NEGR 指令执行后　1101	0110	0100	0101	0101	1101	0011	1000

8.2.3　字逻辑指令

8.2.3.1　字逻辑指令概述

字逻辑指令按照布尔逻辑逐位比较字（16 位）和双字（32 位）对。每个字或双字必须位于两个累加器其中一个之内。

对于字而言，累加器 2 的低字中的内容会与累加器 1 的低字中的内容组合。组合结果存储在累加器 1 的低字中，同时覆盖原有的内容。

对于双字而言，累加器 2 的内容与累加器 1 的内容相组合。组合结果存储在累加器 1 中，同时覆盖原有的内容。

如果输出 OUT 的结果不等于 0，将把状态字的 CC1 位设置为"1"。如果输出 OUT 的结果等于 0，将把状态字的 CC1 位设置为"0"。

可以使用下列字逻辑指令：

WAND_W　　（字）单字与运算
WOR_W　　（字）单字或运算
WXOR_W　　（字）单字异或运算
WAND_DW　（字）双字与运算
WOR_DW　　（字）双字或运算
WXOR_DW　（字）双字异或运算

8.2.3.2　常用的字逻辑指令

以"WAND_W（字）单字与运算"指令为例。
（1）LAD 符号：

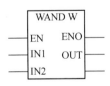

字逻辑指令的参数说明见表 8-11。

表 8-11　字逻辑指令的参数说明

参　数	数据类型	内存区域	说　明
EN	BOOL	I、Q、M、L、D	使能输入
ENO	BOOL	I、Q、M、L、D	使能输出

参　数	数据类型	内存区域	说　明
IN1	WORD	I、Q、M、L、D	逻辑运算的第一个值
IN2	WORD	I、Q、M、L、D	逻辑运算的第二个值
OUT	WORD	I、Q、M、L、D	逻辑运算的结果字

（2）说明：使能（EN）输入的信号状态为"1"时将激活 WAND_W（字与运算），并逐位对 IN1 和 IN2 处的两个字值进行与运算。

（3）举例：如图 8-3 所示，如果 I0.0 为"1"，则执行指令。在 MW0 的位中，只有位 0～位 3 是相关的，其余位被 IN2 字位模式屏蔽：

MW0	= 01010101 01010101
IN2	= 00000000 00001111
MW0 AND IN2 = MW2	= 00000000 00000101

如果执行了指令，则 Q4.0 为"1"。

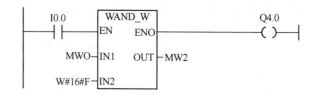

图 8-3　"WAND_W（字）单字与运算"指令

8.2.4　字逻辑指令的应用

【例 8.3】　加热烘箱的 PLC 控制。

如图 8-4 所示，烘箱操作员通过按下启动按钮来启动烘箱加热。操作员可以使用图中所示的指轮开关设置加热时间。操作员设置的值以二进制编码十进制（BCD）格式显示秒数。

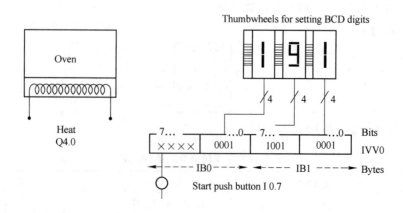

图 8-4　加热烘箱控制原理图

设计参考：

（1）系统的 I/O 地址分配：启动按钮 I0.7（常开触点），个位指轮开关 I1.0～I1.3，十位指轮开关 I1.4～I1.7，百位指轮开关 I0.0～I0.3，加热启动为 Q4.0。

（2）程序设计参考：加热烘箱的 PLC 控制如图 8-5 所示。

Network 4:

```
        I0.7                                    T1
    ────┤ ├──────────────────────────────────( SE )───┤
                                                MW2
```

图 8-5　加热烘箱的 PLC 控制

程序段 1：如果定时器正在运行，则打开加热器。

Network 1:

```
         T1                                    Q4.0
    ────┤ ├──────────────────────────────────(  )───┤
```

程序段 2：如果定时器正在运行，返回指令结束此处的处理。

Network 2:

```
         T1
    ────┤ ├──────────────────────────────────( RET )───┤
```

程序段 3：屏蔽输入位 I0.4～I0.7（即，将它们复位为 0）。指轮开关输入的这些位未被使用。16 位指轮开关输入根据（字）与运算指令与 W#16#0FFF 组合，结果载入存储器字 MW1 中。为了设置时间基准的秒数，预设值根据（字）或运算指令与 W#16#2000 组合，将位 13 设置为 1，并将位 12 复位为 0。

Network 3:

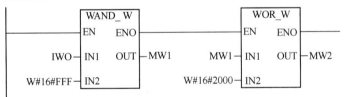

程序段 4：如果按下启动按钮，则将定时器 T1 作为扩展脉冲定时器启动，并作为预设值存储器字 MW2 装载（来自于上述逻辑）。

学习性工作任务 9　移位、循环指令，主控、跳转指令及应用

9.1　项目背景及要求

移位指令包括整数右移、双整数右移、字左移、字右移、双字左移和双字右移 6 种，其中前面两种移位指令是带符号位的，后面 4 种移位指令是不带符号位的。循环指令包括双字左循环和双字右循环两种，都不带符号位。而用于控制主控继电器（Master Control Relay，MCR）区域内的指令是否被正常执行，相当于一个用来接通和断开"能流"的主

令开关。跳转指令则用于中断程序线性化扫描，跳转到制定的目的地址，被跳过的程序不再扫描，跳到目的地址后，程序继续按线性化扫描的方式执行。项目实施时，教师先对这几类指令的工作过程、触发方式进行详细讲解，并通过举例进行提示启发，使学生正确地掌握这几类指令的使用方法，提高编程技能。

9.2　相关知识

9.2.1　移位、循环指令及应用

9.2.1.1　移位指令

移位指令可以将累加器 1 的低字或整个累加器的内容进行左移或右移一定的位数。参数 N 表示移位的次数。移出的空位根据不同的指令由 0 或符号位的状态填充。最后移出的位的状态同时被装入到状态字的 CC1 位，CC0 和 OV 位被复位。

可使用如下移位指令：

SHR_I	整数右移
SHR_DI	双整数右移
SHL_W	字左移
SHR_W	字右移
SHL_DW	双字左移
SHR_DW	双字右移

下面对部分移位指令进行说明：

（1）SHR_I 整数右移。

1）LAD 符号：

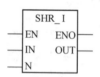

SHR_I 整数右移指令的参数说明见表 9-1。

表 9-1　SHR_I 整数右移指令的参数说明

参　数	数据类型	内存区域	说　明
EN	BOOL	I、Q、M、L、D	使能输入
ENO	BOOL	I、Q、M、L、D	使能输出
IN	INT	I、Q、M、L、D	要移位的值
N	WORD	I、Q、M、L、D	要移动的位数
OUT	INT	I、Q、M、L、D	移位指令的结果

2）说明：SHR_I（整数右移）指令通过使能（EN）输入位置上的逻辑"1"来激活。SHR_I 指令用于将输入 IN 的 0～15 位逐位向右移动，16～31 位不受影响。输入 N 用于指定移位的位数。如果 N 大于 16，命令将按照 N 等于 16 的情况执行。自左移入的、用于填补空出位的位置将被赋予位 15 的逻辑状态（整数的符号位）。这意味着，当该整数为正时，这些位将被赋值"0"，而当该整数为负时，则被赋值"1"。可在输出 OUT 位置

扫描移位指令的结果。如果 N 不等于 0，则 SHR_I 会将 CC 0 位和 OV 位设为"0"。

3）举例：SHR_I 整数右移如图 9-1 所示。

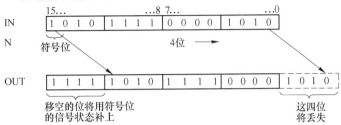

图 9-1　SHR_I 整数右移

（2）SHL_W 字左移。

1）说明：SHL_W（字左移）指令通过使能（EN）输入位置上的逻辑"1"来激活。SHL_W 指令用于将输入 IN 的 0 ~ 15 位逐位向左移动，16 ~ 31 位不受影响。输入 N 用于指定移位的位数。若 N 大于 16，此命令会在输出 OUT 位置上写入"0"，并将状态字中的 CC0 和 OV 位设置为"0"。将自右移入 N 个 0，用以补上空出的位位置。可在输出 OUT 位置扫描移位指令的结果。如果 N 不等于 0，则 SHL_W 会将 CC 0 位和 OV 位设为"0"。

2）举例：SHL_W 字左移如图 9-2 所示。

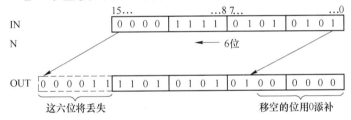

图 9-2　SHL_W 字左移

（3）SHR_DW 双字右移。

1）说明：SHR_DW（双字右移）指令通过使能（EN）输入位置上的逻辑"1"来激活。SHR_DW 指令用于将输入 IN 的 0 ~ 31 位逐位向右移动。输入 N 用于指定移位的位数。若 N 大于 32，此命令会在输出 OUT 位置上写入"0"并将状态字中的 CC0 位和 OV 位设置为"0"。将自左移入 N 个 0，用以补上空出的位置。可在输出 OUT 位置扫描双字移位指令的结果。如果 N 不等于 0，则 SHR_DW 会将 CC 0 位和 OV 位设为"0"。

2）举例：SHR_DW 双字右移如图 9-3 所示。

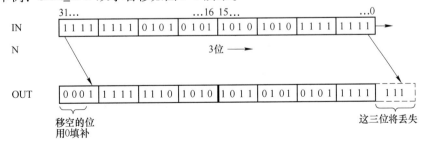

图 9-3　SHR_DW 双字右移

9.2.1.2　循环指令

使用循环指令可将输入 IN 的所有内容向左或向右逐位循环移位。移空的位将用被移出输入 IN 的位的信号状态补上。参数 N 提供的数值用以指定要循环移位的位数。依据具体的指令，循环移位将通过状态字的 CC1 位进行。状态字的 CC 0 位被复位为0。

可使用如下循环指令：

ROL_DW　　双字左循环
ROR_DW　　双字右循环

下面仅对"ROL_DW 双字左循环"指令进行说明：
（1）LAD 符号：

```
     ROL_DW
 ─ EN     ENO ─
 ─ IN     OUT ─
 ─ N
```

ROL_DW 双字左循环指令的参数说明见表9-2。

表 9-2　ROL_DW 双字左循环指令的参数说明

参　数	数据类型	内存区域	说　明
EN	BOOL	I、Q、M、L、D	使能输入
ENO	BOOL	I、Q、M、L、D	使能输出
IN	DWORD	I、Q、M、L、D	要循环移位的值
N	WORD	I、Q、M、L、D	要循环移位的位数
OUT	DWORD	I、Q、M、L、D	双字循环指令的结果

（2）说明：ROL_DW（双字左循环）指令通过使能（EN）输入位置上的逻辑 "1" 来激活。ROL_DW 指令用于将输入 IN 的全部内容逐位向左循环移位。输入 N 用于指定循环移位的位数。如果 N 大于32，则双字 IN 将被循环移位（(N−1) 对32求模，所得的余数）+1 位。自右移入的位的位置将被赋予向左循环移出的各个位的逻辑状态。可在输出 OUT 位置扫描双字循环指令的结果。如果 N 不等于0，则 ROL_DW 会将 CC 0 位和 OV 位设为 "0"。

（3）举例：ROL_DW 双字左循环如图9-4所示。

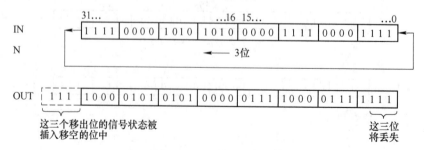

图 9-4　ROL_DW 双字左循环

9.2.1.3　循环指令的应用

【例 9.1】 试编写"跑马灯"循环程序。

试编写"跑马灯"循环程序，要求能实现 32 位左移位，初始信号为 1011（在最右边），每隔 2s 左移 2 位；启动信号为 I0.0，复位信号为 I0.1，输出 Q 起的始字节为 4。

程序设计参考："跑马灯"循环程序如图 9-5 所示。

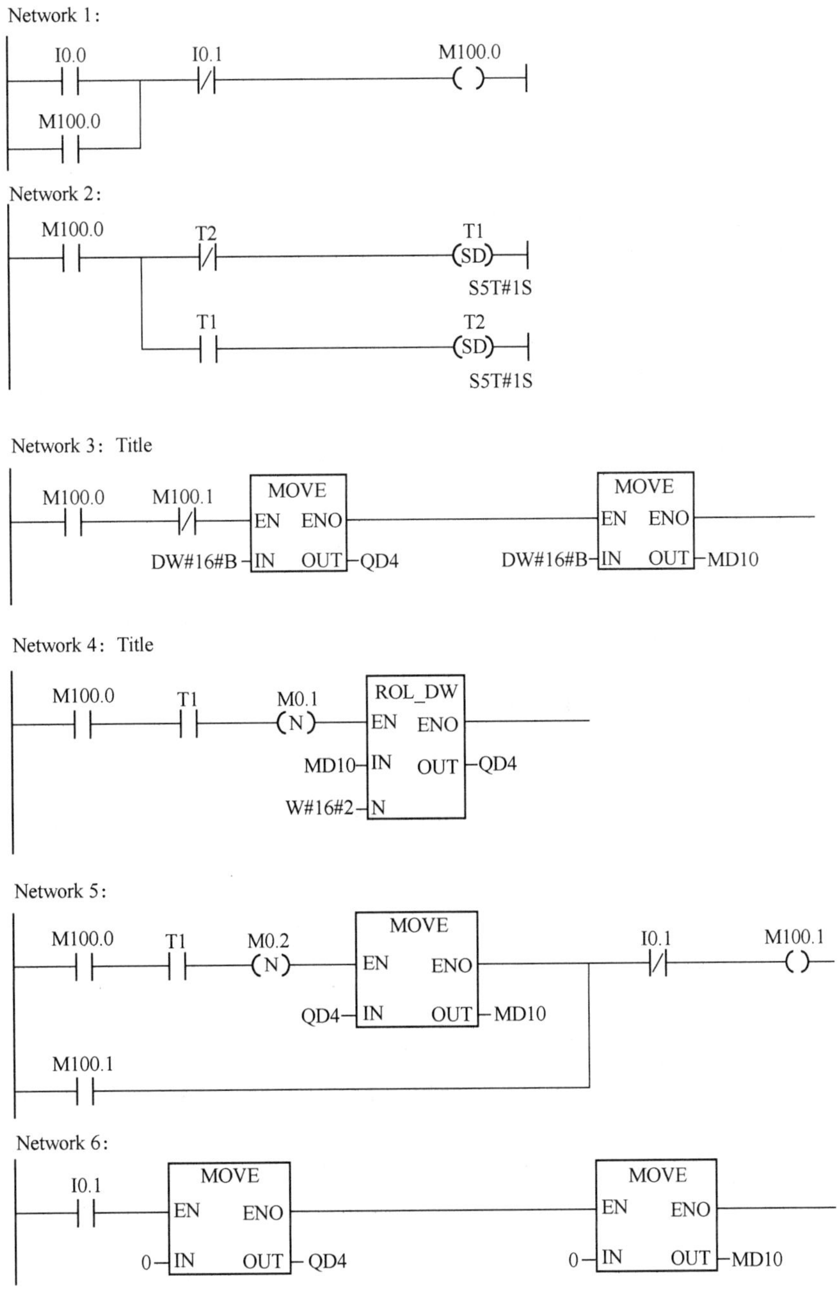

Network 1：

```
   I0.0        I0.1                      M100.0
───┤ ├──┬───┤/├─────────────────────────( )───┤
         │
  M100.0 │
───┤ ├───┘
```

Network 2：

```
  M100.0       T2                          T1
───┤ ├──┬───┤/├─────────────────────────(SD)──┤
         │                               S5T#1S
         │
         │     T1                          T2
         └───┤ ├─────────────────────────(SD)──┤
                                         S5T#1S
```

Network 3：Title

```
  M100.0  M100.1    ┌──MOVE──┐              ┌──MOVE──┐
───┤ ├────┤/├───────┤EN   ENO├──────────────┤EN   ENO├─────
                    │        │              │        │
          DW#16#B──┤IN   OUT├─QD4  DW#16#B──┤IN   OUT├─MD10
                    └────────┘              └────────┘
```

Network 4：Title

```
  M100.0    T1    M0.1   ┌─ROL_DW─┐
───┤ ├────┤ ├────( N )───┤EN   ENO├──────
                         │        │
                 MD10──┤IN    OUT├─QD4
                W#16#2──┤N       │
                         └────────┘
```

Network 5：

```
  M100.0   T1    M0.2   ┌──MOVE──┐           I0.1    M100.1
───┤ ├───┤ ├────( N )───┤EN   ENO├──────────┤/├──────( )───┤
                        │        │
                 QD4──┤IN    OUT├─MD10
                        └────────┘
  M100.1
───┤ ├────────────────────┘
```

Network 6：

```
   I0.1    ┌──MOVE──┐              ┌──MOVE──┐
───┤ ├─────┤EN   ENO├──────────────┤EN   ENO├─────
           │        │              │        │
        0──┤IN   OUT├─QD4        0──┤IN   OUT├─MD10
           └────────┘              └────────┘
```

图 9-5　"跑马灯"循环程序

9.2.2 主控、跳转指令及应用

9.2.2.1 主控指令

（1）主控指令概述。主控继电器（MCR）是一个继电器梯形图主开关，用于激励和取消激励能量。

主控继电器 MCR（Master Control Relay）包括：

1）MCRA 激活 MCR 区域；

2）MCR< 在 MCR 堆栈中保存 RLO，开始 MCR；

3）MCR> 结束 MCR；

4）MCRD 取消激活 MCR 区域；

5）MCRA 为激活 MCR 区域，MCRD 为取消激活 MCR 区域。MCRA 和 MCRD 必须始终成对使用。程序中位于 MCRA 和 MCRD 之间的指令取决于 MCR 位的状态。在 MCRA-MCRD 序列外编程的指令不取决于 MCR 的位状态。

MCR< 为 MCR 区域开始，>MCR 为 MCR 区域结束由 1 位宽、8 位深的堆栈控制MCR。只要所有 8 个条目等于 1，就激励 MCR。指令将 RLO 位复制到 MCR 堆栈中。MCR指令从堆栈中删除最后一个条目，并将空出的位置设置成 1。MCR< 和 MCR> 指令必须始终成对使用。出现故障时，即当出现 8 个以上连续的 MCR< 指令，或当 MCR 堆栈为空时尝试执行 MCR> 指令，将触发 MCRF 错误消息。

（2）受主控指令影响的相关指令。由下列位逻辑触发的指令和传送指令取决于 MCR：=<位>；S<位>；R<位>；T<字节>、T<字>、T<双字>。

当 MCR 为 0 时，使用 T 指令将 0 写入到存储器字节、字和双字中。S 和 R 指令保持现有数值不变。指令 =（赋值指令）在已寻址的位中写入"0"。

指令取决于 MCR 以及对 MCR 信号状态的反应，见表 9-3。

表 9-3 指令取决于 MCR 以及对 MCR 信号状态的反应

MCR 的信号状态	=<位>	S<位>、R<位>	T<字节>、T<字>T<双字>
0（"关闭"）	写入 0（模拟当断开电压时，进入静止状态的一个继电器）	不写入（模拟当断开电压时，仍然位于其当前状态的一个继电器）	写入 0（模拟当断开电压时，生成数值 0 的一个部件）
1（"打开"）	正常处理	正常处理	正常处理

（3）举例：如图 9-6 所示，MCRA 梯级激活 MCR 功能，然后可以创建至多 8 个嵌套MCR 区域。在此实例中，有两个 MCR 区域。按如下执行该功能：

I0.0 = "1"（区域 1 的 MCR 打开）：将 I0.4 的逻辑状态分配给 Q4.1。

I0.0 = "0"（区域 1 的 MCR 关闭）：无论输入 I0.4 的逻辑状态如何，Q4.1 都为 0。

I0.1 = "1"（区域 2 的 MCR 打开）：在 I0.3 为"1"时，Q4.0 设置成"1"。

I0.1 = "0"（区域 2 的 MCR 关闭）：无论 I0.3 的逻辑状态如何，Q4.0 都保持不变。

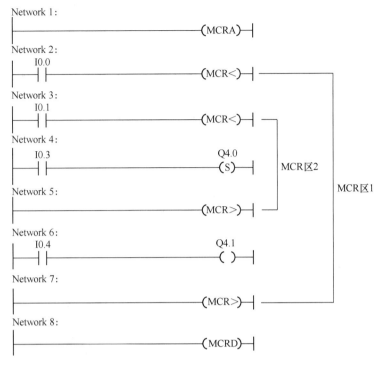

图9-6 主控指令

9.2.2.2 跳转指令

（1）跳转指令概述。可以在所有逻辑块（组织块（OB）、功能块（FB）和功能（FC））中使用逻辑控制指令。有可以执行下列功能的逻辑控制指令：

---（JMP） 无条件跳转
---（JMP） 有条件跳转
---（JMPN） 若"否"则跳转

标号作为地址：

跳转指令的地址是标号。标号最多可以包含四个字符。第一个字符必须是字母表中的字母，其他字符可以是字母或数字（例如，SEG3）。跳转标号指示程序将要跳转到的目标。

（2）举例：下面以有条件跳转为例说明跳转指令的用法。---（JMP）（为1时在块内跳转）当前一逻辑运算的 RLO 为"1"时执行的是条件跳转。每个---（JMP）都还必须有与之对应的目标（LABEL）。跳转指令和标号间的所有指令都不予执行。如果未执行条件跳转，RLO 将在执行跳转指令后变为"1"。

如图9-7所示，如果 I0.0 = "1"，则执行跳转到标号 CAS1。由于该跳转的

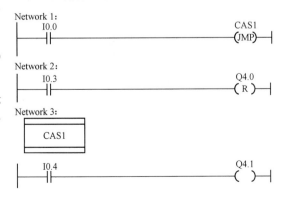

图9-7 跳转指令

存在，即使 I0.3 处有逻辑"1"，也不会执行复位输出 Q4.0 的指令。

9.2.2.3　跳转指令的应用

【例 9.2】　试用"Jump"指令设计电动机正反转的"自动/手动"程序。要求电动机在自动正反转时，正反转时间都为 50s。

说明：在工程实际中，手动程序（手动挡）一般用于现场设备检修，自动程序（自动挡）则用于正常的自动生产。

要考虑过载故障报警的显示。

设计参考：

（1）列 I/O 分配表，见表 9-4。

表 9-4　电动机正反转的"自动/手动"控制 I/O 分配表

I/O 设备名称	I/O 地址	说　明
自动/手动_I0.0	I0.0	I0.0 闭合为"手动挡"
FR	I0.1	FR（常闭触点）
停车_手动	I0.2	停车_手动（按钮常闭点）
正启_手动	I0.3	正启_手动（按钮常开点）
反启_手动	I0.4	反启_手动（按钮常开点）
停车_自动	I0.5	停车_自动（按钮常闭点）
启动_自动	I0.6	启动_自动（按钮常开点）
KM1 线圈	Q4.0	KM1_电机正转线圈
KM2 线圈	Q4.1	KM2_电机反转线圈
过载故障报警指示	Q4.2	HL_过载时常亮

（2）程序设计："实验模拟型"程序如图 9-8 所示。

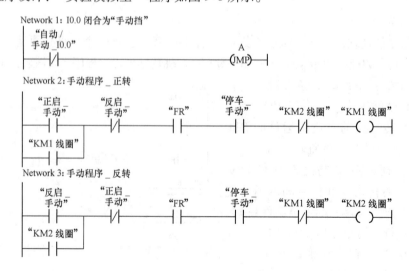

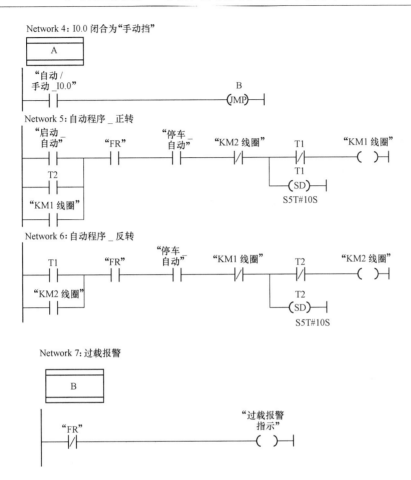

Network 4: I0.0 闭合为"手动挡"

Network 5: 自动程序 _ 正转

Network 6: 自动程序 _ 反转

Network 7: 过载报警

图9-8 用"Jump"指令设计电动机正反转的"自动/手动"程序

习 题

（1）S7-300/400PLC 有哪些基本的数据类型？

（2）简述 S7-300/400 CPU 中的存储区划分。

（3）简述 PLC 编程的基本原则。

（4）S7-300/400PLC 有几种定时方式？

（5）S7-300/400PLC 的梯形图和语句表如何表示时间 1 分 20 秒。

（6）试用 STEP 7 的 " ---(SD)" 指令完成以下控制要求：I0.0 点动后延时 20s 输出 Q4.0，复位按钮为 I0.1。

（7）试对电机自动正反转控制进行简单的 PLC 设计（注意：PLC 程序可设计为"实验模拟型"的程序），具体设计步骤及要求如下：电机启动后先正转，正转 30s 后自动切换为反转，反转 40s 后又自动切换为正转，如此循环，直至按下停车按钮。

（8）S7-300/400PLC 有几种计数方式？

（9）S7-300/400PLC 有几种比较方式？

（10）将 DB10 中的 DBW2 的 BCD 数转换为整数，运算结果存入 MW20 中。

（11）试设计 PLC 程序，（35.5 + 13.0）×5.7 ÷ 7.8 = ?，结果存入 MD20。

（12）设计程序，把 DB10 的 2 号字的内容左移三位后与 MW100 做加法运算，运算结果送入 DB12 的 10 号字中。

（13）试简述 STEP 7 的"MCR"指令的名称。

（14）STEP 7 指令中的"SHR_I"是什么指令，"ROL_DW"是什么指令，"RET"是什么指令？

（15）如果 DB3 的 DW10 的内容大于 10，程序输出 Q4.0。

学习情境 4　PLC 的软件使用及调试

【知识要点】

知识目标：

（1）掌握 STEP 7 软件的基本功能；

（2）掌握常用的中断组织块的功能；

（3）掌握功能、功能块、数据块、符号表和变量表的使用。

能力目标：

（1）能运用 STEP 7 软件进行项目建立、硬件组态、程序编写、程序运行调试；

（2）能使用 STEP 7 的功能、功能块编程及调用；

（3）会用变量表监控程序和在编程设备与 PLC 之间建立在线连接。

学习性工作任务 10　使用 STEP 7 软件进行硬件组态

10.1　任务背景及要求

STEP 7 是 S7-300/400 的应用程序软件包。STEP 7 用于对整个控制系统（包括 PLC、远程 I/O、HMI、驱动装置和通信网络等）进行组态、编程和监控。本单元通过教师的讲解与演示，完整展示 S7-300/400PLC 的项目创建、硬件组态、PG/PC 接口设置和 CPU 及 I/O 模块参数设置。然后学生参照教师的示范，学会编程软件 STEP 7 的使用。

10.2　相关知识

10.2.1　STEP 7 编程软件简介

10.2.1.1　STEP 7 概述

STEP 7 是一种用于对西门子可编程逻辑控制器（PLC）进行组态和编程的标准软件包，它是 SIMATIC 工业软件的组成部分，可使用梯形图、功能块图或语句表。STEP 7 软件的版本很多，常用 STEP 7 标准软件包有下列各种版本：

（1）STEP 7 Micro/DOS 和 STEP 7 Micro/Win：用于 SIMATIC S7-200 上的简化单机应用程序。

（2）STEP 7 Basis：应用在 SIMATIC S7-300/S7-400、SIMATIC M7-300/M7-400 以及 SIMATIC C7 上。

（3）STEP 7 Professional Edition：是 STEP 7 功能最强的编程软件，除具有 STEP 7 Basis 的所有功能外，还集成了 PLCSIM、SCL、GRAPH 等扩展软件包。

本书以 STEP 7 V5.3 版本进行讲解，讲解 STEP 7 如何对 SIMATIC S7-300/400 PLC 进行编程、监控和参数设置。使用 STEP 7 软件，如何在一个项目中创建 S7 程序。

S7 PLC 包括一个供电单元、一个 CPU，以及输入和输出模块（I/O 模块）。PLC 通过 S7 程序监控机器，在 S7 程序中通过地址寻址 I/O 模块。STEP 7 中集成的 SIMATIC 编程语言和语言表达方式，符合 EN 61131-3 或 IEC 1131-3 标准。

STEP 7 V5.3 版本标准软件包运行在操作系统 Windows 2000/（至少为 SP3）或 Windows/XP 专业版（至少为 SP1）下，且必须安装 Internet Explorer 6.0（或以上版本）。STEP 7 V5.3 版本标准软件包并与 Windows 的图形和面向对象的操作原理相匹配。

STEP 7 标准软件支持自动任务创建过程的各个阶段，如：建立和管理项目、对硬件和通信作组态和参数赋值、管理符号、创建程序、下载程序到可编程控制器、测试自动化系统、诊断设备故障。

STEP 7 标准软件包提供下列的应用程序（工具）：

（1）符号编辑器；

（2）SIMATIC 管理器；

（3）NETPRO 通信组态；

（4）硬件组态；

（5）编程语言：LAD /FBD /STL；

（6）硬件诊断。

STEP 7 用 SIMATIC 管理器对项目进行集中管理，管理一个自动化系统的硬件和软件。STEP 7 项目可以按不同的顺序创建。STEP 7 使用的基本步骤如下：

（1）设计自动化任务的解决方案；

（2）创建一个项目；

（3）配置硬件；

（4）创建一个程序；

（5）将程序传送到 CPU 并进行调试。

对于（3）、（4）两步，也可以交换顺序，先创建一个程序，然后配置硬件。

为了在个人计算机上正常使用 STEP 7，应配置 MPI 通信卡或 PC/MPI 通信适配器，将计算机连接到 MPI 或 PROFIBUS 网络，来下载和上载 PLC 的用户程序和组态数据。

10.2.1.2　STEP 7 的安装及授权

A　安装 STEP 7

无论从编程开始还是从硬件配置开始，都涉及要使用 STEP 7，因此首先必须安装 STEP 7。如果使用的是 SIMATIC 编程设备，则 STEP 7 已经事先安装完毕。

STEP 7 是面向 MS Windows 2000 Professional 和 MS Windows XP Professional 而发布的。在 STEP 7 中，安装有 Setup 程序，使用该程序，可自动地进行安装。用户可按照屏幕弹出的指南信息，一步一步地完成整个安装步骤。用户可用标准的 Windows NT 或 Windows 2000/XP/Me 软件安装功能，调用 Setup 程序。

（1）安装要求。

1）操作系统。Windows 2000/（至少为 SP3）或 Windows/XP 专业版（至少为 SP1）

下，且必须安装 Internet Explorer 6.0（或以上版本）。

　　2）基本硬件。包含下列各项的编程设备或 PC：

　　① 能够运行 Windows 2000 或 Windows/XP 操作系统；

　　② 至少 128MB RAM；

　　③ CPU 主频至少为 600MHz；

　　④ CD-ROM 驱动器、软盘驱动器、键盘和鼠标；

　　⑤ 彩色监视器支持 32 位、1024×768 像素分辨率；

　　⑥ 具有 PC 适配卡、CP5611 或 MPI 卡。

　　3）硬盘空间。请参见"README. WRI"文件，获取所需硬盘空间信息。

　　4）MPI 多点接口（可选）。只有在 STEP 7 下通过 MPI 与 PLC 通信时才要求使用 MPI 接口来互连 PG/PC 和 PLC。此时需要一个 PC 适配器以及一根与设备通信端口相连的假调制解调器（RS232），或在设备中安装 MPI 模块（例如，CP5611）。

　　（2）安装及启动 STEP 7 步骤。以 PC 为例，安装 STEP 7 V5.3。

　　1）将 STEP 7 光盘插入到光盘驱动器中。安装程序将自动启动安装向导，也可以直接执行安装光盘上的 Setup. exe 启动安装向导，首先选择安装语言"Setup Language English"，然后按照屏幕上的指令进行操作。

　　在 STEP 7 安装过程中，会提示选择安装方式，STEP 7 有三种安装方式：

　　① Typical（典型安装）：安装所有语言、所有应用程序、项目示例和技术文档。

　　② Minimal（最小安装）：只安装一种语言和 STEP 7 程序。

　　③ Custom（自定义安装）：用户可选择要安装的内容。

　　安装期间，程序检查是否在硬盘上安装了相应的许可证密钥。如果没有找到有效的许可证密钥，将会显示一条消息，指示必须具有许可证密钥才能使用该软件。根据需要，可以立即安装许可证密钥或者继续执行安装、以后再安装许可证密钥。如果希望马上安装许可证密钥，那么在提示插入授权软盘时，请插入授权软盘。

　　安装期间，会显示一个对话框，可以将参数分配给存储卡。如果不使用存储卡，则选择"None"，不需要 EPROM 驱动程序，选择"无 EPROM 驱动程序"选项。如使用内置读卡器，则选择"Internal programming device interface"。该选项仅对西门子 PLC 专用编程器（PG）有效，对 PC 不可选。如使用 PC，则选择使用外部读卡器 External Prommer，选择外部编程器的驱动程序。在此，必须指定连接该编程器的端口（例如，LPT1）。通过在 STEP 7 程序组或控制面板中调用"存储卡参数分配"程序，可以在安装后修改设定的参数。

　　安装期间，会显示一个对话框，在此可以将参数分配给编程设备 PG/PC 接口。PG/PC 接口是 PG/PC 接口和 PLC 之间进行通信连接的接口，也可以在 STEP 7 程序组中调用"设置 PG/PC 接口"随时更改 PG/PC 接口的设置。

SIMATIC Manager

　　一旦安装完成并重新启动计算机后，如图 10-1 所示的 SIMATIC 管理器的图标将显示在 Windows 桌面上。

图 10-1　SIMATIC 管理器图标

　　如果安装程序没有自动启动，则可以在光盘驱动器的以下路径

中找到安装程序 < 驱动器 > ：\ STEP 7 \ Disk1 \ setup. exe。

2）软件安装后，可双击 SIMATIC 管理器图标，STEP 7 向导将自动启动。

（3）安装注意事项。

1）如果安装程序在编程设备上检测到其他版本的 STEP 7，则会显示相应消息。可选择中止安装，卸载旧 STEP 7 版本后重新启动安装，或继续执行安装，覆盖以前版本。为进行良好的软件管理，应在安装新版本之前卸载任何旧版本。用新版本覆盖旧版本的缺点是随后卸载旧软件版本时，旧版本的一些组件可能不能删除。

2）在安装期间，您会被提示输入一个 ID 号，ID 号可在软件产品证书或许可证密钥软盘中获得。

3）检查操作系统的兼容性。

4）检查硬件、软件的兼容性。

B　卸载 STEP 7

使用通常的 Windows 步骤来卸载 STEP 7，在"控制面板"中双击"添加/删除程序"图标，启动 Windows 下用于安装软件的对话框。在安装软件显示的项目表中，选择 STEP 7。点击"添加/删除"按键。如果出现"删除共享文件"对话框时，如果不确定，则请点击"否"按钮。

C　STEP 7 的授权

要使用 STEP 7 编程软件，需要一个产品专用的许可证密钥（用户权限）。从 STEP 7 V5. 3 版本起，密钥通过自动化许可证管理器安装。自动化许可证管理器是 Siemens AG 的软件产品。它用于管理所有系统的许可证密钥（许可证模块）。

产品所包含的"许可证"是使用产品权限的合法证明。产品只能供许可证证书（CoL）拥有者或由拥有者授权使用的人员使用。

许可证密钥是软件使用许可证的技术表示（电子"许可证标志"）。SIEMENS AG 给受许可证保护的所有软件颁发许可证密钥。启动计算机后，只能在确认具有有效许可证密钥之后，才能根据许可证和使用条款使用软件。

自动化许可证管理器通过 MSI 设置过程安装。STEP 7 产品 CD 包含自动化许可证管理器的安装软件。可以在安装 STEP 7 的同时安装自动化许可证管理器或在以后安装。

STEP 7 V5. 3 安装光盘上附带的授权管理器（Automation License Manager V1. 1）取代了以往的 Authors 工具。启动该程序后出现如图 10-2 所示的界面。

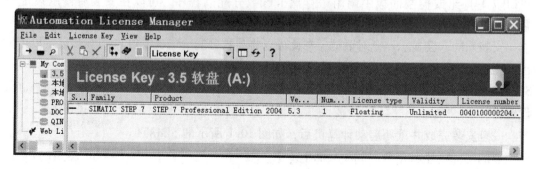

图 10-2　授权管理器

在授权管理器窗口中，选中左侧窗口中的盘符，在右边窗口中可看到该盘上已经安装的授权信息。如果没有安装正式授权，则在第一次使用 STEP 7 软件时会提示用户使用一个 14 天的试用授权。

单击工具栏中部的视窗选择下拉按钮，出现三个选项：选择"Installed software"可以查看已经安装的软件信息，如图 10-3 所示；选择"Licensed software"可以查看已经得到授权的软件信息，如图 10-4 所示；选择"Missing license Key"可以查看所缺少的授权。

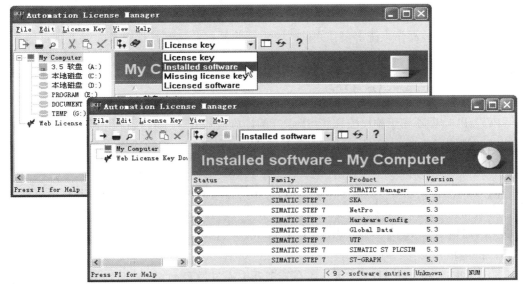

图 10-3　已经安装的软件信息

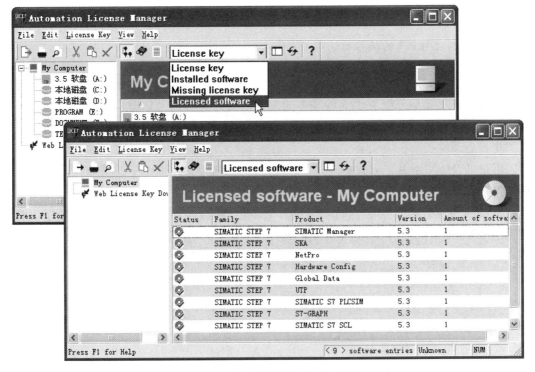

图 10-4　已经得到授权的软件信息

磁盘间的授权转移操作，就像在 Windows 的资源管理器中移动文件一样，可通过拖动鼠标或剪切、粘贴来实现。可以按如下所述，在各种类型的存储设备之间存储和传送许可证密钥：

　　（1）在许可证密钥软盘上；

　　（2）在本地硬盘上；

　　（3）在网络硬盘上。

　　需要注意的是，当需要对已经安装有授权的硬盘进行磁盘检查、优化、压缩、备份、格式化、重新安装操作系统等操作之前，一定要将授权转移到其他磁盘上，否则可能造成授权不可恢复的损坏。

10.2.1.3　STEP 7 的硬件接口

　　PC/MPI 适配器用于连接安装了 STEP 7 的计算机的 RS-232C 接口和 PLC 的 MPI 接口。计算机一侧的通信速率为 19.2kbit/s 或 38.4 kbit/s，PLC 一侧的通信速率为 19.2kbit/s ~ 1.5Mbit/s。除了 PC 适配器，还需要一根标准的 RS-232C 通信电缆。

　　使用计算机的通信卡 CP5611（PCI 卡）、CP5511 或 CP5512（PCMCIA 卡），可以将计算机连接到 MPI 或 PROFIBUS 网络，通过网络实现计算机与 PLC 的通信。使用计算机的工业以太网通信卡 CP1512（PCMCIA 卡）或 CP1612（PCI 卡），通过工业以太网实现计算机与 PLC 的通信。

　　在计算机上安装好 STEP 7 后，可在管理器中通过设置 PG/PC 接口，选择实际使用的硬件接口，也可以设置计算机与 PLC 通信的参数。设置方法见"10.2.2.2　PG/PC 接口设置"。

10.2.1.4　STEP 7 的编程功能

A　编程语言

　　STEP 7 的标准版只配置了 3 种基本的编程语言：梯形图（LAD）、功能块图（FBD）和语句表（STL）。语句表是一种文本编程语言，使用户能节省输入时间和存储区域，并且"更接近硬件"。

　　用户可以按"增量"方式输入，立即检查每一个输入的正确性；或先在文本编辑器上用字符生成整个程序的源文件，然后将它编译为软件块。

　　STEP 7 专业版的编程语言包括 S7-SCL（结构化控制语言），S7-GRAPH（顺序功能图语言），S7 HiGraph 和 CFC。这 4 种编程语言对于标准版是可选的。

B　符号表编辑器

　　STEP 7 用符号表编辑器工具管理所有的全局变量，用于定义符号名称、数据类型和全局变量的注释。使用这一工具生成的符号表可供所有应用程序使用，所有工具自动识别系统参数的变化。

C　增强的测试和服务功能

　　测试和服务功能包括设置断点、强制输入和输出、多 CPU 运行（仅限 S7-400）、重新布线、显示交叉参考表、状态功能、直接下载和调试块、同时监测几个块的状态。

程序中的特殊点可以通过输入符号名或地址快速查找。

10.2.1.5 SIMATIC 管理器简介

A SIMATIC 管理器窗口

SIMATIC 管理器是 STEP 7 的中央窗口，在 STEP 7 启动时激活。缺省设置启动 STEP 7 向导，它可以在您创建 STEP 7 项目时提供支持。用项目结构来按顺序存储和排列所有的数据和程序。SIMATIC 管理器是用于 S7-300/400 PLC 项目组态、编程和管理的基本应用程序。在 SIMATIC 管理器中可进行项目设置、配置硬件并为其分配参数、组态硬件网络、程序块、对程序进行调试（离线方式或在线方式）等操作，操作过程中所用到的各种 STEP 7 工具，会自动在 SIMATIC 管理器环境下启动。

双击 Windows 桌面上的 SIMATIC 管理器图标 或通过 Windows 的"开始"→SIMA-TIC→SIMATIC Manager 菜单命令启动 SIMATIC 管理器，如果向导没有自动启动，请选择菜单命令文件→"New project wizard"向导。SIMATIC 管理器界面如图 10-5 所示。

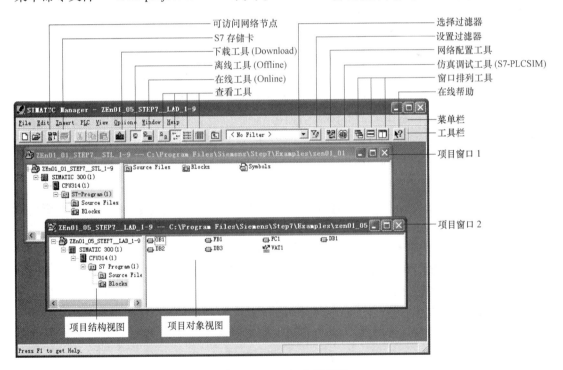

图 10-5 SIMATIC 管理器

（1）标题栏与菜单栏。标题栏与菜单栏始终位于窗口的顶部。标题栏包含窗口的标题以及对窗口进行控制的图标。菜单栏包含窗口中可供使用的所有菜单。

菜单作用简介如下：

File：打开、组织和打印项目。

Edit：编辑块。

Insert：插入程序组件。

PLC：下载程序到 PLC 并监视硬件。

View、Options、Windows 设置窗口显示和排列，选择语言并设置过程数据。

Help：调用 STEP 7 在线帮助。

（2）工具栏。工具栏包含有许多图标（或工具按钮），这些图标提供了通过单击鼠标来执行经常使用以及当前可供使用的菜单项命令的快捷方式。当您将光标短暂放置在按钮上时，将显示对各个按钮功能的简短描述以及其他附加信息。

如果在当前组态中不能访问某个按钮，则该按钮将显示为灰色。

（3）状态栏。状态栏显示了与上下文有关的信息。

在 SIMATIC 管理器中，可以分布式地读/写各个项目的用户数据。通过菜单命令 PLC > Compile and Download Objects 可以很方便地将组态数据下载到 PLC 中。

它将对所选择的对象进行检查、编译并下载到 CPU。所有项目数据都可输入到 CPU 的存储卡中（菜单命令 PLC→Save to Memory Card 和 PLC→Get from Memory Card）。

用菜单命令 Options→Manage Multilingual Texts→Settings for Handling Comments 和 Options→Manage Multilingual Texts→Rearrange 可以根据需要设定程序块的文本翻译，也可以在单个项目中改写多语言文本管理的数据库。

当打开用 STEP 7 V5.3 编写的多重项目、项目或库时，如果你的系统没有安装创建它们所使用的选项软件包时，系统会向您提示。当在 SIMATIC 管理器中选择了一个项目后，通过 Edit→Object Properties 可以获得编写该项目所需选项软件包的概述。

在 SIMATIC 管理器中，"PLC"菜单按照主题分组更加清晰。

在项目的对象属性页中，可以规定 STEP 7 的使用（在 SIMATIC 管理器中，首先选择项目，然后通过 Edit→Object Properties 进入"General"表）。该项设定将特别为 STEP 7 选择 SIMATIC 管理器中适用的功能。

B　带预置启动参数的 STEP 7 启动

使用 STEP 7 V5.0 以上版本，你可以在 SIMATIC 管理器中生成几个符号，并在调用顺序上指定启动参数。为此，SIMATIC 管理器选中这些参数描述的对象，快速双击，立即进入相应的 Project。如执行文件 S7tgtopx. exe，可以指定下列启动参数：

/e ＜完整的物理 Project 路径＞

/o ＜对象的逻辑路径＞

/h ＜对象 ID＞ /on 或/off

下列描述为建立相应参数最简捷的方法。用复制和粘贴方式建立参数，按如下方式进行：

（1）建立访问文件 S7tgtopx. exe 的路径；

（2）打开属性对话框；

（3）选择"Link"选项卡；

（4）在 SIMATIC 管理器选择相应的对象；

（5）用"CTRL + C"复合键，复制这个对象到文件夹；

（6）将光标移"Link"选项卡中"Target"的末端；

（7）用"CTRL + V"复合键，粘贴文件夹中的内容；

（8）用"OK"关闭对话框。

参数举例：

/e F：\SIEMENS\STEP 7\S7proj\MyConfig\MyConfig. s7p/o "1，8：MyConfig\SIMA-
TIC 400（1）\CPU416-1\S7-Program（1）\Blocks\FB1"/h T00112001；129；T00116001；1；
T00116101；16e

C   SIMATIC 管理器自定义选项设置

执行菜单 Options→Customise 命令，打开自定义选项窗口，如图 10-6 所示。在该窗口
中可进行自定义选项设置。由于参数较多，下面只介绍几个比较常用的设置。

（1）常规选项设置。点击"General"选项卡，在 Storage location for projects/multi-
projects 区域内可设置 STEP 7 项目、多项目的默认存储目录；在 Storage location for libraries
区域可设置 STEP 7 库的存储目录。Open new object automatically 选项可设置在插入对象时，
是否自动打开编辑窗口。若选择该选项，则在插入对象后立即打开该对象。Archive auto-
matically on opening project or library 选项设置打开项目或库时，是否自动归档。若选择该
选项，则总是在打开项目或库之前归档所选择的项目或库。Save window arrangement and
contents at end of session 选项可设置在会话结束时，是否保存窗口排列和内容。

（2）助记符语言及环境语言设置。助记符是指在进行 PLC 程序设计时，各种指令元
素的标识，这些标识一般用单词的缩写形式表示，以便于记忆。由于 STEP 7 V5.3 提供了
5 种可选择安装的环境语言和 2 种助记符语言，因此需要进行助记符语言及环境语言设置。
在图 10-6 中，选择"Language"选项卡，可进行相应设置。

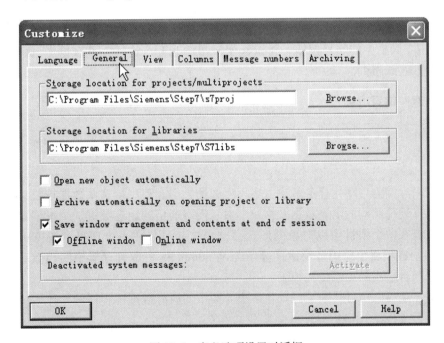

图 10-6   定义选项设置对话框

D   STEP 7 中的帮助

（1）在线帮助。在线帮助系统提供给用户有效快速的信息，无需查阅手册，在线帮助

具有如下信息方式：

1）Contents：显示帮助信息的号码。

2）Context-Sensitive Help（F1 key）：首先用鼠标选中或在对话框或窗口选择某一对象，而后用 F1 键得到相应帮助信息。

3）Introduction：对某种功能的使用、主要特性及功能范围做一个简要说明。

4）Getting Started：概述启动某功能的基本步骤。

5）Using Help：在在线帮助下，对查找特殊信息的方法提供描述。

（2）访问在线帮助功能。可以用下列方法之一访问在线帮助：

1）在菜单栏选中帮助菜单，再从中选择相应指令。

2）在某对话框单击"Help"键，则可以显示这个对话框的帮助。

3）将光标移到某个希望得到帮助的窗口或对话框，而后按下 F1 键或选择菜单命令 Help，Context-Sensitive Help。

4）在窗口内使用问号键。

（3）使用帮助功能的方法综述。

1）将光标放在任意菜单命令上并按 F1 键，出现所选菜单命令的上下文相关的帮助。

2）用菜单打开 STEP 7 的在线帮助，包含各种帮助主题的目录页出现在左窗格中，而所选主题的内容显示在右窗格中。单击目录列表中的 + 号可以查找到您想查看的主题。同时，所选择主题的内容显示在右窗格中。使用索引和查找，可以输入字符串来查找所需要的特定主题。

3）单击 STEP 7 在线帮助中的"起始页"图标，打开信息入口，可在该入口中直接访问在线帮助的主要主题。

4）单击工具栏中的问号按钮，将鼠标变成帮助光标。这样，下次单击一个特定的对象时，将激活在线帮助。

10.2.2　创建并编辑项目

10.2.2.1　项目结构与项目创建

A　项目结构

项目用来存储为自动化任务解决方案而生成的数据和程序。这些数据被收集在一个项目下，包括：硬件结构的组态数据及模块参数、网络通信的组态数据、为可编程模块编制的程序。数据在一个项目中以对象的形式存储。这些对象在一个项目下按树状结构分布（项目层次）。在项目窗口中各层次的显示与 Windows 95 资源管理器中的相似，只是对象图标不同。项目层次的顶端结构如下：

第 1 层：项目。项目代表了自动化解决方案中的所有数据和程序的整体，位于对象体系的最上层。

第 2 层：子网、站或 S7/M7 程序。

第 3 层：依据第二层中的对象而定。

B　项目窗口

项目窗口分成两个部分，如图 10-7 所示。左半部显示项目的树状结构；右半部窗口以选中的显示方式（大符号、小符号、列表），或明细数据显示左半窗口中打开的对象中所包含的各个对象。

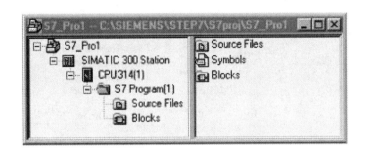

图 10-7　项目窗口

在左半窗口点击"＋"符号以显示项目的完整的树状结构。在对象层次的顶层是对象"S7_Pro1"作为整个项目的图标。它可以用来显示项目特性并以文件夹的形式服务于网络（组态网络），站（组态硬件），以及 S7 或 M7 程序（生成软件）。当选中项目图标时，项目中的对象显示在项目窗口的右半部分。位于对象层次（库以及项目）顶部的对象在对话框中形成一个起始点用以选择对象。

在项目窗口中，你可以通过选择"offline（离线）"，显示编程设备中该项目结构下已有的数据；也可以通过选择"online（在线）"，通过该项目显示可编程控制系统中已有的数据。

注意：硬件及网络的组态只能在"offline"下进行。

C　项目创建

使用项目管理结构来构造一个自动化任务解决方案，你需要生成一个新的项目。新项目应生成在你的"General"菜单中，为项目设定的路径下，该操作可通过菜单命令 Options > Customize 选中。SIMATIC 管理器允许名字多于八个字符。但是，由于在项目目录中名字被截短为八个字符，所以一个项目名字的前八个字符应区别于其他的项目，名字不必区分大小写。

无论是手动生成项目还是使用向导（Wizard）生成项目，你都会找到每一步骤的向导。生成一个新项目最简单的办法是使用"New Project（新项目）"向导。使用菜单命令 File→"New Project" Wizard，打开 Wizard，在 Wizard 对话框中将显示所建立的项目结构，向导会注意你在对话框中输入所要求的详细内容，然后生成项目。除了硬件站、CPU、程序文件、源文件夹、块文件夹及 OB1，你甚至还可以选择已有的 OB 作故障和过程报警的处理。

双击桌面上的"SIMATIC Manager"图标，则会启动 STEP 7 管理器及 STEP 7 新项目创建向导，如图 10-8 所示（如不出现，则需在下拉菜单"File"中选择"New project wizard"）。在预览中，可以显示或隐藏正在创建的项目结构的视图。也可以在 SIMATIC 管理器中，使用菜单命令 File > New，生成一个新的项目。新项目已包括"MPI Subnet（MPI 网络）"对象。

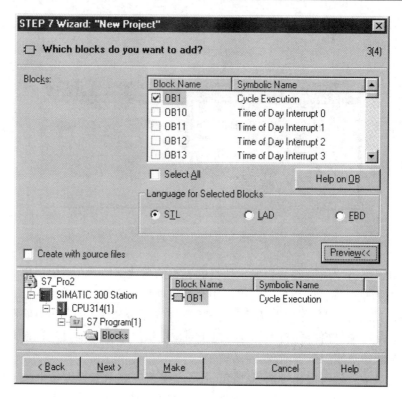

图 10-8　项目创建向导之一

　　当编辑项目时，大部分任务的执行顺序是可以灵活掌握的。一旦生成了一个项目，接下来你可以选择以下的任一方法进行下一步操作：首先组态硬件，然后为它生成软件程序，或先生成一个与组态的硬件无关的软件程序。

　　可选方法 1：先组态硬件。如果想先组态硬件，组态硬件完成后，生成软件所需的"S7 Program"和"M7 Program"文件夹则已插入。接下来，继续插入编程所需的对象。

　　可选方法 2：先生成软件。可以在没有硬件组态的情况下先生成软件，然后再组态硬件。对于程序编辑来说，并不需要将站的硬件结构事先设好。

　　其基本步骤如下：

　　（1）在项目中插入所需的无站或 CPU S7 软件文件夹 S7/M7 程序。在这可以决定是否在程序文件夹中包含 S7 硬件或 M7 硬件；

　　（2）为可编程模板生成软件；

　　（3）组态硬件；

　　（4）一旦完成硬件组态，就可以将 M7 或 S7 程序与 CPU 联系起来。

　　按照向导界面提示，点击"Next"按钮转到下一个对话框。在图 10-9 中，选择的 CPU 型号为 CPU314，选择 MPI 地址的缺省设置 2。每个 CPU 都有某些特性，例如，关于其存储器组态或地址区域，因此在编程前必须要选择 CPU。为了使 CPU 与编程设备或 PC 之间进行通信，需要设置 MPI 地址（多点接口）。单击"Next"按钮确认设置，进入下一个对话框，如图 10-9 所示。

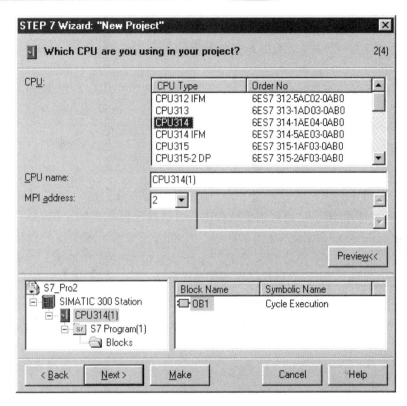

图 10-9　项目创建向导之二

在图 10-9 所示界面中，选择需要生成的逻辑块，至少需要生成作为主程序的组织块 OB1。选择组织块 OB1（如果尚未选中），OB1 代表最高的编程层次，它负责组织 S7 程序中的其他块。选择一种编程语言：梯形图（LAD）、语句表（STL）或功能块图（FBD），也可以在以后重新改变编程语言。单击"Next"按钮确认设置，进入下一个对话框。在出现的对话框"项目名称"域中双击选中默认的名称，也可输入新的项目名称。单击"Make"按钮生成项目。当单击生成按钮时，将一同打开 SIMATIC 管理器和刚刚创建的项目的窗口。从这里可以启动所有的 STEP 7 功能和窗口。

每次启动程序时都将激活 STEP 7 向导。您可以在向导的第一个对话框中取消这个缺省设置。但是，如果不使用 STEP 7 向导，则创建项目时您必须自行创建项目的每个目录。

在项目中，站代表着可编程控制器的硬件结构，它包含着每一个模块的组态数据及参数赋值。用"New Project（新建项目）"向导生成的新项目中已经包含了一个站。另外，可以用菜单命令 Insert→Station，生成站。可在下列各种站中作选择：

（1）SIMATIC 300 站；

（2）SIMATIC 400 站；

（3）SIMATIC H 站；

（4）SIMATIC PC 站；

（5）PC/Programming device（可编程设备）；

（6）SIMATIC S5；

（7）其他站，即非 SIMATIC S7/M7 及 SIMATIC S5。

站在插入时带有预置名（如，SIMATIC 300 Station（1）、SIMATIC 300 Station（2）等）。如果愿意的话，可以用一个相应的站名替代预置名。如图 10-9 所示，插入的站为 SIMATIC 300 站。

为可编程模块编制的软件存储在对象文件夹中。对 SIMATIC S7 模块而言，该对象文件夹称作"S7 Program"，每个可编程模块都会自动生成一个 S7 程序来存储软件，在新生成的 S7 程序中，以下对象已经存在（如图 10-7 的右窗格所示）：

（1）Symbol table 符号表（"Symbols"对象）；

（2）"Blocks（块）"文件夹，用于存储第一个块；

（3）"Source Files（源文件）"文件夹，用于生成源文件。

要用语句表、梯形图、功能块图生成程序。可选择已经存在的"Blocks"对象，然后选择菜单命令 Insert→S7 Block。在子菜单中，可以选择想要生成的块的类型（如：数据块、用户定义的数据类型（UDT）、功能、功能块、组织块或变量表）。可以打开一个（空）的块，然后用语句表、梯形图或功能图输入程序。

在用户程序中，可能会有由系统生成的"系统数据"（SDB）。可以打开它，但为了保持一致性，不能修改它。一旦装载，并将修改后的内容下载到可编程控制器就会改变组态。

如果想用某种特定的编程语言生成一个源文件或 CFC 图表，可选择 S7 程序中的对象"Source Files"或"Charts"，然后选择菜单命令 Insert→S7 Software。在子菜单中选择与编程语言相配的源文件，打开一个（空）源文件输入程序。

当生成一个 S7 程序时会自动生成一个（空）符号表（"Symbols"对象）。打开符号表时，"符号编辑器"窗口将显示一张符号表，可在该表中定义符号。

您可以用任何 ASCII 编辑器生成并编辑源文件，然后将这些文件引入到项目中，并且编译生成各个块。将引入的源文件进行编译，所生成的块存储在"Blocks"文件夹中。

在图 10-7 的左窗格中将显示所创建的项目以及所选的 S7 站和 CPU。单击 + 号或者 − 号可打开或关闭文件夹。可以通过单击右窗格中显示的符号来启动其他功能。单击 S7 Program（1）文件夹，这里包含了所有必需的程序组件。单击 Blocks 文件夹，这里包含已经创建的 OB1 以及以后将创建的所有其他块。在这里，可以开始使用梯形图、语句表、功能块图进行编程。单击 SIMATIC 300 Station 文件夹，所有与硬件相关的项目数据都存储在这里。

D　项目编辑

（1）打开一个项目。要打开一个已存在的项目，可选择菜单命令 File > Open，在随后的对话框中选中一个项目，然后，该项目窗口就打开了。如果您想要的项目没有显示在项目列表中，点击"Browse"按钮。在这里可以搜寻包括已列在项目列表中的项目在内的所有项目。可以使用菜单命令 File > Manage 改变选项。

（2）拷贝一个项目。使用菜单命令 File > Save As，可以将一个项目存为另一个名字。可以使用菜单命令 Edit > Copy，拷贝项目的部分如：站、程序、块等。

（3）删除一个项目。使用菜单命令 File > Delete，可删除一个项目。使用菜单命令 E-dit > Delete，可删除项目中的一部分，比如：站、程序、块等。

10.2.2.2　PG/PC 接口设置

设置 PG/PC 接口，组态 PG/PC 和 PLC 之间的通信。如果使用带 MPI 卡或通信处理器（CP）的 PC，那么应该在 Windows 的"控制面板"中检查中断和地址分配，确保没有发生中断冲突，也没有地址区重叠现象。为简化将参数分配给编程设备/PC 接口，对话框将显示缺省的基本参数设置（接口组态）选择列表。

PC/MPI 适配器用于连接安装了 STEP 7 的计算机的 RS-232C 接口和 PLC 的 MPI 接口。计算机一侧的通信速率为 19.2kbit/s 或 38.4kbit/s，PLC 一侧的通信速率为 19.2kbit/s ~ 1.5Mbit/s。除了 PC 适配器，还需要一根标准的 RS-232C 通信电缆。

使用计算机的通信卡 CP5611（PCI 卡）、CP5511 或 CP5512（PCMCIA 卡），可以将计算机连接到 MPI 或 PROFIBUS 网络，通过网络实现计算机与 PLC 的通信。也可以使用计算机的工业以太网通信卡 CP1512（PCMCIA 卡）或 CP1612（PCI 卡），通过工业以太网实现计算机与 PLC 的通信。

在 STEP 7 中由于 PG/PC 支持多种类型的接口，每种接口都需要进行相应的参数设置，因此，必须正确设置 PG/PC 接口参数。

A　将参数分配给 PG/PC 接口的步骤

在 STEP 7 安装过程中，可在提示框提示下设置 PG/PC 接口参数，如 STEP 7 安装时未设置 PG/PC 接口参数，可按如下步骤进行。

（1）在 Windows "控制面板"中双击"设置 PG/PC 接口"，也可执行菜单命令"开始"→SIMATIC→STEP 7→Settting the PG/PC Interface，或在 SIMATIC 管理器窗口内，执行菜单命令 Option→Set PG/PC Interface 打开 PG/PC 接口参数设置对话框，如图 10-10 所示。

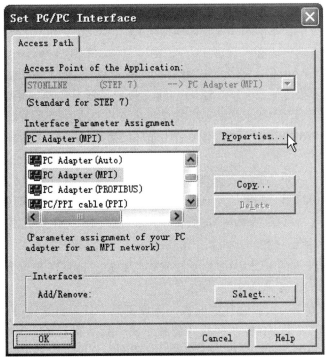

图 10-10　PG/PC 接口参数设置对话框

在 Interface Parameter Assignment 区域内列出了已经安装的接口，选择其中一个接口，然后单击"Properties"（属性）按钮，则弹出该接口的属性对话框，在对话框中可进行接口参数设置。不同接口有各自的属性对话框。

（2）将"应用访问点"设置为"S7 ONLINE"。

（3）在 Interface Parameter Assignment 区域内如没有列出所需要的接口类型，可通过单击"Select"按钮，在弹出的如图 10-11 所示的对话框内安装相应的接口模块或协议，然后自动产生接口参数设置。图 10-11 中，从左边的列表中选择需要安装的接口，通过单击"Install"按钮安装到右边的列表中。也可从右边的列表中选择需要卸载的接口，通过单击"Uninstall"按钮卸载不需要的模块或协议。

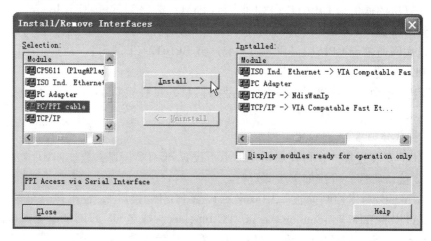

图 10-11 安装/卸载接口

在即插即用系统中，不能手动安装即插即用 CP（CP 5611 和 CP 5511）。在 PG/PC 中安装硬件后，它们自动集成在"设置 PG/PC 接口"中。如果选择具有自动识别总线参数功能的接口（例如 CP 5611），那么可以将编程设备或 PC 连接到 MPI 或 PROFIBUS，而无需设置总线参数。如果传输率 <187.5Kbps，那么读取总线参数时，可能产生高达 1min 的延迟。如需要自动识别，则要求将循环广播总线参数的主站连接到总线，所有新 MPI 组件都如此操作，对于 PROFIBUS 子网，必须启用循环广播总线参数（缺省的 PROFIBUS 网络设置）。

（4）如果选择了一个不能自动识别总线参数的接口，那么可以显示其属性，然后进行修改，使其与子网相匹配。如果与其他设置发生冲突（例如，中断或地址分配），那么也必须进行修改。此时，可在 Windows 的硬件识别和控制面板中作一些相应修改。

B 检查中断和地址分配

如果使用带 MPI 卡的 PC，则应检查缺省中断和缺省地址区是否为空闲，如有必要，选择一个空闲的中断和/或地址区。

在 Windows 2000 下，可以在控制面板→管理工具→计算机管理→系统工具→系统信息→硬件资源下查看资源。在控制面板→管理工具→计算机管理→系统工具→设备管理器→SIMATIC NET→CP 名称→属性→资源下改变资源。

在 Windows XP 下，可以在开始→所有程序→附件→系统→系统程序→系统信息→硬件资源下查看资源。在控制面板→桌面→属性→设备管理器→SIMATIC NET→CP 名称→属性→资源下改变资源。

10.2.3　硬件组态

在"10.2.2.1　项目结构与项目创建"一节大概讲解了项目的创建过程，但不详细，本节将结合几个事例详细讲解硬件的组态。

硬件组态的主要工作是把控制系统的硬件在 STEP 7 管理器中进行相应地排列配置，并在配置时对模块的参数进行设定。用"组态表"表示机架，就像实际的机架一样，可在其中插入特定数目的模块。在组态表中，STEP 7 自动给每个模块分配一个地址。如果站中的 CPU 可自由寻址（意思是可为模块的每个通道自由分配一个地址，而与其插槽无关），那么，您可改变站中模块的地址。可组态任意多次复制给其他 STEP 7 项目，并进行必要的修改，然后将其下载到一个或多个现有的设备中去。在可编程控制器启动时，CPU 将比较 STEP 7 中创建的预置组态与设备的实际组态。从而可立即识别出它们之间的任何差异，并报告。

10.2.3.1　组态与诊断功能

A　STEP 7 的硬件组态

硬件组态工具用于对自动化工程中使用的硬件进行配置和参数设置。

（1）系统组态。从目录中选择硬件机架，并将所选模块分配给机架中希望的插槽。分布 I/O 的配置与集中式 I/O 的配置方式相同。

（2）CPU 的参数设置。可以设置 CPU 模块的多种属性，例如启动特性、扫描监视时间等，输入的数据储存在 CPU 的系统数据块中。

（3）模块的参数设置。用户可以在屏幕上定义所有硬件模块的可调整参数，包括功能模块（FM）与通信处理器（CP），不必通过 DIP 开关来设置。在参数设置屏幕中，有的参数由系统提供若干个可选的项，有的参数只能在允许的范围输入，因此可防止输入错误的数据。

B　STEP 7 的通信组态

通信的组态包括：

（1）连接的组态和显示。

（2）设置用 MPI 或 PROFIBUS-DP 连接的设备之间的周期性数据传送的参数，选择通信的参与者，在表中输入数据源和数据目的地后，通信过程中数据的生成和传送均是自动完成的。

（3）设置用 MPI、PROFIBUS 或工业以太网实现的事件驱动的数据传输，包括定义通信链路。从集成块库中选择通信块（CFB），用通用的编程语言（例如梯形图）对所选的通信块进行参数设置。

C　STEP 7 的系统诊断

系统诊断为用户提供自动化系统的状态，可以通过两种方式显示：

（1）快速浏览 CPU 的数据和用户编写的程序在运行中的故障原因。

（2）用图形方式显示硬件配置，例如显示模块的一般信息和模块的状态；显示模块故障，例如集中 I/O 和 DP 子站的通道故障；显示诊断缓冲区的信息等。

CPU 可以显示更多的信息，例如显示循环周期；显示已占用和未用的存储区；显示 MPI 通信的容量和利用率；显示性能数据，例如可能的输入/输出点数、位存储器、计数器、定时器和块的数量等。

10.2.3.2　模块排列规则和中央机架的配置

A　组态的窗口

组态可编程控制器会用到站窗口和硬件目录窗口，在站窗口中放置站结构机架，可以从硬件目录窗口中选择所需的硬件组件，如机架、模块以及接口子模块。如果没有出现"硬件目录"窗口，可选择菜单命令视图→目录。该命令可打开、关闭硬件目录的显示。HW Config 硬件组态界面如图 10-12 所示。

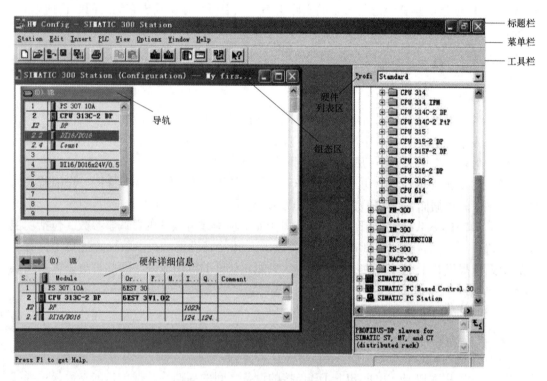

图 10-12　HW Config 硬件组态界面

B　模块排列规则

（1）SIMATIC S7-300。

模块必须无间隙地插入到机架中。对于只有一个机架的安装，组态表里的插槽 3 必须保持为空（为接口模块保留）。

1）机架 0。槽 1：仅适用于电源（例如，6ES7 307-...）或为空；槽 2：仅适用于 CPU（例如，6ES7 314-...）；槽 3：接口模块（例如，6ES7 360-.../361-...）或为空；槽 4～11：信号或功能模块、通信处理器或为空。

2）机架 1～3。槽 1：仅适用于电源模块（例如，6ES7 307-...）或为空；槽 2：为空；槽 3：接口模块；槽 4～11：信号或功能模块、通信处理器（取决于插入的接口模块）或为空。

（2）SIMATIC S7-400。S7-400 的机架上模块的排列规则取决于安装的机架类型。

1）中央机架。槽 1 中插入电源模块（有冗余能力的电源模块例外）；最多插入六个接口模块（发送 IM），带电力传输的情况下不超过两个接口模块；使用接口模块，最多连接 21 个扩展机架到中央机架；连接不超过一个带有电力传输的扩展机架到发送 IM 的接口；最多连接四个不带有电力传输的扩展机架。

2）扩展机架。槽 1 中插入电源模块；接口模块（接收 IM）插入最右边的槽（槽 9 或槽 18）中；通信总线模块只应当插入到编号不大于 6 的扩展机架中（否则，不能对其进行寻址）。

（3）有冗余能力的电源模块的特殊规则。有冗余（备用）能力的电源模块可以在一个机架中插入两次。只能将有冗余能力的电源模块插入到专供这种模块使用的机架，这些模块可以根据它们在"硬件目录"窗口中的信息文本进行识别。只有专门用于有冗余能力的电源模块的 CPU 才能使用该模块；有冗余能力的电源模块必须插入插槽 1 和紧随其后的插槽（不得有间隔）。有冗余能力和没有冗余能力的电源模块不能插入同一个机架（不得有"混合"组态）。

C　占位模块的特殊规则（DM 370 占位模块）

占位模块的作用是代替随后要使用的模块插入到插槽中。根据开关设置，这种模块既可以为模块保留地址空间，也可以不保留。如开关设置为"A"，保留地址空间。对模块化 DP 从站 ET 200M 中的模块：保留地址空间的 0 字节。如开关设置为"NA"，则不保留地址空间。

D　中央机架配置举例

必须已经打开了 SIMATIC 管理器，并且已经打开了一个项目或者已经创建了一个新项目，才能进行中央机架配置。如图 10-13 所示，假设已创建好的一个带有 SIMATIC 站的项目。

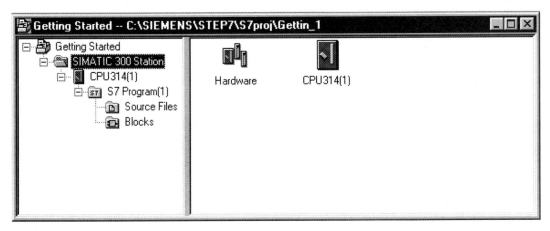

图 10-13　已创建项目

此时，可使用 STEP 7 对中央机架进行配置。这些配置的数据以后可以通过"下载"传送到可编程控制器。鼠标左键单击 STEP 7 管理器左边窗口中的"SIMATIC 300 Station"项，则右边窗口中会出现"Hardware"图标，双击图标"Hardware"，"HW Config"窗口（硬件配置窗口）打开，从"硬件目录"窗口中，选择合适的中央机架，如果在 SIMATIC 300 中，就选择导轨，如果在 SIMATIC 400 中，就选择通用机架（UR1），将机架拖放到站窗口中，如图 10-14 所示，也可在"硬件目录"窗口中双击机架进行排列。

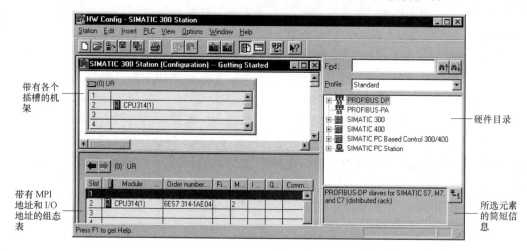

图 10-14　"HW Config"窗口

整个硬件配置窗口分为四部分，左上方为模块机架，左下方为机架上模块的详细内容，右上方是硬件列表，右下方是硬件列表中具体某个模块的功能说明和订货号。

要配置一个新模块，首先要确定模块放置在机架上的什么地方，再在硬件列表中找到相对应的模块，双击模块或者按住鼠标左键拖动模块到机架（组态表）的适当行中，STEP 7 会检查是否违反了任何插槽规则（例如，S7-300 CPU 必须插入插槽 2），放好后，会自动弹出模块属性对话框，设置好模块的地址和其他参数即可。重复进行模块插入，直到机架上装配所有需要的模块。此外，如果在组态表中选择多个行，并在"硬件目录"窗口中双击所需的模块，则会将模块同时分配给所有选中的行。

10.2.3.3　硬件组态举例

A　硬件组态的步骤

硬件组态的步骤如下：

（1）生成站，双击"Hardware"图标，进入硬件组态窗口；

（2）生成导轨，在导轨中放置模块；

（3）双击模块，在打开的对话框中设置模块的参数，包括模块的属性和 DP 主站、从站的参数；

（4）保存编译硬件设置，并将它下载到 PLC 中去。

在项目管理器左边的树中选择 SIMATIC 300 Station 对象，双击工作区中的"Hardware"图标，进入"HW Config"窗口。窗口的左上部是一个组态简表，它下面的窗口列出了各模块详细的信息，例如订货号、MPI 地址和 I/O 地址等。右边是"硬件目录"窗口，可以用菜单命令【View】→【Catalog】打开或关闭它。左下角的窗口中向左和向右的箭头用来切换导轨。通常 1 号槽放电源模块，2 号槽放 CPU，3 号槽放接口模块（使用多机架安装，单机架安装则保留），从 4～11 号则安放信号模块（SM、FM、CP）。

组态时用组态表来表示导轨，可以用鼠标将右边"硬件目录"中的元件"拖放"到组态表的某一行中，就好像将真正的模块插入导轨上的某个槽位一样，也可以双击"硬件目录"中选择的硬件，它将被放置到组态表中预先被鼠标选中的槽位上。用鼠标右键点击I/O 模块，在出现的下拉菜单选择【Edit Symbolic Names】，可以打开和编辑该模块的 I/O元件的符号表。

B　S7-300 PLC 的硬件组态

【例 10.1】　要求：通过手动方法创建项目"S7-300ZT1"并进行硬件组态，硬件组态时使用电源模块 PS307 2A，CPU 选择 315-2 DP，输入模块为 SM321 DI32×DC24V，输出模块选用 SM322 DO32×DC 24V/0.5A。

操作过程如下：

（1）双击 Windows 桌面上的 SIMATIC 管理器图标 [图标] 或通过 Windows 的"开始"→SIMATIC→SIMATIC Manager 菜单命令启动 SIMATIC 管理器，如"New Project（新项目）"向导启动，将其关闭。

（2）在 SIMATIC 管理器中单击工具栏中的 [图标] 或通过菜单栏中的 File→New 启动项目创建窗口，如图 10-15 所示。在图 10-15 的 Name 区域中输入项目名称"S7-300ZT1"，在Storage 区域内输入新建项目的存储路径，或通过单击"Browse"按钮选择新建项目的存储路径，然后单击"OK"按钮。

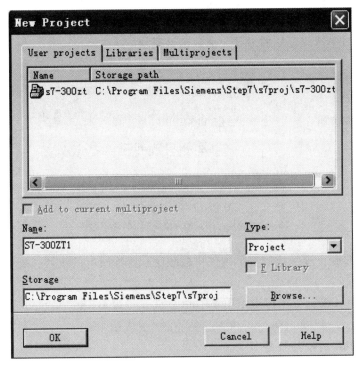

图 10-15　新建项目对话框

（3）在图 10-16 所示窗口中，用菜单命令 Insert→Station→SIMATIC 300 Station，生成站。

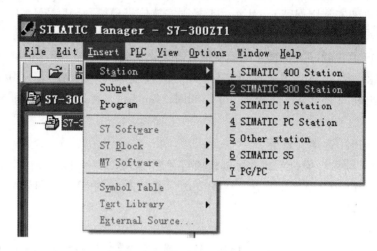

图 10-16　生成 S7-300ZT1 站

（4）鼠标左键单击 STEP 7 管理器左边窗口中的"SIMATIC 300 Station"项，则右边窗口中会出现"Hardware"图标，双击图标"Hardware"，"HW Config"窗口（硬件配置窗口）打开，在"硬件目录"窗口中，通过 SIMATIC 300→RACK-300→Rail 选择导轨。

（5）通过 SIMATIC 300→PS-300，在目录中查找到 PS307 2A，然后将该模块拖放到插槽 1，如图 10-17（a）所示。查找到输入模块（DI，数字输入）SM321 DI32×DC24V，将其插入到插槽 4。插槽 3 保留为空（为接口模块保留），如图 10-17（b）所示。按照相同的方法，在插槽 5 插入输出模块 SM322 DO32×DC24V/0.5A，如图 10-17（c）所示。

要在一个项目中修改模块的参数，请双击该模块。

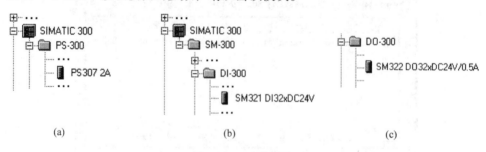

(a)　　　　　　　　　　　　　(b)　　　　　　　　　　　　　(c)

图 10-17　查找模块
(a) 电源模块；(b) 输入模块；(c) 输出模块

按照上面的步骤，逐一按照实际硬件排放顺序配置好所有的模块，硬件组态结果如图 10-18 所示。

（6）在"HW Config"窗口中使用菜单命令 Station→Save and Compile 保存和编译硬件配置。

C　S7-400 PLC 的硬件组态

【例 10.2】　要求：通过手动方法创建项目"S7-400ZT1"并进行硬件组态，硬件组态

S...	Module	...	Order numbe...	Firmware	MPI address	I address	Q address	Comment
1	PS 307 2A		6ES7 307-1BA00-0					
2	CPU 315-2 DP		6ES7 315-2AF02		2			
X2	DP					1023*		
3								
4	DI32xDC24V		6ES7 321-1BL80-0			0...3		
5	DO32xDC24V/0.5A		6ES7 322-1BL00-0				4...7	
6								

图 10-18　S7-300 PLC 的硬件组态情况

时使用电源模块 PS 407 4A，CPU 选择 414-2 DP，输入模块为 SM321 DI32×DC24V 和 AI16×16bit，输出模块选用 SM322 DO16×DC 24V/2A 和 AO8×13bit。

操作过程如下：

（1）启动 SIMATIC 管理器。

（2）启动项目创建窗口，输入项目名称"S7-400ZT1"，输入或选择新建项目的存储路径，然后单击"OK"按钮。

（3）生成 SIMATIC 400 Station。

（4）在"硬件目录"窗口中，通过 SIMATIC 400→RACK-400→UR1 选择机架。

（5）将模块插入到机架中的相应位置，结果如图 10-19 所示。

（6）保存和编译硬件配置。

S...	Module	...	Order number	Firmware	MPI address	I address	Q address
1	PS 407 4A		6ES7 407-0DA00-0AA0				
2	CPU 414-2 DP		6ES7 414-2XG01-0AB0		2		
X3	DP					8188*	
4	AI16x16Bit		6ES7 431-7QH00-0AB0			512...543	
5	AO8x13Bit		6ES7 432-1HF00-0AB0				512...527
6	DI32xDC 24V		6ES7 421-1BL00-0AA0			0...3	
7	DO16xDC 24V/2A		6ES7 422-1BH11-0AA0				0...1
8	DO16xUC230V Rel		6ES7 422-1HH00-0AA0				4...5

图 10-19　S7-400 PLC 的硬件组态情况

10.2.3.4　CPU 及 I/O 模块参数设置

S7-300/400 CPU 及 I/O 模块参数可通过 STEP 7 编程软件来进行设置。

A　CPU 模块的参数设置

打开"HW Config"窗口（硬件配置窗口），双击 CPU 模块所在的行，弹出"Properties"（属性）窗口，如图 10-20 所示。在弹出的"Properties"（属性）窗口中通过点击某一选项卡，便可以设置相应的属性。下面以 S7 315-2 DP 为例，介绍 CPU 主要参数的设置方法。

（1）General（常规）选项卡。该选项卡可以设置 CPU 的基本信息和 MPI 接口（单击"Properties"按钮会弹出 MPI 通信属性设置界面）。

（2）Startup（启动）选项卡。用于设置启动属性。大多数 S7-300 CPU 只能执行暖启动（Warm restart），CPU 318-2 DP 和 S7-400 CPU 还可以执行热启动（Hot restart）和冷启动（Cold restart）。

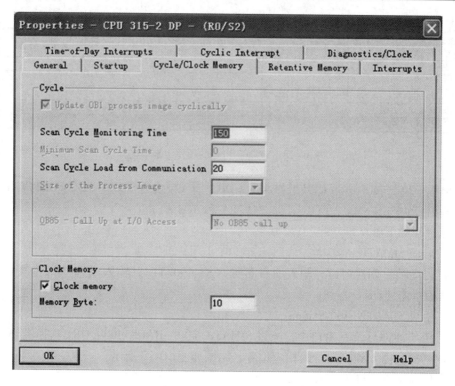

图 10-20　CPU 属性窗口

（3）Cycle/Clock Memory（循环/时钟存储器）选项卡。用于设置循环扫描监视时间、通信处理占扫描周期的百分比和时钟存储器。

一个扫描循环周期如果超过了所设置的循环扫描监视时间，CPU 就会进入停机状态。通信处理器占扫描周期的百分比参数用来限制通信在一个循环扫描周期中所占的比例，若循环扫描监视时间设置为 150ms，通信处理占扫描周期的百分比是 20%，则每个扫描周期中分配给通信的时间是 150ms×20% =30ms。时钟存储器有一个字节，其中每一个对应一个时钟脉冲，对应时钟脉冲的周期与频率见表 10-1。

表 10-1　时钟存储器的各位对应的周期与频率

时钟存储器位	7	6	5	4	3	2	1	0
频率/Hz	0.5	0.625	1	1.25	2	2.5	5	10
周期/s	2	1.6	1	0.8	0.5	0.4	0.2	0.1

（4）Retentive Memory（保持存储器）选项卡。用于设置从 MB0、T0 和 C0 开始需要保持的存储区字节数、定时器和计数器的数目，以及需要永久保持的数据块中的某些区域。CPU 最多可以保持的存储区字节数、定时器和计数器的数目与 CPU 的型号有关。

（5）Interrupts（中断）选项卡。用于设置硬件中断（Hardware Interrupts）、延时中断（Time-Delay Interrupts）、异步错误中断（Asynchronous Error Interrupts）及 DPVI 中断（Interrupts for DPVI）。

（6）Time-of-day Interrupts（日期时间中断）选项卡。用于设置在特定的时间或特定

的时间间隔执行日期时间中断组织块 OB10。特定时间的设置可通过在下拉列表框中选择
"Once"，并设置日期时间完成；特定时间间隔的设置可通过在下拉列表框中选择每分钟
"Every minute"、每小时 "Every hour"、每天 "Every day"、每周 "Every week" 或每年
"Every year" 来完成。

（7）Cyclic Interrupt（循环中断）选项卡。用于设置循环中断参数。循环中断是在一
个固定的时间间隔执行循环中断组织块 OB35，默认的时间间隔为 100 ms，用户可根据需
要修改此时间。

（8）Diagnostics/Clock（诊断/时钟）选项卡。用于设置系统诊断与时钟的参数。若选
中报告停机原因（Report cause of STOP）选项，CPU 停机时会将停机原因传送给 PG/PC 或
OP 等设备。

（9）Protection（保护）选项卡。用于设置保护等级和操作模式。

保护等级分为 3 级：第一级为默认等级，当设置口令时（即选中""选项框），可以
对 CPU 进行读/写访问；第二级为写保护；第三级为读/写保护。后两种需要设置口令。

操作模式分为过程模式（Process mode）和测试模式（Test mode）。设备在运行阶段通
常采用过程模式，此时系统的测试功能受到限制，可以设置允许测试功能占用的循环时
间；而当设备处于调试阶段时可以选择测试模式，此时所有测试功能都不受限制。

B　I/O 模块参数设置

I/O 模块的参数在 STEP 7 中设置，参数设置必须在 CPU 处于 STOP 模式下进行。设置
完所有的参数后，应将参数下载到 CPU 中。当 CPU 从 STOP 模式转换为 RUN 模式时，
CPU 将参数传送到每个模块。

参数分为静态参数和动态参数，可以在 STOP 模式下设置动态参数和静态参数，通过
系统功能 SFC，可以修改当前用户程序中的动态参数。但是在 CPU 由 RUN 模式进入 STOP
模式，然后又返回 RUN 模式后，将重新使用 STEP 7 设定的参数。

（1）数字量输入模块参数配置。打开项目的硬件组态窗口，双击机架中数字量输入模
块（如 DI16 × DC24V）所在行，打开 "Properties（属性）" 窗口，如图 10-21 所示。

三个选项卡的作用如下：

1）General（常规）：可以设置模块的常规选项。

2）Addresses（地址）：可以设置模块的新的起始地址，地址修改后，系统会自动计
算结束地址。

3）Inputs（输入）：设置是否允许产生 "Hardware Interrupt"（硬件中断）和 Diagnos-
tics Interrupt（诊断中断），选择了硬件中断后，以组为单位，可以选择 Rising（上升沿）
中断、Falling（下降沿）中断或上升沿和下降沿均产生中断。当出现硬件中断时，CPU 的
操作系统将调用组织块 OB40。通过单击 "Input Delay"（输入延迟）输入框，可以在弹出
的菜单中选择以 ms 为单位的整个模块的输入延迟时间，有的模块可以分组设置延迟时间。

（2）数字量输出模块参数配置。打开项目的硬件组态窗口，双击机架中数字量输出模
块所在行，打开 "Properties（属性）" 窗口，可以设置是否允许产生诊断中断、CPU 进入
STOP 模式时模块各输出点的处理方式等。

（3）模拟量输入模块参数配置。双击机架中模拟量输入模块（如 AI8 × 12Bit）所在
行，打开 "Properties（属性）" 窗口如图 10-22 所示。

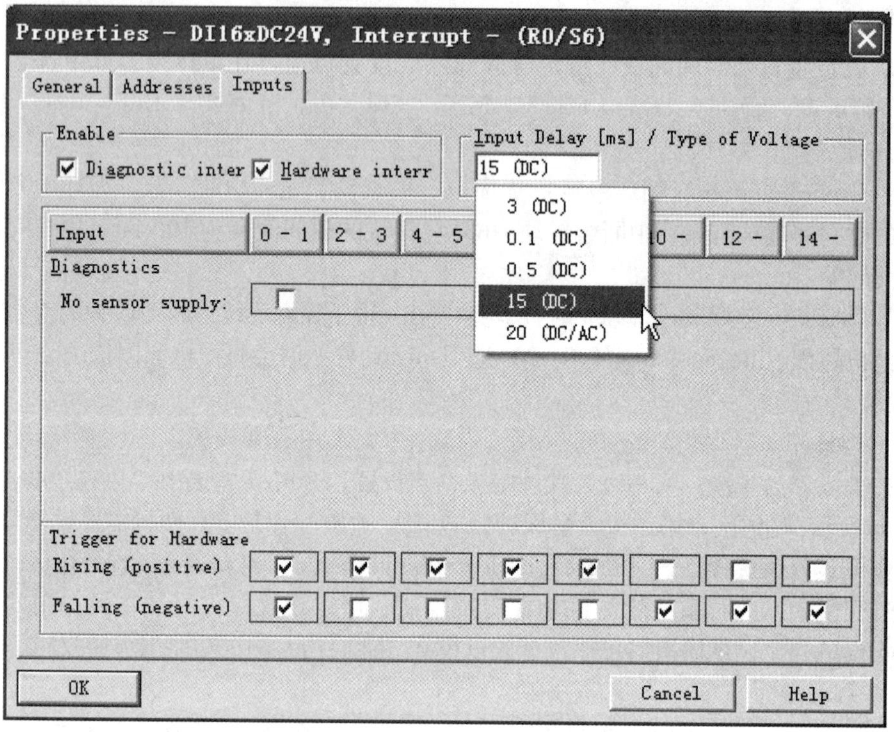

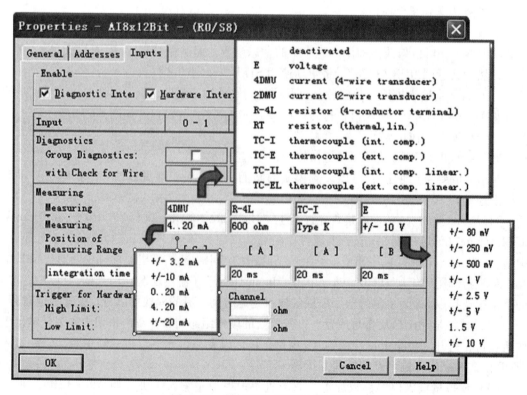

图 10-21　数字量输入模块属性窗口

图 10-22　模拟量输入模块属性窗口

三个选项卡的作用如下：

1）General（常规）：可以设置模块的常规选项。

2）Addresses（地址）：可以设置模块的起始地址。

3）Inputs（输入）：设置是否允许产生模拟值超过限制值的"Hardware Interrupt"（硬件中断）和"Diagnostics Interrupt"（诊断中断），有的模块还可以设置模拟量转换的循环结束时的硬件中断和断线检查。如果选择了超限中断，窗口下面的"High limit"（上限）和"Low limit"（下限）会被激活，则可以设置通道 0 和通道 1 产生超限中断的上限值和下限值。在此属性页还可以分别对模块的每一通道组（每两个通道为一组）选择允许的任意量程。单击通道的测量种类输入框，在弹出的菜单中可以选择测量的种类，如果不使用某一组的通道，应选择测量种类中的"Deactivated"（禁止使用）。

（4）模拟量输出模块参数配置。打开项目的硬件组态窗口，双击机架中模拟量输出模块所在行，打开"Properties（属性）"窗口，模拟量输出模块的设置与模拟量输入模块的设置有很多相似的地方，可以设置下列参数：

1）确定每一通道是否允许诊断中断。

2）选择每一通道的输出类型为""（关闭）、电压输出或电流输出。输出类型选定后，可选择输出信号的量程。

3）CPU 进入 STOP 时可选择的几种响应：不输出电流电压（0CV）、保持最后的输出值（KLV）和采用替代值（SV）。

10.2.3.5　PLC 的 I/O 扩展

A　S7-300 PLC 系统的 I/O 扩展

S7-300 PLC 的中央机架最多可以安装 8 块 I/O 模块，根据实际需要可以使用 IM360、IM361 和 IM365 接口模块进行输入/输出扩展。其中 IM360 模块用于中央机架，IM361 模块用于扩展机架，IM365 模块用于中央机架或扩展机架。

使用 IM360/IM361 模块进行集中扩展的步骤如下：

（1）选择 S7-300 机架作为扩展机架，然后对扩展机架进行模块组态，如图 10-23 所示。

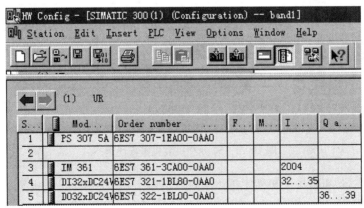

图 10-23　扩展机架模块组态

（2）如果在 S7-300 中央机架上插入 IM360 模块，在 S7-300 扩展机架上插入 IM361 模块，根据控制要求在中央机架上分别组态电源 PS（1 号槽）、CPU（2 号槽）、IM360（3 号槽）以及其他 S7-300 模块（4~11 号槽）；在扩展机架上分别组态电源 PS（1 号槽）、IM361（3 号槽）以及其他 S7-300 模块（4~11 号槽）。组态结果如图 10-24 所示。

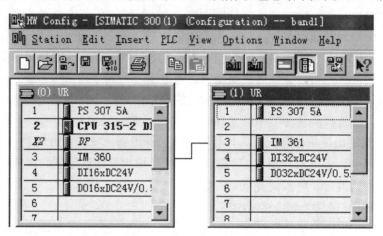

图 10-24　一个中央机架和一个扩展机架的组态

B　S7-400 PLC 系统的 I/O 扩展

S7-400 模块可根据应用对象选用不同型号和不同数量的模块，并可以将这些模块安装在多个机架上。使用 IM460/461 模块进行集中扩展的步骤如下：

（1）选择 S7-400 机架作为扩展机架，然后对扩展机架进行模块组态，如图 10-25 所示。

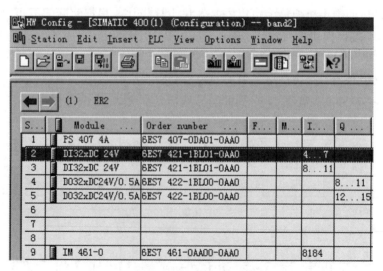

图 10-25　S7-400 扩展机架模块组态

（2）如果在 S7-400 中央机架上插入 IM460 模块，在 S7-400 扩展机架上插入 IM461 模块，根据控制要求在中央机架上分别组态 PS（1 号槽）、CPU（2 号槽）、IM460（9 号槽）以及其他 S7-400 模块；在扩展机架上分别组态 PS（1 号槽）、IM461（9 号槽）以及其他

S7-400 模块。组态结果如图 10-26 所示。

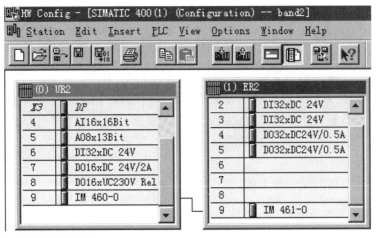

图 10-26   一个中央机架和一个扩展机架的组态

学习性工作任务 11   认识 S7CPU 中的程序

11.1   任务背景及要求

STEP 7 是 S7-300/400 的应用程序软件包。STEP 7 用于对整个控制系统（包括 PLC、远程 I/O、HMI、驱动装置和通信网络等）进行组态、编程和监控。本单元通过教师的讲解与演示，完整展示 S7-300/400 PLC 常用的中断组织块的功能，功能、功能块和数据块的使用。然后学生参照教师的示范，学会功能、功能块和数据块的使用方法。

11.2   相关知识

PLC 中的程序分为操作系统和用户程序，操作系统用来实现与特定的控制任务无关的功能，处理 PLC 的启动、刷新输入/输出过程映像表、调用用户程序、处理中断和错误、管理存储区和处理通信等。操作系统是固化在 CPU 中的程序，它提供 PLC 系统运行和调度的机制。

用户程序是为了完成特定的任务由用户编写的程序。CPU 的操作系统是按照事件驱动扫描用户程序的。用户的程序或数据写在不同的块中（包括程序块或数据块），CPU 按照执行的条件是否成立来决定是否执行相应的程序块或者访问对应的数据块。

（1）操作系统。每个 S7-300/400 PLC 的 CPU 都含有集成的操作系统，用来组织与特定控制任务无关的所有 CPU 功能和顺序。通过修改操作系统的参数（操作系统缺省设置），可以在某些区域影响 CPU 响应。操作系统任务包括下列各项：

1）处理重启（热启动）和热重启；

2）更新输入的过程映像表，并刷新输出过程映像表；

3）调用用户程序；

4）采集中断信息，调用中断 OB；

5）识别错误并进行错误处理；

6）管理存储区域；

7）与编程设备和其他通信伙伴进行通信。

（2）用户程序。用户程序由用户在 STEP 7 中生成，然后将它下载到 CPU。用户程序包含处理用户特定的自动化任务所需要的所有功能，例如指定 CPU 暖启动或热启动的条件、处理过程数据、指定对中断的响应和处理程序正常运行中的干扰等。用户程序任务包括：

1）确定 CPU 的重启（热启动）和热重启条件（例如，用特定值初始化信号）；

2）处理过程数据（例如，产生二进制信号的逻辑链接，获取并评估模拟量信号，指定用于输出的二进制信号，输出模拟值）；

3）响应中断；

4）处理正常程序周期中的干扰。

11.2.1　组织块、功能及功能块

STEP 7 编程软件允许用户构造用户程序，即：将程序分成单个、独立的程序段。这具有下列优点：

（1）大程序更易于理解；

（2）可以标准化单个程序段；

（3）简化程序组织；

（4）更易于修改程序；

（5）可测试单个程序段，因而简化调试；

（6）系统调试变得更简单。

STEP 7 将用户编写的程序和程序所需的数据放置在块中，使单个的程序部件标准化。通过在块内或块之间类似子程序的调用，使用户程序结构化，可以简化程序组织，使程序易于修改、查错和调试。块结构显著地增加了 PLC 程序的组织透明性、可理解性和易维护性。根据处理的需要，用户程序可以由不同的块构成，各种块的关系如图 11-1 所示。

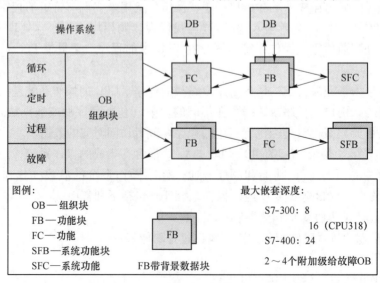

图 11-1　各种块的关系

用户可根据需要选择程序块，所选择的块保存在 S7 程序的 Blocks 目录下，各种块的简要说明见表 11-1。OB、FB、FC、SFB 和 SFC 都包含部分程序，统称为逻辑块。背景数据块（DI）、共享数据块（DB）中不包含 S7 的指令，只用来存放用户数据，称为数据块（DB）。每种块类型许可的块的数目和块的长度由 CPU 决定。

表 11-1　用户程序中的块

块	简 要 描 述
组织块（OB）	操作系统与用户程序的接口，决定用户程序的结构
系统功能块（SFB）	集成在 CPU 模块中、通过 SFB 调用一些重要的系统功能，有存储区
系统功能（SFC）	集成在 CPU 模块中、通过 SFC 调用一些重要的系统功能，无存储区
功能块（FB）	用户编写的包含经常使用的功能的子程序，有存储区
功能（FC）	用户编写的包含经常使用的功能的子程序，无存储区
背景数据块（DI）	调用 FB 和 SFB 时用于传递参数的数据块，在编译过程中自动生成数据
共享数据块（DB）	存储用户数据的数据区域，供所有的块共享

11.2.1.1　组织块（OB）

组织块是操作系统与用户程序的接口，只有 CPU 操作系统可以调用组织块，用于控制扫描循环和中断程序的执行、PLC 的启动和错误处理等，操作系统根据不同的启动事件（如日时间中断、硬件中断等），调用不同的组织块。有的 CPU 只能使用部分组织块。可以对组织块进行编程来确定 CPU 特性。因此，用户的主程序必须写在组织块中。根据启动条件，组织块可分为以下几大类：

（1）启动组织块。

（2）循环执行的程序组织块。

（3）定期执行的程序组织块。

（4）事件驱动执行的程序组织块。

在上面四类组织块中，首先要掌握的是循环执行的程序组织块。循环执行的程序组织块只有一个，即 OB1，也称为主程序组织块，用户可将主程序写在 OB1 中，通过 OB1 调用其他的 FC 或 FB 程序块。对其他组织块，用户可根据该组织块的特点功能决定是否在该组织块中编写程序。

A　组织块的启动事件与中断优先级

启动事件触发 OB 调用称为中断。如果出现一个中断事件，例如时间日期中断、硬件中断和错误处理中断等，当前正在执行的块在当前语句执行完后被停止执行（被中断），操作系统将会调用一个分配给该事件的组织块。该组织块执行完后，被中断的块将从断点处继续执行。这意味着部分用户程序可以不必在每次循环中处理，而是在需要时才被及时地处理。用户程序可以分解为分布在不同的组织块中的"子程序"。如果用户程序是对一个重要事件的响应，并且这个事件出现的次数相对较少，例如液位达到了最大上限，处理中断事件的程序放在该事件驱动的 OB 中。

组织块确定单个程序段执行的顺序（启动事件）。一个 OB 调用可以中断另一个 OB 的执行。高优先级的 OB 可以中断低优先级的 OB。背景 OB 的优先级最低。表 11-2 为组织块的启动事件与中断优先级。

表 11-2　组织块的启动事件与中断优先级

中断类型	组织块	启动事件	中断优先级
主程序扫描	OB1	启动结束或 OB1 执行结束	1
日历中断	OB10 ~ B17	日期时钟中断	2
延时中断	OB20 ~ OB23	延时中断 0 ~ 3	3 ~ 6
循环中断	OB30	循环中断 0（默认时间间隔 5s）	7
	OB31	循环中断 1（默认时间间隔 2s）	8
	OB32	循环中断 2（默认时间间隔 1s）	9
	OB33	循环中断 3（默认时间间隔 500ms）	10
	OB34	循环中断 4（默认时间间隔 200ms）	11
	OB35	循环中断 5（默认时间间隔 100ms）	12
	OB36	循环中断 6（默认时间间隔 50ms）	13
	OB37	循环中断 7（默认时间间隔 20ms）	14
	OB38	循环中断 8（默认时间间隔 10ms）	15
硬件中断	OB40 ~ OB47	硬件中断 0 ~ 7	16 ~ 23
DPV1 中断	OB55	状态中断	2
	OB56	刷新中断	2
	OB57	制造厂商特殊中断	2
多处理中断	OB60	SFC35 "MP_ ALM" 调用	25
同步循环中断	OB61 ~ OB64	同步循环中断 0 ~ 3	25
冗余故障中断（只适用 H 型 CPU）	OB70	I/O 冗余故障	25
	OB72	CPU 冗余故障	28
	OB73	通信冗余故障	25
异步故障中断	OB80	时间故障	26 或 28（如果 OB 存在于 启动程序中 优先级为 28）
	OB81	电源故障	
	OB82	诊断故障	
	OB83	插入/删除模板中断	
	OB84	CPU 硬件故障	
	OB85	程序周期错误	
	OB86	通信故障	
	OB87	过程故障	
	OB88	过程中断	
背景循环	OB90	暖启动或冷启动或删除一个正在 OB90 中执行的块或装载一个 OB90 到 CPU 或中止 OB90	29
启动	OB100	暖启动	27
	OB101	热启动（S7-300 和 S7-400 不具备）	27
	OB102	冷启动	27
同步错误中断	OB121	编程错误	取引起错误 OB 的优先级
	OB122	I/O 访问错误	

S7-300 CPU（除 CPU 318）上的组织块优先级均是固定的。对于 S7-400 CPU（和 CPU 318），可以通过 STEP 7 修改下列组织块的优先级：

（1）OB10～OB47，可设置优先级为 2～23；

（2）运行模式中的 OB70～OB72（仅适用于 H CPU），可设置优先级为 2～28；

（3）OB81～OB87，可设置优先级为 24～26。

可以将相同优先级分配给多个 OB。具有相同优先级的 OB 按照其启动事件发生的先后次序进行处理。由同步错误启动的错误 OB，其执行优先级与块发生错误时的执行优先级相同。

B　主循环组织块 OB1

OB1 是循环执行的组织块，其优先级为最低。OB1 用于循环处理，是用户程序中的主程序。PLC 在运行时将反复循环执行 OB1 中的程序，当有优先级较高的事件发生时，CPU 将中断当前的任务，去执行优先级较高的组织块，执行完成以后，CPU 将回到断点处继续执行 OB1 中的程序，并反复循环下去，直到停机或者是下一个中断发生。操作系统在每一次循环中调用一次组织块 OB1。一个循环周期分为输入、程序执行、输出和其他任务，例如下载、删除块，接收和发送全局数据等。循环程序处理是 PLC 上"正常"执行的程序类型，表示操作系统在程序循环（周期）中运行，在每次循环中，都会调用主程序中的组织块 OB1，即循环执行 OB1 中的用户程序，并通过该调用，启动循环执行用户程序。其他功能（FC 及 SFC）和功能块（FB 及 SFB）只有通过 OB1 的调用才能被 CPU 执行。一般用户主程序写在 OB1 中。

C　启动组织块

当 CPU 上电，或者操作模式由停止状态改变为运行状态时，CPU 首先执行启动组织块，只执行一次，然后开始循环执行主程序组织块 OB1。注意：启动组织块只在 PLC 启动的瞬间执行，而且只执行一次。S7 系列 PLC 的启动组织块有三个，分别为 OB100、OB101、OB102。这三个启动组织块对应不同的启动方式。至于 PLC 采取哪种启动方式是与 CPU 的型号以及启动模式有关。下面介绍这三种启动组织块的使用方法：

（1）OB100：完全再启动类型（暖启动）。启动时，过程映像区和不保持的标志存储器、定时器及计数器被清零，保持的标志存储器、定时器和计数器以及数据块的当前值保持原状态，执行 OB100，然后开始执行循环程序 OB1。一般 S7-300PLC 都采用此种启动方式。

（2）OB101：再启动类型（热启动）。启动时，所有数据（无论是保持型和非保持型）都将保持原状态，并且将 OB101 中的程序执行一次。然后，程序从断点处开始执行。剩余循环执行完以后，开始执行循环程序。热启动一般只有 S7-400 具有此功能。

（3）OB102：冷启动方式。CPU318-2 和 CPU417-4 具有冷启动型的启动方式。冷启动时，所有过程映像区和标志存储器、定时器和计数器（无论是保持型还是非保持型）都将被清零，而且数据块的当前值被装载存储器的原始值覆盖。然后，将 OB102 中的程序执行一次后执行循环程序。

D　定期的程序执行组织块

定期执行的组织块将根据预先设定的日期时间或执行一次，或循环执行。定期的程序执行组织块有日期中断组织块和循环中断组织块。OB10、OB11 ~ OB17 为日期中断组织块。通过日期中断组织块可以在指定的日期时间执行一次程序，或者从某个特定的日期时间开始，间隔指定的时间（如一天、一个星期、一个月等）执行一次程序。OB30、OB31 ~ OB38 为循环中断组织块。通过循环中断组织块可以每隔一段预定的时间执行一次程序。循环中断组织块的间隔时间较短，最长为 1min、最短为 1ms。在使用循环中断组织块时，应该保证设定的循环间隔时间大于执行该程序块的时间，否则 CPU 将出错。

　　E　事件驱动的程序执行组织块

　　事件驱动程序执行组织块包括以下几种类型：延时中断组织块；硬件中断组织块；异步错误组织块；同步错误组织块。

　　（1）OB20 ~ OB27：延时中断。当某一事件发生后，延时中断组织块（OB20）将延时指定的时间后执行。OB20 ~ OB27 只能通过调用系统功能 SFC32 而激活，同时可以设置延时时间。

　　（2）OB40 ~ OB47：硬件中断。一旦硬件中断事件发生，硬件中断组织块 OB40 ~ OB47 将被调用。硬件中断可以由不同的模块触发，对于可分配参数的信号模块 DI、DO、AI、AO 等，可使用硬件组态工具来定义触发硬件中断的信号；对于 CP 模块和 FM 模块，利用相应的组态软件可以定义中断的特性。

　　（3）OB80 ~ OB87：异步错误中断。异步错误是 PLC 的功能性错误。它们于程序执行时不同步地出现，不能跟踪到程序中的某个具体位置。在运行模式下检测到一个故障后，如果已经编写了相关的组织块，则调用并执行该组织块中的程序。如果发生故障时，相应的故障组织块不存在，则 CPU 将进入 STOP 模式。

　　（4）OB121、OB122：同步错误中断。如果在某特定的语句执行时出现错误，CPU 可以跟踪到程序中某一具体的位置。由同步错误所触发的错误处理组织块，将作为程序的一部分来执行，与错误出现时正在执行的块具有相同的优先级。

　　错误类型有两类：

　　（1）编程错误，例如在程序中调用一个不存在的块，将调用 OB121。

　　（2）访问错误，例如程序中访问了一个有故障或不存在的模块，将调用 OB122。

11.2.1.2　功能（FC）和功能块（FB）

　　FC 和 FB 都是用户自己编写的程序块，类似于 C 语言编程里面的子程序的概念。用户可以将具有相同控制过程的程序编写在 FC 或 FB 中，然后在主程序 OB1 或其他程序块中（包括组织块和功能、功能块）调用 FC 或 FB。FC 或 FB 相当于子程序的功能，都可以定义自己的参数。

　　功能是用户编写的没有固定的存储区的块，相当于高级语言的子程序或子函数，自身带有以名称方式给出的形式参数。其临时变量存储在局域数据堆栈中，功能执行结束后，这些数据就丢失了。可以用共享数据区来存储那些在功能执行结束后需要保存的数据，不能为功能的局域数据分配初始值。调用功能和功能块时用实参（实际参数）代替形参（形式参数），形参是实参在逻辑块中的名称，功能不需要背景数据块。功能和功能块用输入（IN）、输出（OUT）和输入/输出（IN_OUT）参数做指针，指向调用它的逻辑块提供的实参。功能被调用后，可以为调用它的块提供一个数据类型为 RETURN 的返回值。

功能块是用户编写的有自己的存储区（背景数据块）的块，相当于高级语言的子程序或子函数，自身带有以名称方式给出的形式参数，每次调用功能块时需要提供各种类型的数据给功能块，功能块也要返回变量给调用它的块。这些数据以静态变量（STAT）的形式存放在指定的背景数据块（DI）中，临时变量存储在局域数据堆栈中。功能块执行完后，背景数据块中的数据不会丢失，但是不会保存局域数据堆栈中的数据。在编写调用 FB 的程序时，必须指定 DI 的编号，调用时 DI 被自动打开。在编译 FB 时自动生成背景数据块中的数据，可以在用户程序中或通过 HMI 访问这些背景数据。

一个功能块可以有多个背景数据块，使功能块用于不同的被控对象。可以在 FB 的变量声明表中给形参赋初值，它们被自动写入相应的背景数据块中。在调用块时，CPU 将实参分配给形参的值存储在 DI 中。如果调用块时没有提供实参，将使用上一次存储在背景数据块中的参数。

FC 与 FB 的根本区别在于：FC 没有自己的存储区，而 FB 拥有自己的存储区——背景数据块 DB。在调用有参数的 FB 时，必须为其指定一个背景数据块 DB。这一区别使 FC 和 FB 具有以下不同：

（1）FC 和 FB 的变量声明表略有差别。FC 和 FB 相同变量类型有输入（IN）、输出（OUT）、输入输出（IN_OUT）和暂态临时变量（TEMP）。而 FC 中有返回值变量（RET_VAL），在 FC 结束调用时将输出这一变量（如果有定义），不过使用 OUT 类型的变量可以输出多个变量，比 RET_VAL 具有更大的灵活性。

FB 有静态（STAT）变量类型。静态变量类型与暂态临时变量（TEMP）不同之处在于：STAT 变量类型存储在 FB 的背景数据块中，当 FB 调用完以后，静态变量的数据仍然有效。TEMP 变量为临时局部数据存储区，在 CPU 内部，由 CPU 根据所执行的程序块的情况临时分配。一旦程序块执行完成，该区域将被收回，在下一个扫描周期中，执行到该程序块时再重新分配 TEMP 存储区。

（2）FC 和 FB 参数赋值不同。由于 FC 没有自己的背景数据块，因此 FC 的形式参数在调用时都必须赋予实际参数。在调用带参数的 FC 时，参数位置均为红色问号，必须指定实际值，否则程序不完成，不能保存下载。而 FB 有自己的背景数据块，所有的参数在其背景数据块中都有对应的存储位置，因此在调用 FB 时，只需指定其背景数据块，而形参位置为黑点，可根据需要选择是否填写。在调用 FB 时，对于大多数类型的参数，可以赋实参，也可以不赋。如果不给 FB 的形参赋值，则自动读取当前背景数据块 DB 中的参数值。但对于 FB 的某些特殊数据类型的参数也要求必须给形参赋实参。

在管理器中打开 Block 文件夹，用鼠标右键点击右边的窗口，在弹出的菜单中选择"Insert New Object→Function"可插入一个功能。

11.2.1.3　系统功能（SFC）和系统功能块（SFB）

SFC 和 SFB 是预先编好的可供用户调用的程序块，它们已经固化在 S7PLC 的 CPU 中，其功能和参数已经确定。一台 PLC 具有哪些 SFC 和 SFB 功能，是由 CPU 型号决定的。具体信息可查阅 CPU 的相关技术手册。通常 SFC 和 SFB 提供一些系统级的功能调用，如通信功能、高速处理功能等。注意：在调用 SFB 时，需要用户指定其背景数据块（CPU 中不包含其背景数据块），并确定将背景数据块下载到 PLC 中。

系统功能是集成在 S7 CPU 的操作系统中预先编好程序的逻辑块，SFC 属于操作系统的一部分，属于系统块。通常 SFC 提供一些系统级的功能调用，可以在用户程序中进行调用，SFC 没有存储功能。S7 CPU 提供的 SFC 有：复制及块功能，检查程序、处理时钟和运行时间计数器，数据传送，在多 CPU 模式的 CPU 之间传送事件，处理日期时间中断和延时中断，处理同步错误、中断错误和异步错误，有关静态和动态系统数据的信息，过程映像刷新和位域处理，模块寻址，分布式 I/O，全局数据通信，非组态连接的通信，生成与块相关的信息等。

系统功能块同系统功能一样是为用户提供的已经编好程序的块，可以在用户程序中调用这些块，但是用户不能修改系统功能块。系统功能块作为操作系统的一部分，不占用程序空间。SFB 有存储功能，其变量保存在指定给它的背景数据块中。

在编写调用 SFB 的程序时，必须指定 DI 的编号，调用时 DI 被自动打开。在编译 SFB 时自动生成背景数据块中的数据，可以在用户程序中或通过 HMI 访问这些背景数据。

11.2.2　数据块

数据块（DB）是用于存放执行用户程序时所需的变量数据的数据区。与逻辑块不同，在数据块中没有 STEP 7 的指令，STEP 7 按数据生成的顺序自动地为数据块中的变量分配地址。数据块定义在 S7 CPU 的存储器中，用户可在存储器中建立一个或多个数据块。每个数据块可大可小，但 CPU 对数据块数量及数据总量有限制。数据块的最大允许容量与 CPU 的型号有关。

结构化数据类型（数组和结构）由基本数据类型组成，可以用符号表中定义的符号来代替数据块中的数据的地址。

数据块（DB）可用来存储用户程序中逻辑块的变量数据（如：数值）。与临时数据不同，当逻辑块执行结束或数据块关闭时，数据块中的数据保持不变。

用户程序可以位、字节、字或双字操作访问数据块中的数据，可以使用符号或绝对地址。

11.2.2.1　数据存储区

用户程序中的数据是所存储的过程状态和信号的信息，所存储的数据在用户程序中进行处理。

数据以用户程序变量的形式存储，且具有唯一性。数据可以存储在输入过程映像存储器（PII）、输出过程映像存储器（PIQ）、位存储器（M）、局部数据堆栈（L 堆栈）及数据块（DB）中。可以采用基本数据类型、复杂数据类型或参数类型。

根据访问方式的不同，这些数据可以在全局符号表或共享数据块中声明，称为全局变量；也可以在 OB、FC 和 FB 的变量声明表中声明，称为局部变量。当块被执行时，变量将固定地存储在过程映像区（PII 或 PIQ）、位存储器区（M）、数据块（DB）或局部堆栈（L）中。

11.2.2.2　数据块的分类

数据块有三种类型，即共享数据块（Shared DB）、背景数据块（Instance DB）和用户定义数据块（DB of Type）。

共享数据块（Shared DB）存储的是全局数据，所有的逻辑块（OB、FB、FC）都可以访问共享数据块中存储的数据。CPU 可以同时打开一个共享数据块和一个背景数据块。如果某个逻辑块被调用，它可以使用它的临时局域数据区（即 L 堆栈）。逻辑块执行结束后，其局域数据区中的数据丢失，但是共享数据块中的数据不会被删除。

背景数据块（Instance DB）中的数据是由编辑器自动生成的，用作功能块（FB、SFB）的"存储器"，它们是功能块的变量声明表中的数据（不包括临时变量 TEMP）。背景数据块用于传递参数，FB 的实参和静态数据存储在背景数据块中。调用功能块时，应同时指定背景数据块的编号或符号，背景数据块只能被指定的功能块访问。应首先生成功能块，然后生成它的背景数据块。在生成背景数据块时，应指明它的类型为背景数据块（Instance DB），并指明它的功能块的编号。背景数据块的功能块被执行完后，背景数据块中存储的数据不会丢失。

用户定义数据块（DB of Type）是以 UDT 为模板所生成的数据块。创建用户定义数据块（DB of Type）之前，必须先创建一个用户定义数据类型，如 UDT1，并在 LAD/STL/FBD S7 程序编辑器内定义。

11.2.2.3　数据块寄存器

CPU 有两个数据块寄存器：DB 和 DI 寄存器。这样，可以同时打开两个数据块。

11.2.2.4　数据块中的数据类型

A　基本数据类型

数据块中基本的数据类型有 BOOL（二进制位）、Byte（字节）、Word（字）、Dword（双字）、REAL 上（实数或浮点数）和 INTEGER（整数，简称为 INT）、DINT（双整数）等。

B　复合数据类型

复合数据类型包括日期和时间（DATE_AND_TIME）、字符串（STRING）、数组（ARRAY）、结构（STRUCT）和用户定义数据类型（UDT）。

例如：2008 年 7 月 12 日 12 点 30 分 25.123 秒可以表示为 DT#08-07-12:12:30:25.123。字符串的默认长度为 254，通过定义字符串的长度可以减少它占用的存储空间。

（1）数组。数组是同一类型的数据组合而成的一个单元。生成数组时，应指定数组的名称，声明数组的类型时要使用关键字 ARRAY，用下标指定数组的维数和大小，数组的维数最多为 6 维。如二维数组 ARRAY [1..2，1..3]，方括号中的数字用来定义每一维的起始元素和结束元素在该维中的编号，可以取 −32768 ~ 32768 之间的整数。各维之间的数字用逗号隔开，每一维开始和结束的编号用两个小数点隔开，如某一维有 N 个元素，该维的起始元素和结束元素的编号一般采用 1 和 N。

数组可以在数据块中定义，也可以在逻辑块的变量声明表中定义，定义数组时可以在ARRAY 所在行的"initial value"列中给数组元素赋初值，各元素的初值之间用英语逗号分隔。

访问数组中的数据时，需要指出数据块和数组的名称，以及数组元素的下标。如 "TANK"．PRESS［2，1］。其中 TANK 是数据块的符号名，PRESS 是数组的名称，它们用英语的句号分开。

（2）结构。结构是不同类型的数据的组合。用户可以把过程控制中有关的数据统一组织在一个结构中，作为一个数据单元来使用，而不是使用大量的单个的元素，为统一处理不同类型的数据或参数提供了方便。

结构可以在数据块中定义，也可以在逻辑块的变量声明表中定义。可以为结构中各个元素设置初值（Iinitial Value）。

可以用结构中的元素的绝对地址或符号地址来访问结构中的元素。访问结构中的数据时，需要指出结构所在的数据块的名称、结构的名称，以及结构元素的名称。如 "TANK"．STACK．AMOUNT 表示数据块 TANK 内结构 STACK 的元素 AMOUNT。

（3）用户定义数据类型。STEP 7 允许利用数据块编辑器，将基本数据类型和复杂数据类型组合成长度大于 32 位的用户定义数据类型（UDT：User-Defined dataType）。用户定义数据类型不能存储在 PLC 中，只能存放在硬盘上的 UDT 块中。可以用用户定义数据类型作 "模板" 建立数据块，以节省录入时间。可用于建立结构化数据块、建立包含几个相同单元的矩阵、在带有给定结构的 FC 和 FB 中建立局部变量。

【例 11.1】　创建用户定义数据类型：UDT1。

创建一个名称为 UDT1 的用户定义数据类型，数据结构如下：

STRUCT

　　Speed：INT

　　Current：REAL

END_STRUCT

可按以下几个步骤完成：

（1）在 SIMATIC 管理器中选择 S7 项目的 S7 程序（S7 Program）的块文件夹（Blocks），然后执行菜单命令 Insert→S7 Block→Data Block，如图 11-2 所示。

（2）在弹出的数据类型属性对话框 Properties- Data Type 内，可设置要建立的 UDT 属性。

（3）在 SIMATIC 管理器的右视窗内，双击新建立的 UDT1 图标，启动 LAD/STL/FBD 编辑器，如图 11-3 所示。在编辑器变量列表的第二行 Address 的下面 "0.0" 处单击鼠标右键，用快捷命令 Declaration Line after Selection，在当前行下面插入两个空白描述行。

（4）按照图 11-3 所示的格式输入两个变量（Speed 和 Current）。保存 UDT1，完成 UDT1 的创建。

编辑窗口内各列的含义如下：

（1）Address（地址）：变量所占用的第一个字节地址，存盘时由程序编辑器产生。

（2）Name（名称）：单元的符号名。

（3）Type（类型）：数据类型，单击鼠标右键，在快捷菜单 Elementary Types 内可选择。

（4）Initial Value（初始值）：为数据单元设定一个默认值。如不输入，就以 0 为初

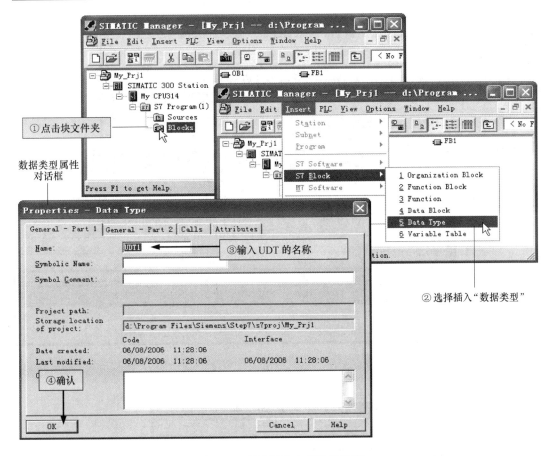

图 11-2　创建用户定义数据类型

始值。

（5）Comment（注释）：数据单元的说明，为可选项。

11.2.2.5　数据块的生成与使用

在 STEP 7 中，为了避免出现系统错误，在使用数据块之前，必须先建立数据块，并在块中定义变量（包括变量符号名、数据类型以及初始值等）。数据块中变量的顺序及类型决定了数据块的数据结构，变量的数量决定了数据块的大小。数据块建立后，还必须同程序块一起下载到 CPU 中，才能被程序块访问。

A　建立数据块

在 STEP 7 中，可以采用以下两种方法创建数据块：

（1）用 SIMATIC 管理器创建数据块。在 SIMATIC 管理器中选择 S7 项目的 S7 程序（S7 Program）的块文件夹（Blocks），然后执行菜单命令 Insert→S7 Block→Data Block，如图 11-4 所示。在弹出的数据块属性对话框 Properties-Data Block 内，可设置要建立的数据块属性：

1）Name and type（数据块名称）：如输入 DB1。

2）Symbolic Name（数据块的符号名）：可选项，如输入 My_DB。

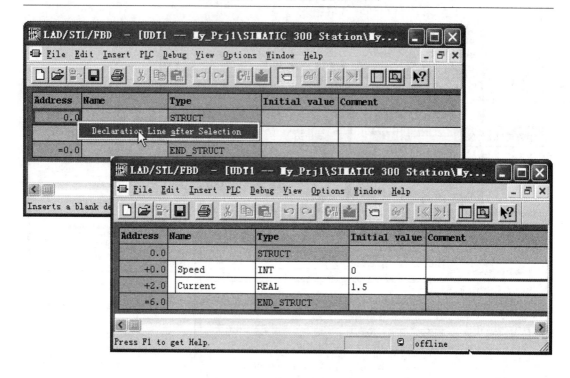

图 11-3　编辑 UDT1

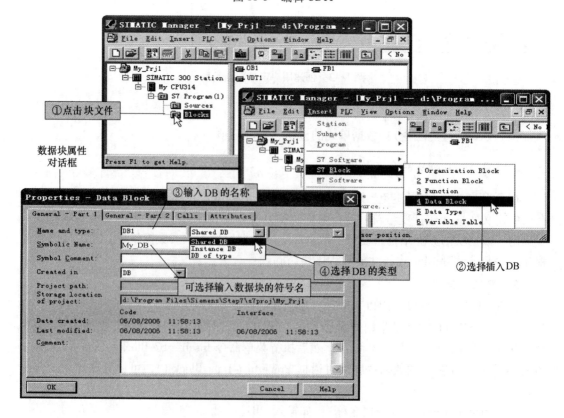

图 11-4　用 SIMATIC 管理器创建数据块

3）Symbol Comment（符号注释）：可选项。

4）数据块的类型：共享数据块（Shared DB）、背景数据块（Instance DB）或用户定义数据块（DB of Type）。如选择 Shared DB。

（2）用 LAD/STL/FBD S7 程序编辑器创建数据块。执行菜单命令"开始"→SIMATIC→STEP 7→LAD，STL，FBD- Programming S7 Block，启动 LAD/STL/FBD S7 程序编辑器，如图 11-5 所示。

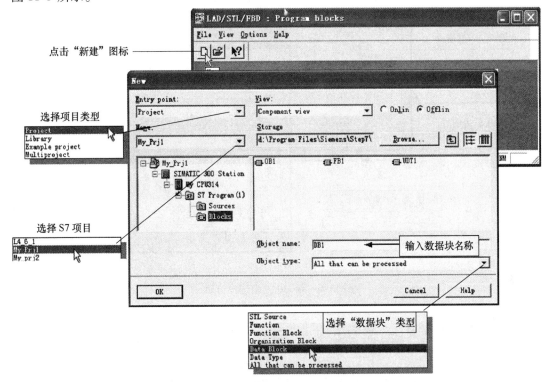

图 11-5　用 LAD/STL/FBD S7 程序编辑器创建数据块

执行菜单命令 File→New 或点击新建工具图标 □，在"新建"对话框的 Entry point 区域选择"Project"（S7 项目），然后选择已存在的 S7 项目。在 Object type 区域，选择对象类型为 Data Block；在 Object name 区域输入数据块名称，如 DB1。设置完毕，单击 OK 按钮确认，在弹出的如图 11-6 所示的"New Data Block"类型选择界面中选择创建共享数据块。

B　定义变量并下载数据块

共享数据块建立后，可以在 S7 的块文件夹（Blocks）内双击数据块图标，启动 S7 程序编辑器，并打开数据块，如打开前面所创建的 DB1，DB1 的原始窗口如图 11-7 所示。

在现有的结构框架下输入需要的变量，如 V1 ~ V5。

C　访问数据块

在用户程序中可能存在多个数据块，而每个数据块的数据结构并不完全相同，因此在访问数据块时，必须指明数据块的编号、数据类型与位置。如果访问不存在的数据单元或数据块，而且没有编写错误处理 OB 块，CPU 将进入 STOP 模式。

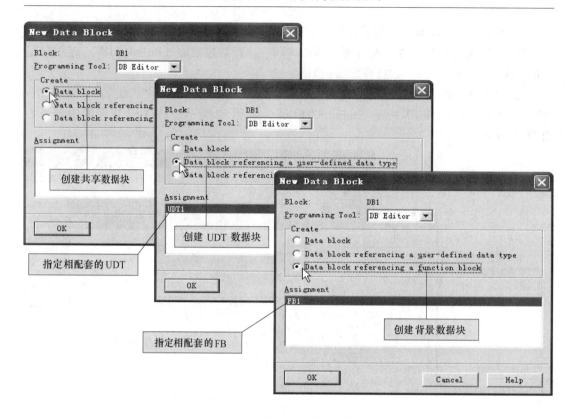

图 11-6　新 DB 类型选择窗口

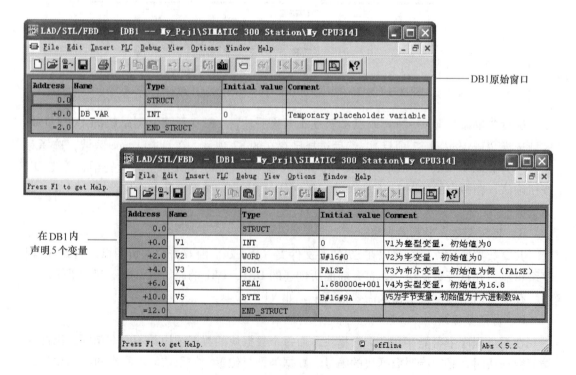

图 11-7　编辑数据块（变量定义）

在 STEP 7 中可以采用传统访问方式，即先打开后访问；也可以采用完全表示的直接访问方式。

（1）先打开后访问。访问数据块中的数据时，需要先打开它，由于只有两个数据块寄存器，即 DB 寄存器和 DI 寄存器，同时只能打开一个共享数据块和一个背景数据块。它们的块号分别存放在 DB 寄存器和 DI 寄存器中。打开新的数据块后，原来打开的数据块自动关闭。

下面的例程说明了这种访问方式：

OPN　　　　DB2//打开数据块 DB2

A　　　　　DBX4.5//如果 DB2. DBX4.5 的常开触点接通

L　　　　　DBW12//将 DB2. DBW12 装入累加器 1

OPN　　　　DB3//打开数据块 DB3

T　　　　　DBW4//将累加器 1 中的数据传送到 DB3. DBW4

调用一个功能块时，它的背景数据块被自动打开。如果该功能块调用了其他的块，调用结束后返回该功能块，原来打开的背景数据块不再有效，必须重新打开它。

（2）直接访问数据块中的数据。在指令中同时给出数据块的编号和数据在数据块中的地址，可以直接访问数据块中的数据。访问时可以使用绝对地址，也可以使用符号地址。数据块中的存储单元的地址由两部分组成，例如 DB2. DBX2.0。DB2 是数据块的名称，DBX2.0 是数据块内第 2 个字节的第 0 位。

这种访问方法不容易出错。上面的指令可以等效如下：

A　　　　　DB2. DBX4.5

L　　　　　DB2. DBW12//将 DB2. DBW12 装入累加器 1

T　　　　　DB3. DBW4//将累加器 1 中的数据传送到 DB3. DBW4

11.2.2.6　系统数据块（SDB）

系统数据块是由 STEP 7 产生的程序存储区，包含系统组态数据，例如硬件模块参数和通信连接参数等用于 CPU 操作系统的数据。

11.2.3　用户程序中使用的堆栈和临时局域数据

11.2.3.1　用户程序中使用的堆栈

堆栈是 CPU 中的一块特殊的存储区，它采用"先进后出"的规则存入和取出数据。堆栈中最上面的存储单元称为栈顶，要保存的数据从栈顶"压入"堆栈时，堆栈中原有的数据依次向下移动一个位置，最下面的存储单元中的数据丢失。在取出栈顶的数据后，堆栈中所有的数据依次向上移动一个位置。

A　局域数据堆栈（L）

局域数据堆栈简称 L 堆栈，是 CPU 中单独的存储器区，局域数据堆栈用来存储块的局域数据区的临时变量、组织块的启动信息、块传递参数的信息和梯形图程序的中间结果。各逻辑块均有自己的局域变量表，局域变量仅在它被创建的逻辑块中有效。对组织块编程时，可以声明临时变量（TEMP）。临时变量仅在块被执行的时候使用，块执行完后将被别的数据覆盖。在首次访问局域数据堆栈时，应对局域数据初始化。每个组织块需要 20B 的局域数据来存储它的启动信息，可以按位、字节、字和双字来存取。

　　B　块堆栈（B 堆栈）

　　块堆栈简称 B 堆栈，是 CPU 系统内存中的一部分，用来存储被中断的块的类型、编号、优先级和返回地址；中断时打开的共享数据块和背景数据块的编号；临时变量的指针（被中断块的 L 堆栈地址）。

　　如果一个块的处理因为调用另外一个块，或者被更高优先级的块中止，或者被对错误的服务中止，CPU 将在块堆栈中存储一些信息。利用所存储的这些数据，可以在中断它的任务处理完后恢复被中断的块的处理。在多重调用时，堆栈可以保存参与嵌套调用的几个块的信息。

　　C　中断堆栈（I 堆栈）

　　中断堆栈简称 I 堆栈，用来存储当前累加器和地址寄存器的内容、数据块寄存器 DB 和 DI 的内容、局域数据的指针、状态字、MCR（主控继电器）寄存器和 B 堆栈的指针。

　　如果程序的执行被优先级更高的 OB 中断，操作系统将保存某些寄存器的内容，如：当前的累加器和地址寄存器的内容、数据块寄存器 DB 和 DI 的内容、局域数据的指针、状态字、MCR（主控继电器）寄存器和 B 堆栈的指针。

　　当调用功能（FC）时，功能（FC）实参的指针存到调用块的 L 堆栈；调用块的地址和返回位置存储在块堆栈，调用块的局部数据压入 L 堆栈；功能（FC）存储临时变量的 L 堆栈区被推入 L 堆栈上部；当被调用功能（FC）结束时，先前块的信息存储在块堆栈中，临时变量弹出 L 堆栈。因为功能（FC）不用背景数据块，不能分配初始数值给功能（FC）的局部数据，所以必须给功能（FC）提供实参。

　　当调用功能块（FB）时，调用块的地址和返回位置存储在块堆栈中，调用块的临时变量压入 L 堆栈；数据块 DB 寄存器内容与 DI 寄存器内容交换；新的数据块地址装入 DI 寄存器；被调用块的实参装入 DB 和 L 堆栈上部；当功能块 FB 结束时，先前块的现场信息从块堆栈中弹出，临时变量弹出 L 堆栈；DB 和 DI 寄存器内容交换。当调用功能块（FB）时，STEP 7 并不一定要求给 FB 形参赋予实参，除非参数是复式数据类型的 I/O 形参或参数类型形参。如果没有给 FB 的形参赋予实参，则功能块（FB）就调用背景数据块内的数值，该数值是在功能块（FB）的变量声明表或背景数据块内为形参所设置初始数值。

11.2.3.2　临时局域数据

　　生成逻辑块（OB、FC、FB）时可以声明临时局域数据。这些数据是临时的，退出逻辑块时不保留临时局域数据。它们又是一些局域数据，只能在生成它们的逻辑块内使用。CPU 按优先级划分局域数据区，同一优先级的块共用一片局域数据区。可以用 STEP 7 改变 S7-400 每个优先级的局域数据的数量。除了临时局域数据外，所有的逻辑块都可以使用共享数据块中的共享数据。

11.2.4　STEP 7 的程序结构和编程语言

11.2.4.1　STEP 7 的程序结构

STEP 7 的程序结构可分为以下三类：线性程序结构；分块程序结构；结构化程序结构。

A　线性程序结构

所谓线性程序结构就是将整个用户程序连续放置在一个循环程序块（OB1），循环扫描时不断地依次执行 OB1 中的全部指令。这种方式的程序结构简单，不涉及功能块、功能、数据块、局域变量和中断等比较复杂的概念，容易入门。由于所有的指令都在一个块中，即使程序中的某些部分在大多数时候并不需要执行，每个扫描周期都要执行所有的指令，因此没有有效地利用 CPU。此外，如果要求多次执行相同或类似的操作，需要重复编写程序。建议只有在给 S7-300 CPU 编写简单程序并要求极少存储器时才使用。

B　分块程序结构

所谓分块程序结构就是将整个程序分成若干个不同的逻辑块，易于几个人同时对一个项目编程。每个块包含完成某些任务的逻辑指令，将不同的逻辑块放置在不同的功能（FC）、功能块（FB）及组织块（OB1）中。组织块（即主程序）中的指令决定在什么情况下调用哪一个块，功能和功能块（即子程序）用来完成不同的过程任务。被调用的块执行完后，返回到 OB1 中程序块的调用点，继续执行 OB1。

模块化编程由于只是在需要时才调用有关的程序块，提高了 CPU 的利用效率。

C　结构化程序结构

所谓结构化程序结构就是将复杂自动化任务分割成反映过程技术功能或可以反复使用的小任务，可以更易于控制复杂任务。这些任务以相应的程序段表示，称为块。

程序运行时所需的大量数据和变量存储在数据块中。某些程序块可以用来实现相同或相似的功能。这些程序块是相对独立的，它们被 OB1 或别的程序块调用。在块调用中，调用者可以是各种逻辑块，包括用户编写的组织块（OB）、FB、FC 和系统提供的系统功能块（SFB）与系统功能（SFC），被调用的块是 OB 之外的逻辑块。调用功能块时需要为它指定一个背景数据块，后者随功能块的调用而打开，在调用结束时自动关闭。在给功能块编程时使用的是"形参"（形式参数），调用它时需要将"实参"（实际参数）赋值给形参。在一个项目中，可以多次调用同一个块。块调用（即子程序调用）时，块可以嵌套，即被调用的块又可以调用别的块。允许嵌套调用的层数（嵌套深度）与 CPU 的型号有关。块嵌套调用的层数还受到 L 堆栈大小的限制。每个 OB 需要至少 20B 的 L 内存。当块 A 调用块 B 时，块 A 的临时变量将压入 L 堆栈。

11.2.4.2　编程语言

STEP 7 的标准软件包支持三种编程语言：

（1）梯形图 LAD（Ladder Logic Programming Language）。

（2）语句表 STL（Statement List Programming Language）。

（3）功能图 FBD（Function Block Diagram Programming Language）。

每种编程语言各有特点，用户可根据自己的实际情况选择不同的编程语言。这三种语言中，梯形图语言和功能图语言大部分可相互转换，而且可全部转换为语句表语言，但语句表语言较为复杂，编程也较为灵活，不一定能够转换为梯形图或功能图语言。STEP 7 支持这三种语言的混合编程。

A　梯形图（LAD）

梯形图和继电器控制电路原理图很相似，采用触点和线圈等符号，这种编程语言简单易学，便于掌握，对于没有微机基础而对继电器控制电路比较熟悉的技术人员很容易。梯形图编程语言举例，如图 11-8 所示。

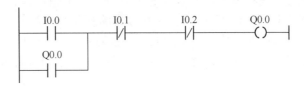

图 11-8　梯形图编程语言举例

B　语句表（STL）

语句表包含丰富的 STEP 7 指令，采用文本编程的方式，对于熟悉其他编程语言的程序员，这种编程语言比较容易理解。STL 更接近程序员的语言，能够使用所有指令，灵活性较强，但 STL 语言不够直观，需要记忆大量的编程指令，而且要求对 CPU 内部的寄存器等结构十分了解。图 11-2 对应的语句表如图 11-9 所示。

C　功能图（FBD）

功能图语言类似数字电路里的逻辑功能图，指令是不同的功能盒，根据一定的逻辑关系连接功能盒，实现一定的控制功能。图 11-8 梯形图程序对应的 FBD 程序如图 11-10 所示。

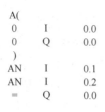

图 11-9　语句表编程语言举例

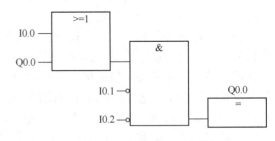

图 11-10　功能图编程语言举例

梯形图和功能图两种语言都是图形化的编程语言，容易理解、便于掌握、易于使用，但灵活性相对较差。编程时用户可根据自己的习惯，选择编程语言。三种语言的转换可以通过程序编辑器中查看（view）菜单下的 LAD/STL/FBD 选项实现，如图 11-11 所示。

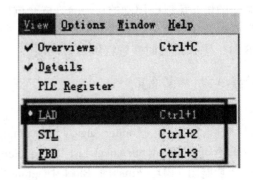

图 11-11　程序编辑器中查看（view）菜单下的 LAD/STL/FBD 选项

学习性工作任务 12　使用 STEP 7 软件进行程序调试

12.1　任务背景及要求

STEP 7 是 S7-300/400 的应用程序软件包。STEP 7 用于对整个控制系统（包括 PLC、远程 I/O、HMI、驱动装置和通信网络等）进行组态、编程和监控。本单元通过教师的讲解与演示，完整展示 S7-300/400 PLC 的符号表的创建与编程，编辑并调用功能、功能块，用变量表调试程序，用 PLCSIM 调试程序。然后学生参照教师的示范，结合项目实例，学会用 STEP 7 的功能、功能块编程及调用，用变量表监控程序。

12.2　相关知识

12.2.1　程序编辑器

程序编辑器窗口主要由变量声明窗口、代码窗口（程序编辑窗口）、编程元素目录列表区构成。变量声明窗口分为"变量表"和"变量详细视图"两部分。用户使用 LAD、STL 或 FBD 编写程序的过程都在代码窗口进行。代码窗口包含程序块的标题、块注释和程序段，每个程序段又包含段标题、段注释和该段的程序代码，对于用 STL 语言编写的程序，还可以在每行代码后添加注释（用双斜杠"//"隔开）。编程元素目录列表区包含两个选项卡，其中程序元素（Program Elements）选项卡内显示可用程序元素列表，这些程序元素均可通过双击插入到程序块中。调用结构（Call Structure）选项卡用来显示当前 S7程序中块的调用层次。

STEP 7 的程序代码可以分为多个网络（Network），每个网络通常完成一个相对完整的功能。单击工具栏上的按钮▦，可以插入一个新的网络。

双击项目的 Blocks 文件夹下的程序块（如 OB、FB、FC）图标，可以打开 LAD/STL/FBD（简称"程序编辑器"）编辑器窗口，打开后的窗口如图 12-1 所示。

单击菜单项"View"，弹出级联菜单，选择决定使用的编辑器，用户窗口就会出现所选的编辑器窗口。编程元素窗口会根据当前使用的编程语言自动显示相应的编程元素，在程序编辑窗口，通过单击工具栏上的按钮▮▮，可以显示或隐藏编程元素窗口。

用户通过双击操作或鼠标拖拽就可以在程序中添加这些编程元素。若用鼠标选中一个编程元素，按下 F1 键就会显示出这个元素的使用说明，即使用户不能记忆每一条指令，也可很方便地编制程序。

若用户选择的是 LAD 或 FBD 编程语言，在程序编辑器的工具栏上也会显示最常用的编程指令和程序结构控制的快捷按钮，用户使用这些按钮能够很方便地编写程序。

12.2.2　符号编程

12.2.2.1　符号地址

在 STEP 7 程序中，提供绝对地址来进行访问，绝对地址包含地址标识符和存储器位

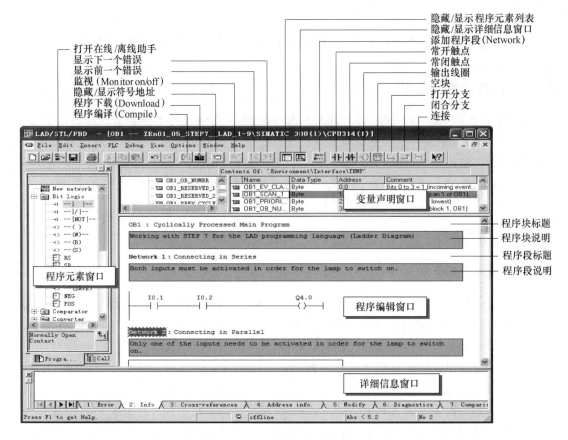

图 12-1　程序编辑器窗口

置（例如，Q4.0、I1.1、M2.0、FB21）。但使用绝对地址不便于阅读。在 STEP 7 程序中，为便于阅读，可使用与设备或操作相关的用户自定义字符串（如 KM、SB1、SB2 等）来表示并关联到 PLC 的单元对象（如：I/O 信号、存储位、计数器、定位器、数据块和功能块等），这些字符串在 STEP 7 中被称为符号或符号地址，可通过符号访问用户程序中的地址。

如果将符号名分配给绝对地址，可以使程序更易读，并能简化故障查找。STEP 7 可以自动将符号名翻译成所需要的绝对地址。如果愿意使用符号名称访问 ARRAY、STRUCT、数据块、本地数据、逻辑块和用户自定义数据类型，在能用符号寻址数据前，必须首先将符号名称分配给绝对地址。例如，可以将符号名称 MOTOR_ON 分配给地址 Q4.0，然后在程序语句中将 MOTOR_ON 作为地址使用。使用符号地址，更容易识别程序中的元素与过程控制项目的组件的匹配程度。

在梯形图、功能块图及语句表这三种编程语言的表达方式中，用户都可以使用绝对地址或符号来输入地址、参数和块名。

12.2.2.2　全局符号和局部符号

STEP 7 支持全局符号（共享符号）和局部符号两种符号。全局符号是在整个用户程序范围内有效的符号，符号表中定义的符号是共享符号；局部符号仅作用在一个块内，块变量声明表中的符号是局部符号。在程序的指令部分，共享符号显示在引号内，而局部符号前面则加上"#"来进行区分。在整个用户程序中，同一个共享符号不能定义两次或多次。

全局符号和局部符号的区别如下：

（1）有效范围。全局符号在整个用户程序中有效，可以被所有的块使用，在所有的块中含义是一样的，在整个用户程序中是唯一的。

局部符号只在定义的块中有效，相同的符号可在不同的块中用于不同的目的。

（2）允许使用的字符。全局符号可以使用字母、数字及特殊字符，除 0×00，$0 \times FF$ 及引号以外的强调号，若使用特殊字符，则符号须写在引号内，可以用汉字来表示共享符号。

局部符号可以使用字母、数字和下划线。

（3）使用对象。

1）用户可以为以下各项定义全局符号。

① I/O 信号（I，IB，IW，ID，Q，QB，QW，QD）；

② I/Q 输入与输出（PI，PQ）；

③ 存储位（M，MB，MW，MD）；

④ 定时器（T）/计数器（C）；

⑤ 逻辑块（FB，FC，SFB，SFC）；

⑥ 数据块（DB）；

⑦ 用户定义数据类型（UDT）；

⑧ 变量表（VAT）。

2）可以为以下各项定义局部符号。

① 块参数（输入，输出及输入/输出参数）；

② 块的静态数据；

③ 块的临时数据。

12.2.2.3　符号表

符号表的创建与修改由符号编辑器完成，共享符号（全局符号）在符号表中定义，可供程序中所有的块使用。可以设置在输入地址时自动启动一个弹出式的地址表。在地址表中选择要输入的地址，双击它就可以完成该地址的输入，也可以直接输入符号地址或绝对地址，如果选择了显示符号地址，输入绝对地址后，将自动地转换为符号地址。

在符号编辑器内，通过编辑符号表可以完成对象的符号定义，具体方法如下：

Symbols 通过选择 LAD/STL/FBD 编辑器中的菜单命令 Options→Symbol→Table 可打开符号表编辑器（Symbol Editor），如图 12-2 所示。也可以在项目管理器的 S7 Program（1）文件夹内，双击图标，打开符号表编辑器，如图 12-3 所示。

当打开符号表编辑器时，自动打开符号表。符号表包含 Status（状态）、Symbol（符号名）、Address（地址）、Data type（数据类型）和 Comment（注释）等表格栏。每个符号占用符号表的一行。在符号表中最后一个空白行填写符号名称、绝对地址、数据类型及注释信息，则可定义新的符号，当定义一个新符号时，会自动插入一个空行。

数据块中的地址（DBD，DBW，DBB，DBX）不能在符号表中定义。它们的名字应在数据块声明表中定义，组织块（OB）、一些系统功能块（SFB）及系统功能（SFC）已预

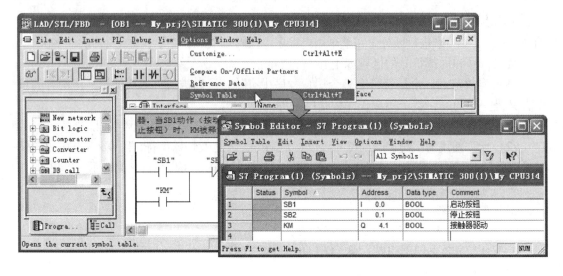

图 12-2　从 LAD/STL/FBD 编辑器打开符号表

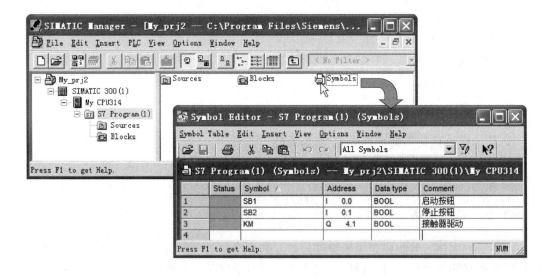

图 12-3　从 SIMATIC 管理器打开符号表

先被赋予了符号名，编辑符号表时可以引入这些符号名。

地址输入时会对地址进行语法及地址是否可以赋给指定的数据类型检查。在 SIMATIC 中可以选择多种数据类型。在数据类型区域中已有一个默认数据类型，用户也可以修改它。若所作的修改不适合该地址或存在语法错误，则会显示错误信息。

符号定义完成后，单击■按钮保存。

在图 12-3 中，已输入三行内容，在第一行中，符号名 SB 在 1 对应地址为 I0.0。

在编程时可输入单个共享符号，方法为在程序中选中使用绝对地址的某元件，用菜单“Edit”→“Symbols”编辑它，新变量会自动进入总的符号表。

过滤器用来有选择地显示部分符号。只有满足条件的数据才能出现在过滤后的符号表中，几种过滤条件可以结合起来同时使用。

在符号表编辑器内，可通过菜单命令"View"实现对符号的排序、查找和替换，并可以设置过滤条件。

12.2.3　变量声明表和局域变量的类型

12.2.3.1　变量声明表

在图 12-4 梯形图编辑器的上半部分是变量声明表，下半部分是程序指令部分。用户可在变量声明表中声明本块中专用的变量，即局域变量，包括块的形参（形式参数）和参数的属性，局域变量只是在它所在的块中有效。可在变量声明表中分别定义形参、静态变量和临时变量（FC 块中不包括静态变量）；确定各变量的声明类型（Decl.）、变量名（Name）和数据类型（Data Type），还要为变量设置初始值（Initial Value）。如果需要还可为变量注释（Comment）。在增量编程模式下，STEP 7 将自动产生局部变量地址（Address）。声明后在局域数据堆栈中为临时变量保存有效的存储空间。对于功能块，还要为配合使用的背景数据块的静态变量保留空间。通过设置IN（输入）、OUT（输出）、IN_OUT（输入/输出）类型变量，声明块调用时的软件接口（即形参）。

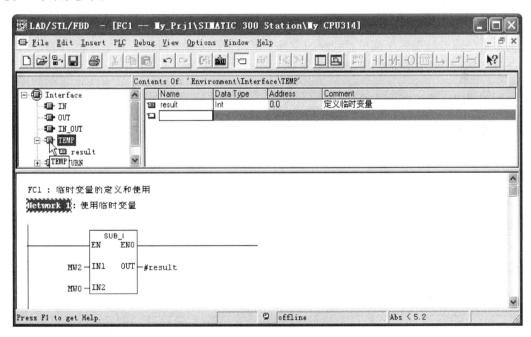

图 12-4　梯形图编辑器

如果在块中只使用局域变量，不使用绝对地址或全局符号，可以将块移植到别的项目中。块中的局域变量名只能使用英文字母、数字和下划线，不能使用汉字，并以字母开头。但是在符号表中定义的共享数据的符号名可以使用其他字符（包括汉字）。在程序中，操作系统会在局域变量前面自动加上"#"号，对共享变量名自动加上双引号，共享变量可以在整个用户程序中使用。

对功能块（FB），操作系统为参数及静态变量分配的存储空间是背景数据块。这样参数变量在背景数据块中留有运行结果备份。在调用 FB 时，若没有提供实参，则功能块使用背景数据块中的数值。操作系统在 L 堆栈中给 FB 的临时变量分配存储空间。

对功能（FC），操作系统在 L 堆栈中给 FC 的临时变量分配存储空间。由于没有背景数据块，因而 FC 不能使用静态变量。输入、输出、I/O 参数以指向实参的指针形式存储在操作系统为参数传递而保留的额外空间中。

在功能的变量声明表中可以使用的参数类型有 IN、OUT、IN_OUT、TEMP 和 RE-TURN（返回参数），功能不能使用静态（STAT）局域数据。

对组织块（OB）来说，其调用是由操作系统管理的，用户不能参与。因此，OB 只有定义在 L 堆栈中的临时变量。

为确保 FC 和 FB 对同一类设备控制的通用性，编程时不能使用具体设备对应的存储区地址参数，应使用抽象地址参数（形参），在调用 FC 和 FB 时，将与形参对应的实际参数（实参）传递给逻辑块，并代替形参。

形参需在 FC 和 FB 的变量声明表中定义，在逻辑块的不同调用处，可为形参提供不同的实参，但实参的数据类型必须与形参一致。参数传递可将调用块的信息传递给被调用块，也能把被调用块的运行结果返回给调用块。

在图 12-4 中，变量声明表的左边给出了该表的总体结构，点击某一变量类型，例如"OUT"，在表的右边将显示出该类型局域变量的详细情况。可将变量声明表与程序指令部分的水平分隔条拉至程序编辑器视窗的顶部，不再显示变量声明表，但它仍然存在。将水平分隔条下拉，将再次显示变量声明表。

12.2.3.2　局域变量的类型

功能块的局域变量分为 5 种类型：IN（输入变量）、OUT（输出变量）、IN_OUT（输入_输出变量）、TEMP（临时变量）和 STAT（静态变量），其说明见表 12-1。

表 12-1　局域变量说明

变量名	类　型	说　　明
输入变量	IN	由调用它的块提供的输入参数
输出变量	OUT	返回给调用它的块的输出参数
输入_输出变量	IN_OUT	初值由调用它的块提供，被子程序修改后返回给调用它的块
静态变量	STAT	在功能块的背景数据块中使用；关闭功能块后，其静态数据保持不变；功能（FC）没有静态变量
临时变量	TEMP	暂时保存在局域数据区中的变量；只是在执行块时使用临时变量，执行完后，不再保存临时变量的数值；在 OB1 中，局域变量表只包含 TEMP 变量

在变量声明表中赋值时，不需要指定存储器地址；根据各变量的数据类型，程序编辑器自动地为所有局域变量指定存储器地址。

在变量声明表中选择 ARRAY（数组）时，用鼠标点击相应行的地址单元。如果想选中一个结构（Structure），用鼠标选中结构的第一行或最后一行的地址单元，即有关键字 STRUCT 或 END_STRUCT 的那一行。若要选择结构中的某一参数，用鼠标点击该行的地址单元。

12.2.4　逻辑块的结构及编程

功能（FC）、功能块（FB）和组织块（OB）统称为逻辑块（或程序块）。功能块（FB）有一个数据结构与该功能块的参数完全相同的数据块，称为背景数据块，背景数据块依附于功能块，它随着功能块的调用而打开，随着功能块的结束而关闭。存放在背景数据块中的数据在功能块结束时继续保持。功能（FC）则不需要背景数据块，功能调用结束后数据不能保持。组织块（OB）是由操作系统直接调用的逻辑块。

逻辑块由变量声明表、代码段及属性等几部分组成，实质上都是用户编写的子程序。

12.2.4.1　局部变量声明表

每个逻辑块前部都有一个变量声明表，称为局部变量声明表。局部变量声明表对当前逻辑控制程序所使用的局部数据进行声明。

局部数据分为参数和局部变量两大类，局部变量又包括静态变量和临时变量（暂态变量）两种。

参数可在调用块和被调用块间传递数据，是逻辑块的接口。静态变量和临时变量是仅供逻辑块本身使用的数据，不能用作不同程序块之间的数据接口。逻辑块中的局部数据类型见表 12-2。

表 12-2　局部数据类型

变量名	类　型	说　　明
输入参数	In	由调用逻辑块的块提供数据，输入给逻辑块的指令
输出参数	Out	向调用逻辑块的块返回参数，即从逻辑块输出结果数据
I/O 参数	In_Out	参数的值由调用该块的其他块提供，由逻辑块处理修改，然后返回
静态变量	Stat	静态变量存储在背景数据块中，块调用结束后，其内容被保留
状态变量	Temp	临时变量存储在 L 堆栈中，块执行结束变量的值因被其他内容覆盖而丢失

A　形参

为保证功能和功能块对同一类设备控制的通用性，用户在编程时就不能使用具体设备对应的存储区地址参数，而要使用设备的抽象地址参数。这些抽象地址参数称为形式参数（简称形参）。在调用功能或功能块时，则将与形参对应的具体设备的实际参数（简称实参）传递给逻辑块，并代替形参。形参需在功能和功能块的变量声明表中定义，实参在调用功能和功能块时给出。在逻辑块的不同调用处，可为形参提供不同的实参，但实参的数据类型必须与形参一致。

B　静态变量

静态变量在 PLC 运行期间始终被存储。S7 将静态变量定义在背景数据块中，当被调用块运行时，能读出或修改静态变量；被调用块运行结束后，静态变量保留在数据块中。由于只有 FB 有关联的背景数据块，因此只能为 FB 定义静态变量。

C　临时变量

临时变量是一种在块执行时，用来暂时存储数据的变量，这些临时数据存储在局部数据堆栈中，当块执行时被用来临时存储数据，当退出该块时堆栈重新分配，这些数据将丢失。

12.2.4.2　逻辑块的编程

对逻辑块编程时必须编辑下列三个部分：

（1）变量声明：分别定义形参、静态变量和临时变量（FC 块中不包括静态变量）；确定各变量的声明类型（Decl.）、变量名（Name）和数据类型（Data Type），还要为变量设置初始值（Initial Value）。如果需要还可为变量注释（Comment）。在增量编程模式下，STEP 7 将自动产生局部变量地址（Address）。

（2）代码段：对将要由 PLC 进行处理的块代码进行编程。

（3）块属性：块属性包含了其他附加的信息，例如由系统输入的时间标志或路径。此外，也可输入相关详细资料。

A　临时变量的定义及使用

在使用临时变量之前，必须在块的变量声明表中进行定义，在 TEMP 行中输入变量名和数据类型，临时变量不能赋予初值。L stack 的绝对地址由系统赋值并在 Address 栏中显示，如图 12-5 所示。在功能 FC1 的局部变量声明表内定义了一个临时变量 result。Network1 为一个用符号地址访问临时变量的例子。减运算的结果被存储在临时变量#result 中，也可以采用绝对地址来访问临时变量，但这样会使程序的可读性变差。

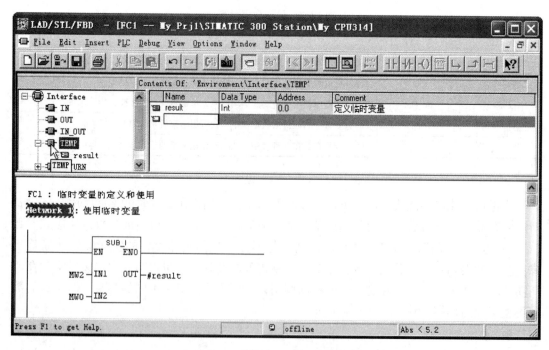

图 12-5　临时变量的定义及使用

B　形式参数的定义

要使同一个逻辑块能够多次重复被调用，分别控制工艺过程相同的不同对象，在编写程序之前，必须在变量声明表中定义形式参数，当用户程序调用该块时，要用实际参数给这些参数赋值。具体步骤如下：

（1）创建或打开一个 FC 或 FB；

（2）如图 12-6 所示，在变量声明表内，首先选择参数接口类型，然后输入参数名称，再选择该参数的数据类型（下拉列表），如需要可填写注解。一个参数定义完成后，按<Enter>键即出现新的空白行。

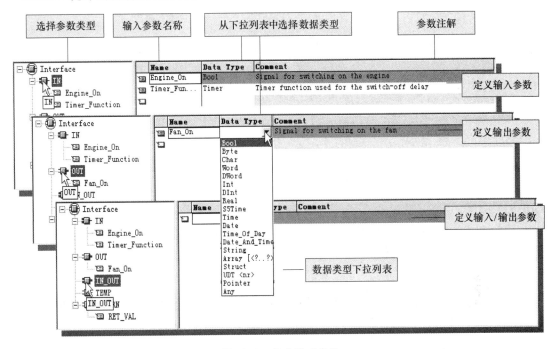

图 12-6　定义形式参数

逻辑块所声明的形式参数是它对"外"的接口，它们与其他调用块有关，如以后通过删除或插入形式参数的方式改变了 FC 或 FB 的接口，则必须刷新调用指令。

C　编辑并调用无参功能（FC）

在调用一个块时，如果不需要保存中间结果、模式设置或运行模式，则可使用功能进行编程。

所谓无参功能（FC），是指在编辑功能（FC）时，在局部变量声明表不进行形式参数的定义，在功能（FC）中直接使用绝对地址完成控制程序的编程。这种方式一般应用于分部式结构的程序编写，每个功能（FC）实现整个控制任务的一部分，不重复调用。

【例 12.1】　搅拌控制系统程序设计。如图 12-7 所示为一搅拌控制系统，由 3 个开关量液位传感器，分别检测液位的高、中和低。现要求对 A、B 两种液体原料按等比例混合，请编写控制程序。

要求：按启动按钮后系统自动运行，首先打开进料泵 1，开始加入液料 A→中液位传感器动作后，则关闭进料泵 1，打开进料泵 2，开始加入液料 B→高液位传感器动作后，关闭进料泵 2，启动搅拌器→搅拌 10s 后，关闭搅拌器，开启放料泵→当低液位传感器动作后，延时 5s 后关闭放料泵。按停止按钮，系统应立即停止运行。

系统程序设计步骤如下：

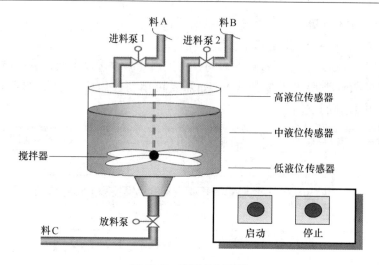

图 12-7　搅拌控制系统

（1）按照前面介绍的方法，创建 S7 项目（命名为"无参 FC"），项目包含组织块 OB1 和 OB100。

（2）在"无参 FC"项目内打开"SIMATIC 300 Station"文件夹，打开硬件配置窗口，按图 12-8 所示完成硬件组态。

Slot	Module ...	Order number ...	Fi...	MPI address	I address	Q address	Comment
1	PS 307 5A	6ES7 307-1EA00-0AA0					
2	CPU315(1)	6ES7 315-1AF03-0AB0		2			
3							
4	DI32xDC24V	6ES7 321-1BL80-0AA0			0...3		
5	DO32xDC24V/0.5A	6ES7 322-1BL00-0AA0				4...7	
6							

图 12-8　硬件组态

（3）编辑符号表，选择"无参 FC"项目的 S7 Program 文件夹，双击 　Symbols　 图标打开符号表编辑器，按图 12-9 所示编辑符号表。

（4）按分部结构设计控制程序。分部结构的控制程序由 6 个逻辑块组成，如图 12-10 所示。

其中：OB1 为主循环组织块，OB100 为初始化程序，FC1 为液料 A 控制程序，FC2 为液料 B 控制程序，FC3 为搅拌控制程序，FC4 为出料控制程序。

（5）编辑功能。在"无参 FC"项目内选择 Blocks 文件夹，通过反复执行菜单命令 Insert→S7 Block→Function，分别创建 4 个功能：FC1、FC2、FC3、FC4。由于在符号表内已经为 FC1、FC2、FC3、FC4 定义了符号名，因此在创建 FC 的属性对话框内系统会自动添加符号名。

在"无参 FC"项目内选择 Blocks 文件夹，依次双击逻辑块 FC1、FC2、FC3、FC4、OB100 的图标，分别打开各块的 S7 程序编辑器，完成相应逻辑块的编辑。FC1、FC2、FC3、FC4、OB100 的控制程序分别如图 12-11 ~ 图 12-15 所示。

S7 Program(1) (Symbols) -- 无参FC\SIMATIC 300 Station\CPU315(1)

	Status	Symbol	Address		Data type	Comment
4		中液位检测	I	0.3	BOOL	有液料时为"1"
5		低液位检测	I	0.4	BOOL	有液料时为"1"
6		原始标志	M	0.0	BOOL	表示进料泵、放料泵及搅拌器均处于停机状态
7		最低液位标志	M	0.1	BOOL	表示液料即将放空
8		Cycle Execution	OB	1	OB 1	线性结构的搅拌器控制程序
9		BS	PIW	256	WORD	液位传感器-变送器，送出模拟量液位信号
10		DISP	PQW	256	WORD	液位指针式显示器，接收模拟量液位信号
11		进料泵1	Q	4.0	BOOL	"1"有效
12		进料泵2	Q	4.1	BOOL	"1"有效
13		搅拌器M	Q	4.2	BOOL	"1"有效
14		放料泵	Q	4.3	BOOL	"1"有效
15		搅拌定时器	T	1	TIMER	SD定时器，搅拌10s
16		排空定时器	T	2	TIMER	SD定时器，延时5s
17		液料A控制	FC	1	FC 1	液料A进料控制
18		液料B控制	FC	2	FC 2	液料B进料控制
19		搅拌器控制	FC	3	FC 3	搅拌器控制
20		出料控制	FC	4	FC 4	出料泵控制

图 12-9　搅拌控制系统符号表

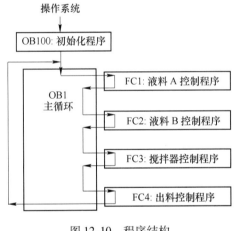

图 12-10　程序结构

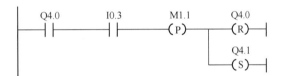

图 12-11　FC1 的 LAD 控制程序

FC2: 配料 B 控制程序
Network 1: 关闭进料泵 2，启动搅拌器

图 12-12　FC2 的 LAD 控制程序

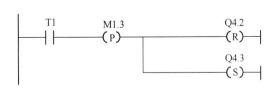

图 12-13　FC3 的 LAD 控制程序

FC4: 放料控制程序
Network 1: 设置最低液位标志

OB100:"搅拌控制程序 – 完全启动复位组织块 "
Network 1: 初始化所有输出变量

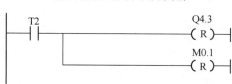

Network 2: SD 定时器，延时 5s

Network 3: 清除最低液位标志，关闭放料泵

图 12-14　FC4 的 LAD 控制程序

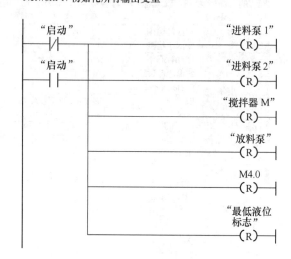

图 12-15　OB100 的 LAD 控制程序

（6）在 OB1 中调用无参功能。在"无参 FC"项目内选择 Blocks 文件夹，双击 OB1 的图标，在 S7 程序编辑器内打开 OB1。当 FC1、FC2、FC3、FC4 编辑完成后，在程序元素的 FC Blocks 目录中将出现可调用的 FC1、FC2、FC3、FC4，在 LAD 和 FBD 语言环境下可以块图的形式被调用，如图 12-16 所示。

OB1:"分部式结构的搅拌器控制程序 – 主循环组织块"
Network 1: 设置原始标志

Network 2: 启动进料泵 1

Network 3: 调用 FC1、FC2、FC3、FC4

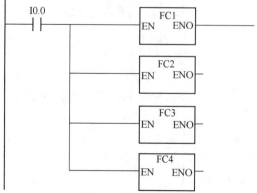

图 12-16　OB1 的 LAD 控制程序

D 编辑并调用有参功能（FC）

所谓有参功能（FC），是指编辑功能（FC）时，在局部变量声明表内定义了形式参数，在功能（FC）中使用了虚拟的符号地址完成控制程序的编程，以便在其他块中能重复调用有参功能（FC）。这种方式一般应用于结构化程序编写。它具有如下优点：

（1）程序只需生成一次，减少了编程时间；

（2）该块只在用户存储器中保存一次，降低了存储器用量；

（3）该块可以被程序任意次调用，每次使用不同的地址。采用形式参数编程，当用户程序调用该块时，要用实际地址（实参）给这些参数赋值。

【例 12.2】 多级分频器控制程序设计。

本例的多级分频器的输出频率为输入频率的 1/2、1/4、1/8 或 1/16 等，各输出端的输出频率均为 2 倍关系，可由二分频器通过逐级分频完成。本例在功能 FC1 中编写二分频器控制程序，然后在 OB1 中通过调用 FC1 实现多级分频器的功能。多级分频器的时序关系如图 12-17 所示。其中 I0.0 为多级分频器的脉冲输入端；Q4.0 ~ Q4.3 分别为 2、4、8、16 分频的脉冲输出端；Q4.4 ~ Q4.7 分别为 2、4、8、16 分频指示灯驱动输出端。

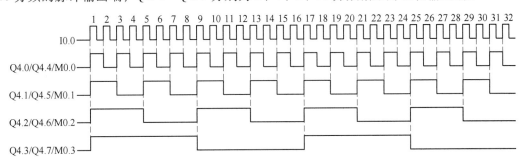

图 12-17 多级分频器时序图

系统程序设计步骤如下：

（1）创建 S7 项目（命名为"有参 FC"）；

（2）完成硬件组态（同例 12.1）；

（3）编辑符号表，符号表如图 12-18 所示。

	Status	Symbol	Address	Data type	Comment
1		二分频器	FC 1	FC 1	对输入信号二分频
2		In_Port	I 0.0	BOOL	脉冲信号输入端
3		F_P2	M 0.0	BOOL	2分频器上升沿检测标志
4		F_P4	M 0.1	BOOL	4分频器上升沿检测标志
5		F_P8	M 0.2	BOOL	8分频器上升沿检测标志
6		F_P16	M 0.3	BOOL	16分频器上升沿检测标志
7		Cycle Execution	OB 1	OB 1	主循环组织块
8		Out_Port2	Q 4.0	BOOL	2分频器脉冲信号输出端
9		Out_Port4	Q 4.1	BOOL	4分频器脉冲信号输出端
10		Out_Port8	Q 4.2	BOOL	8分频器脉冲信号输出端
11		Out_Port16	Q 4.3	BOOL	16分频器脉冲信号输出端
12		LED2	Q 4.4	BOOL	2分频信号指示灯
13		LED4	Q 4.5	BOOL	4分频信号指示灯
14		LED8	Q 4.6	BOOL	8分频信号指示灯
15		LED16	Q 4.7	BOOL	16分频信号指示灯

图 12-18 符号表

（4）程序结构如图 12-19 所示。

（5）创建有参功能 FC1。由于在符号表内已经对 FC1 定义了符号，所以在 FC1 的属性对话框内系统自动将符号名命名为"二分频器"。在 FC1 的变量声明表内，声明 4 个参数，见表 12-3。二分频器的时序如图 12-20 所示。分析二分频器的时序图可以看到，输入信号每出现一个上升沿，输出便改变一次状态，因此可采用上跳沿检测指令实现。

二分频器的控制程序如图 12-21 所示。在程序中，如输入信号 S_IN 出现上升沿，则对号 S_OUT 取反，然后将 S_OUT 的信号状态送 LED 显示；否则，程序直接跳转到 LPI，将 S_OUT 的信号状态送 LED 显示。

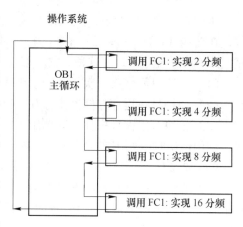

图 12-19　程序结构

表 12-3　FC1 的变量声明表

Interface （接口类型）	Name （变量名）	Data Type （数据类型）	Comment （注释）	Interface （接口类型）	Name （变量名）	Data Type （数据类型）	Comment （注释）
In	S_IN	BOOL	脉冲输入信号	Out	LED	BOOL	输出状态指示
Out	S_OUT	BOOL	脉冲输出信号	In_Out	F_P	BOOL	检测标志

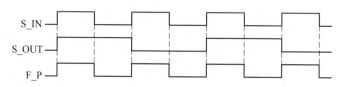

图 12-20　二分频器时序图

FC1: 二分频程序
Network 1: 二分频程序

```
   #S_IN        #F_P              LP1
    | |          (P)     |NOT|    (JMPN)
```

Network 2: 上升沿检测标志

```
   #S_OUT                      #S_OUT
    |/|                          ( )
```

Network 3: Title

```
   ┌──────┐
   │ LP1  │
   └──────┘

   #S_OUT                       #LED
    | |                          ( )
```

FC1: 二分频程序
Network 1: 二分频程序

```
    A     #S_IN
    FP    #F_P
    NOT
    JCN   LP1
```

Network 2: 上升沿检测标志

```
    AN    #S_OUT
    =     #S_OUT
```

Network 3: Title

```
LP1 : A     #S_OUT
      =     #LED
```

图 12-21　FC1 控制程序

（6）在 OB1 中调用有参功能。OB1 的 LAD 控制程序如图 12-22 所示，分别列出了采用符号地址和采用绝对地址来调用 FC1 的控制程序。

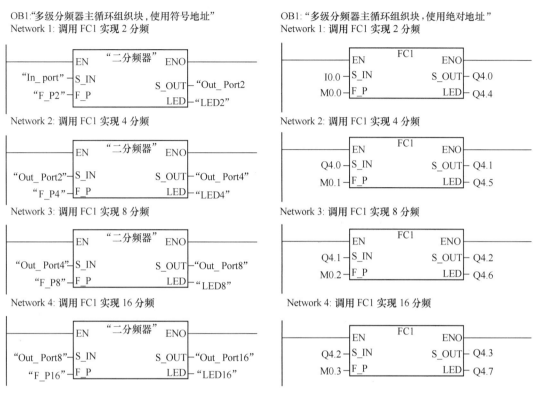

图 12-22　OB1 的 LAD 控制程序

E　编辑并调用功能块（FB）

功能块（FB）在程序的体系结构中位于组织块之下。它包含程序的一部分，这部分程序在 OB1 中可以多次调用。功能块的所有形参和静态数据都存储在一个单独的、被指定给该功能块的数据块（DB）中，该数据块被称为背景数据块。当调用 FB 时，该背景数据块会自动打开，实际参数的值被存储在背景数据块中；当块退出时，背景数据块中的数据仍然保持。

如在块调用时，没有实际参数分配给形式参数，在程序执行中将采用上一次存储在背景数据块（DB）中的参数值。因此，调用 FB 时可以指定不同的实际参数。

使用 FB 的优点如下：

（1）当编写 FC 的程序时，必须寻找空的标志区或数据区来存储需保持的数据，并且必须保存这些数据，而 FB 的静态变量可由 STEP 7 的软件来保存；

（2）使用静态变量可避免两次分配同一标志地址区或数据区的危险。

编辑并调用功能块（FB）分为两种情况，一种是无静态参数的功能块，另一种是有静态参数的功能块。在编辑功能块时，如程序中需要特定数据的参数，可以考虑将该特定数据定义为静态参数，并在 FB 的声明表内 STAT 处声明。

下面举例说明如何编辑并调用无静态参数的功能块（FB）。

【例 12.3】　水箱水位控制系统程序设计。

如图 12-23 所示，系统有 3 个贮水箱，每个水箱有 2 个液位传感器，UH1、UH2、UH3 为高液位传感器，"1"有效；UL1、UL2、UL3 为低液位传感器，"0"有效。Y1、Y3、Y5 分别为 3 个贮水水箱进水电磁阀；Y2、Y4、Y6 分别为 3 个贮水水箱放水电磁阀。SB1、SB3、SB5 分别为 3 个贮水水箱放水电磁阀手动开启按钮；SB2、SB4、SB6 分别为 3 个贮水箱放水电磁阀手动关闭按钮。

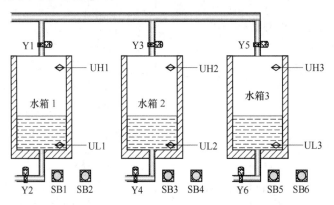

图 12-23　水箱水位控制系统示意图

控制要求：SB1、SB3、SB5 在 PLC 外部操作设定，通过人为的方式，按随机的顺序将水箱放空。只要检测到水箱"空"的信号，系统就自动地向水箱注水，直到检测到水箱"满"信号为止。水箱注水的顺序要与水箱放空的顺序相同，每次只能对一个水箱进行注水操作。

系统程序设计步骤如下：

(1) 创建 S7 项目（命名为"无静参 FB"），项目包含组织块 OB1 和 OB100。

(2) 完成硬件组态（同例 12.1）；

(3) 编辑符号表，符号表如图 12-24 所示。

(4) 程序结构如图 12-25 所示。

(5) 编辑功能块 FB1。在"无静参 FB"项目内选择"Blocks"文件夹，执行菜单命令 Insert→S7 Block→Function Block，创建功能块 FB1。由于在符号表内已经为 FB1 定义了符号名，因此在 FB1 的属性对话框内系统会自动添加符号名"水箱控制"。

打开 FB1 编辑窗口，编辑 FB1 的局部变量声明表（见表 12-4）及程序代码（如图 12-26 所示）。本例定义了 8 个输入参数和 3 个输出参数。与功能（FC）不同，在功能块（FB）参数表内还有扩展地址（Exclusion address）和结束地址（Termination address）选项。FB1 由三个程序段组成。

(6) 建立背景数据块（DI）。在"无静参 FB"项目内创建与 FB1 相关联的背景数据块 DB1、DB2 和 DB3。由于在符号表内已经为 DB1、DB2 和 DB3 定义了符号名，因此在 DB1、DB2 和 DB3 的属性对话框内系统会自动添加符号名"水箱 1"、"水箱 2"和"水箱 3"。由于在创建 DB1、DB2 和 DB3 之前，已经完成了 FB1 的变量声明，建立了相应的数据结构，所以在创建与 FB1 相关联的 DB1、DB2 和 DB3 时，STEP 7 自动完成了数据块的数据结构。

Symbol Editor - [S7 Program(1) (Symbols) -- 无静参FB\SIMAT...

Symbol Table　Edit　Insert　View　Options　Window　Help

All Symbols

	Status	Symbol	Address	Data type	Comment
1		OB1	OB 1	OB 1	主循环组织块
2		OB100	OB 100	OB 100	启动复位组织块
3		水箱控制	FB 1	FB 1	水箱控制功能块
4		水箱1	DB 1	DB 1	水箱1的数据块
5		水箱2	DB 2	DB 2	水箱2的数据块
6		水箱3	DB 3	DB 3	水箱3的数据块
7		SB1	I 1.0	BOOL	水箱1放水电磁阀手动开启按钮，常开
8		SB2	I 1.1	BOOL	水箱1放水电磁阀手动关闭按钮，常开
9		SB3	I 1.2	BOOL	水箱2放水电磁阀手动开启按钮，常开
10		SB4	I 1.3	BOOL	水箱2放水电磁阀手动关闭按钮，常开
11		SB5	I 1.4	BOOL	水箱3放水电磁阀手动开启按钮，常开
12		SB6	I 1.5	BOOL	水箱3放水电磁阀手动关闭按钮，常开
13		UH1	I 0.1	BOOL	水箱1高液位传感器，水箱满信号
14		UH2	I 0.3	BOOL	水箱2高液位传感器，水箱满信号
15		UH3	I 0.5	BOOL	水箱3高液位传感器，水箱满信号
16		UL1	I 0.0	BOOL	水箱1低液位传感器，放空信号
17		UL2	I 0.2	BOOL	水箱2低液位传感器，放空信号
18		UL3	I 0.4	BOOL	水箱3低液位传感器，放空信号
19		Y1	Q 4.0	BOOL	水箱1进水电磁阀
20		Y2	Q 4.1	BOOL	水箱1放水电磁阀
21		Y3	Q 4.2	BOOL	水箱2进水电磁阀
22		Y4	Q 4.3	BOOL	水箱2放水电磁阀
23		Y5	Q 4.4	BOOL	水箱3进水电磁阀
24		Y6	Q 4.5	BOOL	水箱3放水电磁阀
25					

Press F1 to get Help.　NUM

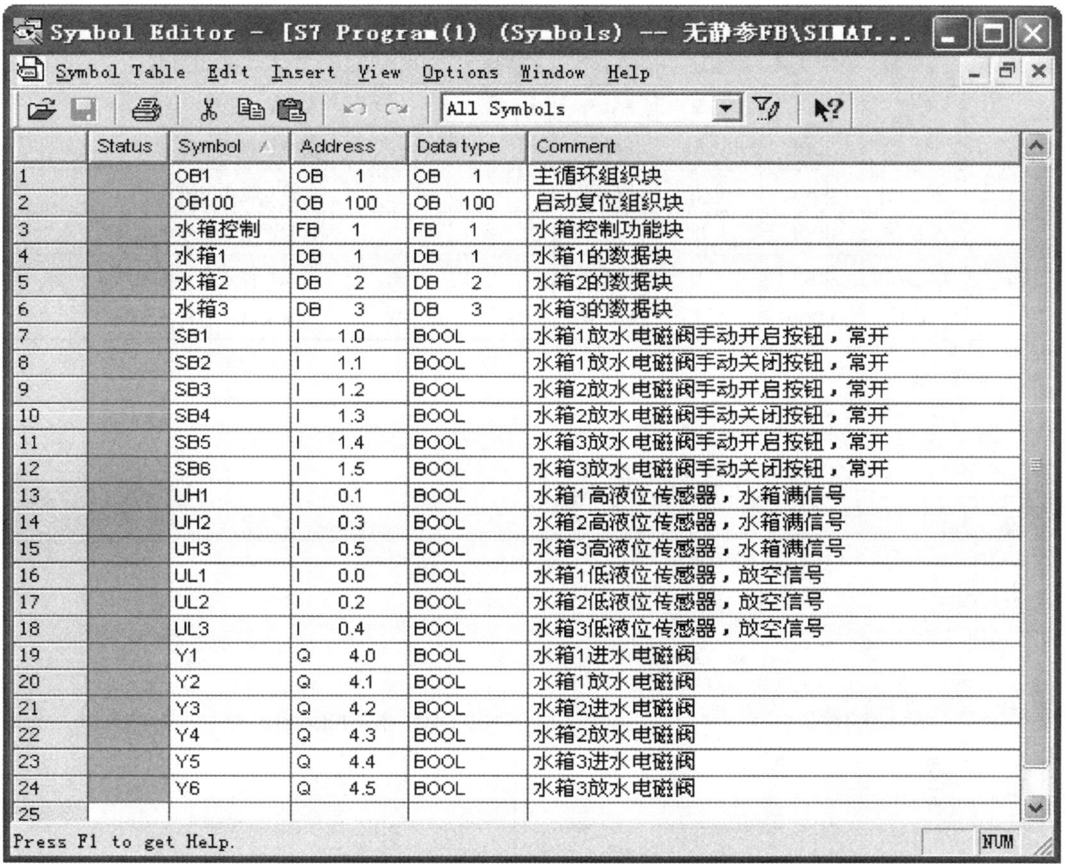

图 12-24　符号表

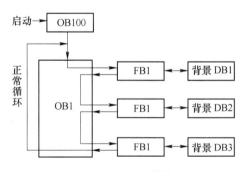

图 12-25　程序结构

表 12-4　FB1 的局部变量声明表

接口类型	变量名	数据类型	地址	初始值	扩展地址	结束地址	注　释
In	UH	BOOL	0.0	FALSE	—	—	高液位传感器，表示水箱满
	UL	BOOL	0.1	FALSE	—	—	低液位传感器，表示水箱空
	SB_ON	BOOL	0.2	FALSE	—	—	放水电磁阀开启按钮，常开
	SB_OFF	BOOL	0.3	FALSE	—	—	放水电磁阀关闭按钮，常开
	B_F	BOOL	0.4	FALSE	—	—	水箱 B 空标志

续表 12-4

接口类型	变量名	数据类型	地址	初始值	扩展地址	结束地址	注　释
	C_F	BOOL	0.5	FALSE	—	—	水箱 C 空标志
In	YB_IN	BOOL	0.6	FALSE	—	—	水箱 B 进水电磁阀
	YC_IN	BOOL	0.7	FALSE	—	—	水箱 C 进水电磁阀
	YA_IN	BOOL	2.0	FALSE	—	—	当前水箱 A 进水电磁阀
Out	YA_OUT	BOOL	2.1	FALSE	—	—	当前水箱 A 放水电磁阀
	A_F	BOOL	2.2	FALSE	—	—	当前水箱 A 空标志

FB1：水箱控制

Network 1：水箱放水控制

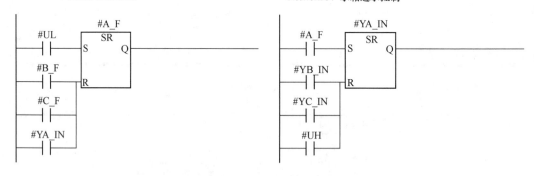

Network 2：设置水箱空标志　　　　　　　　　　Network 3：水箱进水控制

图 12-26　FB1 的 LAD 控制程序

图 12-27 所示为 DB1 的数据结构，DB2、DB3 的数据结构与 DB1 完全相同。

（7）编辑启动组织块 OB100。在启动组织块 OB100 内，主要完成各输出信号的复位，控制程序如图 12-28 所示。

（8）在 OB1 中调用无静态参数的功能块（FB）。FB1 编辑完成后，在 LAD/STL/FBD S7 程序编辑器的程序元素目录的 FB Blocks 目录中就会出现所有可调用的 FB1。

在 OB1 的代码区可调用 FB1 并赋予实参，实现对三个水箱的控制。OB1 的控制程序如图 12-29 所示。

F　使用多重背景

使用多重背景可以有效地减少数据块的数量，其编程思想是创建一个比 FB1 级别更高的功能块，如 FB10，将未作任何修改的 FB1 作为一个"局部背景"，在 FB10 中调用。对于 FB1 的每一个调用，都将数据存储在 FB10 的背景数据块 DB10 中。

【例 12.4】　发动机组控制系统设计——使用多重背景。

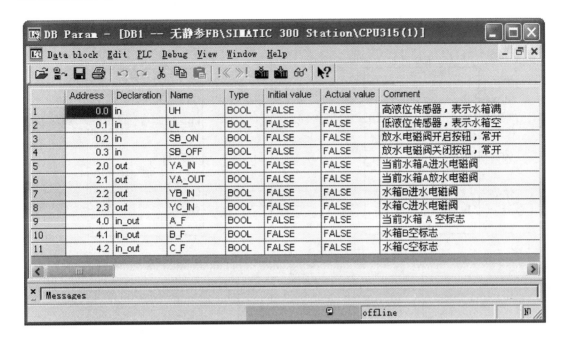

图 12-27　DB1 的数据结构

OB100："Complete Restart"
Network 1: 对电磁阀复位

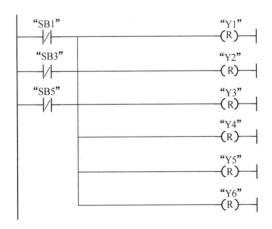

图 12-28　OB100 的 LAD 控制程序

　　设某发动机组由 1 台汽油发动机和 1 台柴油发动机组成，现要求用 PLC 控制发动机组，使各台发动机的转速稳定在设定的速度上，并控制散热风扇的启动和延时关闭。每台发动机均设置一个启动按钮和一个停止按钮。

　　系统程序设计步骤如下：

　　（1）创建发动机组控制系统的 S7 项目，并命名为"多重背景"。CPU 选择 CPU 315-2DP，项目包含组织块 OB1。

　　（2）按图 12-30 所示完成硬件配置。

OB1："水箱水位控制系统的主循环组织块"

Network 1：水箱 1 控制　　　　　　　　　　　　　　　　　　Network 2：水箱 2 控制

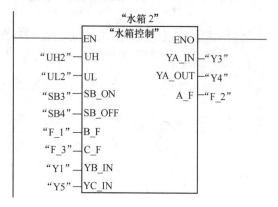

Network 3：水箱 3 控制

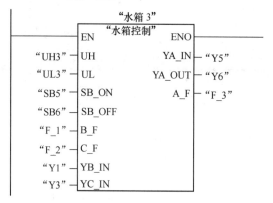

图 12-29　OB1 的 LAD 控制程序

Slot	Module ...	Order number ...	Firmware	MPI address	I address	Q address	Comment
1	PS 307 5A	6ES7 307-1EA00-0AA0					
2	CPU315-2DP(1)	6ES7 315-2AG10-0AB0	V2.0	2			
X2	DP				2047*		
3							
4	DI32xDC24V	6ES7 321-1BL80-0AA0			0...3		
5	DO32xDC24V/0.5A	6ES7 322-1BL00-0AA0				4...7	

图 12-30　硬件配置

（3）编辑符号表，符号表如图 12-31 所示。

（4）程序结构如图 12-32 所示。由 4 个逻辑块、一个多重背景数据块和一个共享数据块构成，其中：OB1 为主循环组织块，FC1 为风扇控制功能，FB1 为发动机控制功能块，FB10 为上层功能块，DB3 为共享数据块，DB10 为多重背景数据块。

FB10 把 FB1 作为其"局部实例"，通过二次调用本地实例，分别实现对汽油机和柴油机的控制。这种调用不占用数据块 DB1 和 DB2，它将每次调用（对于每个调用实例）的数据存储到体系的上层功能块 FB10 的背景数据块 DB10 中。

	Statu	Symbol △	Address		Data typ		Comment
1		Automatic_Mode	Q	4.2	BOOL		运行模式
2		Automatic_On	I	0.5	BOOL		自动运行模式控制按钮
3		DE_Actual_Speed	MW	4	INT		柴油发动机的实际转速
4		DE_Failure	I	1.6	BOOL		柴油发动机故障
5		DE_Fan_On	Q	5.6	BOOL		启动柴油发动机风扇的命令
6		DE_Follow_On	T	2	TIMER		柴油发动机风扇的继续运行的时间
7		DE_On	Q	5.4	BOOL		柴油发动机的启动命令
8		DE_Preset_Spe...	Q	5.5	BOOL		显示"已达到柴油发动机的预设转速"
9		Engine	FB	1	FB	1	发动机控制
10		Engine_Data	DB	10	FB	10	FB10的实例数据块
11		Engines	FB	10	FB	10	多重实例的上层功能块
12		Fan	FC	1	FC	1	风扇控制
13		Main_Program	OB	1	OB	1	此块包含用户程序
14		Manual_On	I	0.6	BOOL		手动运行模式控制按钮
15		PE_Actual_Speed	MW	2	INT		汽油发动机的实际转速
16		PE_Failure	I	1.2	BOOL		汽油发动机故障
17		PE_Fan_On	Q	5.2	BOOL		汽油发动机风扇的启动命令
18		PE_Follow_On	T	1	TIMER		汽油发动机风扇的继续运行的时间
19		PE_On	Q	5.0	BOOL		汽油发动机的启动命令
20		PE_Preset_Spe...	Q	5.1	BOOL		显示"已达到汽油发动机的预设转速"
21		S_Data	DB	3	DB	3	共享数据块
22		Switch_Off_DE	I	1.5	BOOL		关闭柴油发动机
23		Switch_Off_PE	I	1.1	BOOL		关闭汽油发动机
24		Switch_On_DE	I	1.4	BOOL		启动柴油发动机
25		Switch_On_PE	I	1.0	BOOL		启动汽油发动机

图 12-31　符号表

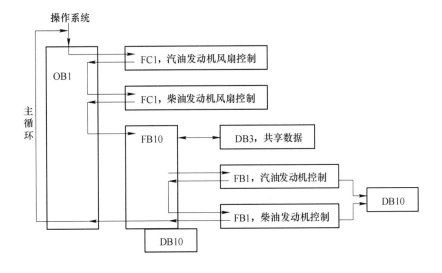

图 12-32　程序结构

（5）编辑功能 FC1。FC1 的局部变量声明表见表 12-5，程序代码如图 12-33 所示。按照控制要求，当发动机启动时，风扇应立即启动；当发动机停机后，风扇应延时关闭。因此，FC1 需要一个发动机启动信号、一个风扇控制信号和一个延时定时器。

表 12-5　FC1 的局部变量声明表

接口类型	变量名	数据类型	注　释
In	Engine_On	BOOL	发动机的启动信号
In	Timer_OFF	Timer	用于关闭延迟的定时器功能
Out	Fan_On	BOOL	启动风扇信号

在表 12-5 中，Timer_Off 代表一个定时器，并在之后 OB1 对其调用时分配具体的定时器地址，如 T1。每次调用 FC1 时，必须为每个发动机风扇选择不同的定时器地址。

FC1 所实现的控制要求：发动机启动时风扇启动，当发动机再次关闭后，风扇继续运行 4s，然后停止。定时器采用断电延时定时器。

（6）创建一个共享数据块 DB3，如

FC1：风扇控制功能

Network 1：控制风扇

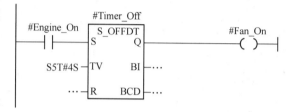

图 12-33　FC1 的 LAD 控制程序

图 12-34 所示。共享数据块 DB3 可为 FB10 保存发动机（汽油机和柴油机）的实际转速，当发动机转速都达到预设速度时，还可以保存该状态的标志数据。

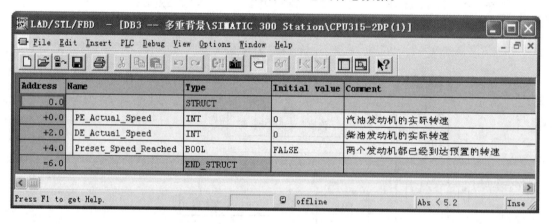

图 12-34　共享数据块 DB3

（7）编辑功能块。在该系统的程序结构内，有 2 个功能块：FB1 和 FB10。FB1 为底层功能块，所以应首先创建并编辑；FB10 为上层功能块，可以调用 FB1。

创建一个功能块 FB1，符号名为"Engine"。使用同一功能块 FB1 来控制两台不同的发动机。因此，指定所有"发动机特定的"信号为块参数。将扫描的信号（如：启动命令、停止命令、故障信号、实际发动机转速）为功能块的输入，在"IN"处进行声明；处理后的信号（如：开启驱动、转速状态）为功能块的输出，在"OUT"处进行声明；预置转速也是发动机特定参数，但是因为它是一个固定值，可以以静态数据形式存储在发动机数据中，在"STAT"处声明。FB1 的变量声明见表 12-6，控制程序如图 12-35 所示。

表 12-6　FB1 的变量声明表

接口类型	变量名	数据类型	地址	初始值	扩展地址	结束地址	注　释
IN	Switch_On	BOOL	0.0	FALSE	—	—	启动发动机
	Switch_Off	BOOL	0.1	FALSE	—	—	关闭发动机
	Failure	BOOL	0.2	FALSE	—	—	发动机故障，导致发动机关闭
	Actual_Speed	INT	2.0	0	—	—	发动机的实际转速
OUT	Engine_On	BOOL	4.0	FALSE	—	—	发动机已开启
	Preset_Speed_Reached	BOOL	4.1	FALSE	—	—	达到预置的转速
STAT	Preset_Speed	INT	6.0	1500	—	—	要求的发动机转速

FB1：发动机控制功能块

Network 1：启动发动机，信号取反

Network 2：监视转速

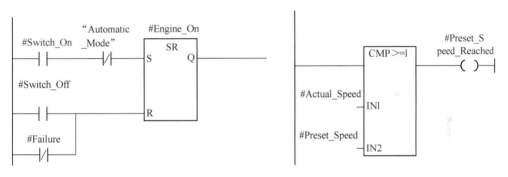

图 12-35　FB1 控制程序

（8）编辑上层功能块 FB10。在"多重背景"项目内创建 FB10，符号名"Engines"。如图 12-36 所示，在 FB10 的属性对话框内激活"Multi – instance capable"选项。

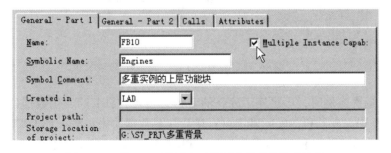

图 12-36　将 FB10 设置为可使用多重背景的功能块

要将 FB1 作为 FB10 的一个"局部背景"调用，需要在 FB10 的变量声明表中为 FB1 的调用声明不同名称的静态变量，数据类型为 FB1（或使用符号名"Engine"）。FB10 的局部变量声明见表 12-7。

在变量声明表内完成 FB1 类型的局部实例，在变量声明表的"STAT"处指定局部实例的名称，此处为"Petrol_Engine"（汽油发动机）和"Diesel_Engine"（柴油发动机），在此输入已经编程为数据类型的功能块的符号名称（Engine）或绝对地址（FB1）；在

"OUT" 处声明一个标志两台发动机均达到设定速度的局部变量 "Preset_Speed_Reached"；在 "TEMP 处声明两个分别标志汽油机和柴油机已达到设定速度的临时变量 "PE_Preset_Speed_Reached" 和 "DE_Preset_Speed_Reached"。

表 12-7 FB10 的局部变量声明表

接口类型	变 量 名	数据类型	地址	初始值	注　释
OUT	Preset_Speed_Reached	BOOL	0.0	FALSE	两个发动机都已经到达预置的转速
STAT	Petrol_Engine	FB1	2.0	—	FB1 "Engine" 的第一个局部实例
	Diesel_Engine	FB1	10.0	—	FB1 "Engine" 的第二个局部实例
TEMP	PE_Preset_Speed_Reached	BOOL	0.0	FALSE	达到预置的转速（汽油发动机）
	DE_Preset_Speed_Peached	BOOL	0.1	FALSE	达到预置的转速（柴油发动机）

完成 FB1 类型的局部实例的声明后，在程序元素目录的 "Multiple Instances" 目录中就会出现所声明的多重实例，如图 12-37 所示。接下来可在 FB10 的代码区，调用 FB1 的 "局部实例"。

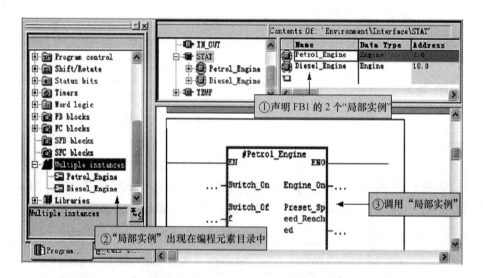

图 12-37 调用 FB1 的 "局部实例"

调用 FB1 局部实例时，不再使用独立的背景数据块，FB1 的实例数据位于 FB10 的实例数据块 DB10 中。发动机的实际转速可直接从共享数据块中得到，如 DB3. DBW2（或使用符号地址 "S_Data". PE_Actual_Speed）。FB10 的控制程序如图 12-38 所示。

（9）生成多重背景数据块 DB10。在 "多重背景" 项目内创建一个与 FB10 相关联的多重背景数据块 DB10，符号名 "Engine_Data"。DB10 的数据结构如图 12-39 所示。

声明表中的静态参数的名称均由两部分组成，如 Petrol_Engine. Switch_Off。其中小数点前面的部分为局部背景的名称，如，Petrol_Engine；小数点后面的部分为 FB1 内部变量的名称，如 Switch_Off。

在 DB10 内可修改发动机的设定值。例如，可将 Diesel_Engine_Preset_Speed（柴油发动机的设定速度）的 Actual Value（当前值）改为 1200。

FB10：多重背景

Network 1：启动汽油发动机

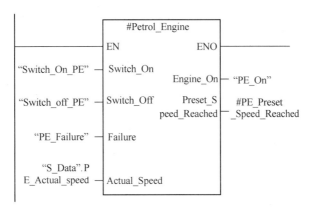

Network 2：启动柴油发动机

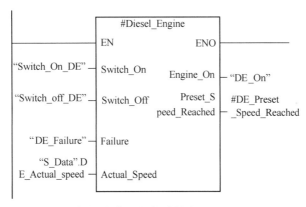

Network 3：两台发动机均已达到设定转速

```
#PE_Preset    #DE_Preset                  #Preset_S
_Speed_Rea    _Speed_Rea                  peed_Reaced
 ched          ched
──┤ ├──────────┤ ├──────────────────────────( )──┤ ├──
```

图 12-38 FB10 的 LAD 控制程序

　　（10）在 OB1 中调用功能（FC）及上层功能块（FB）。OB1 的控制程序如图 12-40 所示。Network1 为运行模式设置程序段。当按动 Automatic On 按钮时，Q4.2 = "1"，将系统设置为自动运行模式；当按下 Manual On 按钮时，Q4.2 = "0"，将系统设置为手动运行模式；当同时按下 Automatic On 按钮和 Manual On 按钮时，Q4.2 = "0"，将系统设置为手动运行模式。

　　Network2 和 Network3 为发动机风扇控制程序段，通过调用 FC1 实现汽油机和柴油机的风扇控制。

　　Network4 为上层功能块 FB10 的调用程序段。在共享数据块 DB3（S_Data）的数据为 DB3. DBX4.0 中存储输出参数 Preset_Speed_Reached 的信号状态。

图 12-39　DB10 的数据结构

	Address	Declaration	Name	Type	Initial value	Actual value	Comment
1	0.0	in	Preset_Speed_Reached	BOOL	FALSE	FALSE	两个发动机都已经到达预置的转速
2	2.0	stat:in	Petrol_Engine.Switch_On	BOOL	FALSE	FALSE	启动发动机
3	2.1	stat:in	Petrol_Engine.Switch_Off	BOOL	FALSE	FALSE	关闭发动机
4	2.2	stat:in	Petrol_Engine.Failure	BOOL	FALSE	FALSE	发动机故障，导致发动机关闭
5	4.0	stat:in	Petrol_Engine.Actual_Speed	INT	0	0	发动机的实际转速
6	6.0	stat:out	Petrol_Engine.Engine_On	BOOL	FALSE	FALSE	发动机已开启
7	6.1	stat:out	Petrol_Engine.Preset_Speed_Reached	BOOL	FALSE	FALSE	达到预置的转速
8	8.0	stat	Petrol_Engine.Preset_Speed	INT	1500	1500	要求的发动机转速
9	10.0	stat:in	Diesel_Engine.Switch_On	BOOL	FALSE	FALSE	启动发动机
10	10.1	stat:in	Diesel_Engine.Switch_Off	BOOL	FALSE	FALSE	关闭发动机
11	10.2	stat:in	Diesel_Engine.Failure	BOOL	FALSE	FALSE	发动机故障，导致发动机关闭
12	12.0	stat:in	Diesel_Engine.Actual_Speed	INT	0	0	发动机的实际转速
13	14.0	stat:out	Diesel_Engine.Engine_On	BOOL	FALSE	FALSE	发动机已开启
14	14.1	stat:out	Diesel_Engine.Preset_Speed_Reached	BOOL	FALSE	FALSE	达到预置的转速
15	16.0	stat	Diesel_Engine.Preset_Speed	INT	1500	1500	要求的发动机转速

OB1：主循环程序

Network 1：设置运行模式　　　　　　　　　Network 2：控制汽油发动机风扇

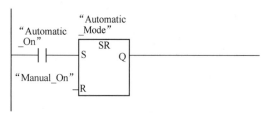

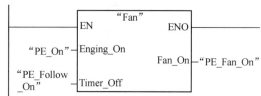

Network 3：控制柴油发动机风扇　　　　　　Network 4：调用上层功能块 FB10

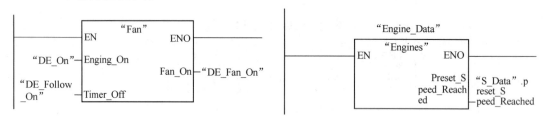

图 12-40　OB1 的 LAD 控制程序

12.2.5　程序的下载与上载

12.2.5.1　装载存储器与工作存储器

用户程序被编译后，逻辑块、数据块、符号表和注释保存在计算机的硬盘中。在完成组态、参数赋值、程序创建和建立在线连接后，可以将整个用户程序或个别的块下载到 PLC。系统数据（System Data）包括硬件组态、网络组态和连接表，也应下载到 CPU。

CPU 中的装载存储器用来存储没有符号表和注释的完整的用户程序，这些符号和注释保存在计算机的存储器中。为了保证快速地执行用户程序，CPU 只是将块中与程序执行有关的部分装入 RAM 组成的工作存储器。

在源程序中用 STL 生成的数据块可以标记为"与执行无关",其关键字为" UN-LINKED"。它们被下载到 CPU 时只是保存在装载存储器中。如果需要,可以用 SFC20 "BLKMOV"复制到工作存储器中,这样处理可以节省存储空间。

A　装载存储器

装载存储器可以用存储器卡来扩展。在 S7-300 CPU 中,装载存储器可能是集成的 EPROM 或集成的 RAM。在 S7-400 中,用一个存储卡(RAM 或 EPROM)来扩展装载存储器。集成的装载存储器主要用来重新装载或修改块,新的 S7-400 附加的工作存储器也是插入式的。装载存储器为 RAM 时,可以下载和删除单个的块、下载和删除整个用户程序以及重新装入单个的块。装载存储器如果是集成的(仅 S7-300)或外插的 EPROM 时,只能下载整个用户程序。

B　工作存储器

工作存储器是集成的 RAM,用来存储程序处理需要的那一部分用户程序。复位 CPU 中的存储器时,存储在 RAM 中的程序丢失。虽然没有后备电池,保存在 EPROM 存储器卡中的程序不会因为复位 CPU 的存储器而被擦除。

现在的装载存储器卡使用的都是 Flash EPROM(快闪存储器,简称为 FEPROM),下载的用户程序保存在 FEPROM 中,断电时其中的信息也不会丢失,在硬件组态时可以定义断电保持区。取下或插入存储器卡时,CPU 要求存储器复位。插入 RAM 卡时,用户程序必须从编程器装入。插入 FEPROM 卡时,复位存储器后,用户程序从 FEPROM 卡拷入工作存储器。

上载时上传的是工作存储器中的内容。要保存修改后的程序块,应将它保存到硬盘上,或保存到 FEPROM 中。使用菜单命令"PLC"→"Download to EPROM Memory Card on CPU"可以直接下载到 CPU 的存储器卡中,存储器卡的内容必须先擦除。

在 PLC 中,没有电池后备的 RAM 在掉电时保存在它里面的数据将会丢失。存储卡是便携式数据记录媒体,用编程设备来写入,块或用户程序被保存在 FEPROM 存储卡中,后者插在 CPU 的一个插槽里。电源关断和 CPU 复位时,存储器卡内的数据不会丢失。在 CPU 存储器复位且电源掉电之后,电源又重新恢复时,EPROM 中的内容被重新复制到 CPU 存储器的 RAM 区。

C　系统存储器

系统存储器包含下列的存储器区域:过程映像输入/输出表(PII、PIQ),位存储器(M),定时器、计数器和局域堆栈(L)。

12.2.5.2　在线连接的建立与在线操作

打开 STEP 7 的 SIMATIC 管理器时,建立的是离线窗口,看到的是计算机硬盘上的项目信息。Block(块)文件夹中包含硬件组态时产生的系统数据和程序编辑器生成的块。

STEP 7 与 CPU 成功地建立起连接后,将会自动生成在线窗口,该窗口中显示的是通过通信得到的 CPU 中的项目结构。块文件夹中包含系统数据块、用户生成的块(OB、FB 和 FC)以及 CPU 中的系统块(SFB 和 SFC)。用菜单命令"View"→"Online"、"View"→"Offline"或相应的工具条中的按钮,可以切换在线窗口和离线窗口。用管理器的"windows" 菜单命令可以同时显示在线窗口和离线窗口。

　　A　建立在线连接

　　下面的操作需要在编程设备和 PLC 之间建立在线连接：下载 S7 用户程序或块、从 PLC 上载程序到计算机；测试用户程序；比较在线和离线的块；显示和改变 CPU 的操作模式；为 CPU 设置时间和日期；显示模块信息和硬件诊断。

　　为了建立在线连接，计算机和 PLC 必须通过硬件接口（例如多点接口 MPI）连接，然后通过在线的项目窗口或 "Accessible Nodes（可访问站）" 窗口访问 PLC。

　　（1）通过在线的项目窗口建立在线连接。如果在 STEP 7 的项目中有已经组态的 PLC，可以选择这种方法。

　　在 SIMATIC 管理器中执行菜单命令 "View"→"Online" 进入在线（Online）状态，执行菜单命令 "View"→"Offline" 进入离线（Offline）状态。也可以用管理器工具条中的 "Online" 和 "Offline" 图标来切换两种状态。在线状态意味着 STEP 7 与 CPU 成功地建立了连接。使用菜单命令 "View"→"Online" 打开一个在线窗口，该窗口最上面的标题栏中的背景变为浅蓝色。在块工作区出现了 CPU 中大量的系统功能块 SFB、系统功能 SFC 和已下载到 CPU 的用户编写的块。SFB 和 SFC 在 CPU 的操作系统中，无需下载，也不能用编程软件删除。在线窗口显示的是 PLC 中的内容，而离线窗口显示的是计算机中的内容。

　　SIMATIC 管理器的 "PLC" 菜单中的某些功能只能在在线窗口中激活，不能在离线窗口中使用。

　　（2）通过 "Accessible Nodes" 窗口建立在线连接。在 SIMATIC 管理器中用菜单命令 "PLC"→"Display Accessible Nodes"，打开 "Accessible Nodes（可访问站）" 窗口，用 "Accessible Nodes" 对象显示网络中所有可访问的可编程模块。如果编程设备中没有关于 PLC 的项目数据，可以选择这种方式。那些不能用 STEP 7 编程的站（例如编程设备或操作面板）也能显示出来。

　　如果 PLC 与 STEP 7 中的程序和组态数据是一致的，在线窗口显示的是 PLC 与 STEP 7 中的数据的组合。例如，在在线项目中打开一个 S7 块，将显示来自 PLC 的 CPU 中的块的指令代码部分，以及来自编程设备数据库中的注释和符号。如果没有通过项目结构，而是直接打开连接的 CPU 中的块，显示的程序没有符号和注释，因为在下载时没有下载符号和注释。

　　B　访问 PLC 的口令保护

　　使用口令可以保护 CPU 中的用户程序和数据，未经授权不能改变它们（有写保护），还可以用 "读保护" 来保护用户程序中的编程专利，对在线功能的保护可以防止可能对控制过程的人为的干扰。保护级别和口令可以在设置 CPU 属性的 "Protection" 选项卡中设置，需将它们下载到 CPU 模块。设置了口令后，执行在线功能时，会显示出 "Enter Password" 对话框。若输入的口令正确，就可以访问该模块。此时可以与被保护的模块建立在线连接，并执行属于指定的保护级别的在线功能。执行菜单命令 "PLC"→"Access Rights"→"Setup"，在出现的 "Enter Password" 对话框中输入口令，以后在线访问时，将不再询问。输入的口令将一直有效，直到 SIMATIC 管理器被关闭，或使用菜单命令 "PLC"→"Access

Rights"→"Cancel"取消口令。

C　处理模式与测试模式

可以在设置 CPU 属性的对话框中的"Protection"（保护）选项卡选择处理（Process）模式或测试（Test）模式，这两种模式与 S7-400 和 CPU 318-2 无关。

在处理模式，为了保证不超过在"Protection"选项卡中设置的循环扫描时间的增量，像程序状态或监视/修改变量这样的测试功能是受到限制的。因此，在处理模式中不能使用断点测试和程序的单步执行功能。在测试模式，所有的测试功能都可以不受限制地使用，即使这些功能可能会使循环扫描时间显著地增加。

D　刷新窗口内容

用户操作（例如下载或删除块）对在线的项目窗口的修改不会在已打开的"Accessible Nodes"（可访问的站）窗口自动刷新。要刷新一个打开的窗口，必须使用菜单命令"View"→"Update"（刷新显示）或用功能键 < F5 > 将该窗口刷新。

E　显示和改变 CPU 的运行模式

进入在线状态后，在项目管理器左边的树形结构中选择某一个站，然后执行菜单命令"PLC"→"Diagnostics/ Setting"→"Operating"，打开的对话框显示当前和最近一次运行模式以及在 CPU 模块当前的模式选择开关的设置。对于那些无法显示其当前开关设置的模块，将显示文本"Undefined"。

可以用对话框中的启动按钮和停止按钮改变 CPU 的模式。只有当这些按钮是激活的（按钮上的字是黑色的），才能在当前运行模式使用。

F　显示与设置时间和日期

显示与设置时间和日期的操作条件与显示和改变运行模式的相同，执行菜单命令"PLC"→"Diagnostics/ Setting"→"Set Time of Day"，在打开的对话框中将显示 CPU 和编程设备/计算机（PG/PC）中当前的日期和时间。可以在"Date"（日期）和"Time"（时间）栏中输入新的值，或者用默认选项接收 PC 的时间和日期。

G　压缩用户存储器（RAM）

删除或重装块之后，用户存储器（装载存储器和工作存储器）内将出现块与块之间的"间隙"，减少了可用的存储区。用压缩功能可以将现有的块在用户存储器中无间隙地重新排列，同时产生一个连续的空的存储区间。在 STOP 模式下压缩存储器才能去掉所有的间隙。在 RUN-P 模式时因为当前正在处理的块被打开而不能在存储器中移动。RUN 模式有写保护功能，不能执行压缩功能。有两种压缩用户存储器的方法：

（1）向 PLC 下载程序时，如果没有足够的存储空间，将会出现一个对话框报告这个错误。可以点击对话框中的［Compress］按钮压缩存储器。

（2）进入在线状态后，打开硬件组态窗口，双击 CPU 模块，打开 CPU 模块的"模块信息"对话框，选择""选项卡，点击压缩存储器的［Compress］按钮。

12.2.5.3　下载与上载

A　下载的准备工作

（1）计算机与 CPU 之间必须建立起连接，编程软件可以访问 PLC；

（2）要下载的程序已编译好；

（3）CPU 处在允许下载的工作模式下（STOP 或 RUN-P）。

在 RUN-P 模式一次只能下载一个块，这种改写程序的方式可能会出现块与块之间的时间冲突或不一致性，运行时 CPU 会进入 STOP 模式，因此建议在 STOP 模式下载。在保存块或下载块时，STEP 7 首先进行语法检查。错误种类、出错的原因和错误在程序中的位置都显示在对话框中，在下载或保存块之前应改正这些错误。如果没有发现语法错误，块将被编译成机器码并保存或下载。建议在下载块之前，一定要先保存块（将块存盘）。下载前用编程电缆连接 PC（个人计算机）和 PLC，接通 PLC 的电源，将 CPU 模块上的模式选择开关扳到"STOP"位置，"STOP"LED 亮。

下载用户程序之前应将 CPU 中的用户存储器复位，以保证 CPU 内没有旧的程序。存储器复位完成以下的工作：删除所有的用户数据（不包括 MPI 参数分配），进行硬件测试与初始化；如果有插入的 EPROM 存储器卡，存储器复位后 CPU 将 EPROM 卡中的用户程序和 MPI 地址拷贝到 RAM 存储区。如果没有插存储器卡，保持设置的 MPI 地址。复位时诊断缓冲区的内容保持不变。复位后块工作区只有 SDB、SFC 和 SFB。将模式选择开关从STOP 位置扳到 MRES 位置，"STOP"LED 慢速闪烁两次后松开模式开关，它自动回到STOP 位置。再将模式开关扳到 STOP 位置，"STOP"LED 快速闪动时，CPU 已被复位。复位完成后将模式开关重新置于"STOP"位置。

也可以用 STEP 7 复位存储器：将模式开关置于 RUN-P 位置，执行菜单命令"PLC"→"Diagnostics/ Setting"→"Operation Mode"，使 CPU 进入 STOP 模式，再执行菜单命令"PLC"→"Clear/ Reset"，点击"OK"按钮确认存储器复位。

B　下载的方法

（1）在离线模式和 SIMATIC 管理器窗口中下载。在块工作区选择块，可用 < Ctrl > 键和 < Shift > 键选择多个块，用菜单命令"PLC"→"Download"将被选择的块下载到 CPU。也可以在管理器左边的目录窗口中选择 Blocks 对象（包括所有的块和系统数据），用菜单命令"PLC"→"Download"下载它们。

（2）在离线模式和其他窗口下载。对块编程或组态硬件和网络时，可以在当时的应用程序的主窗口中，用菜单命令"PLC"→"Download"下载当前正在编辑的对象。

（3）在线模式下载。用菜单命令"View"→"Online"或"PLC"→"Display Accessible Nodes"打开一个在线窗口查看 PLC，在"Windows"菜单中可以看到这时有一个在线的管理器，还有一个离线的管理器，可以用"Windows"菜单同时打开和显示这两个窗口。用鼠标按住离线窗口中的块（即 STEP 7 中的块），将它"拖放"到在线窗口中去，就完成了下载任务。可以一次下载所有的块，也可以只下载部分块。应先下载子程序块，再下载高一级的块。如果顺序相反，将进入 STOP 模式。下载完成后，将 CPU 的运行模式选择开关扳到 RUN-P 位置，绿色的"RUN"LED 亮，开始运行程序。

（4）上载程序。可以用装载功能从 CPU 的 RAM 装载存储器中，把块的当前内容上载到计算机编程软件打开的项目中，该项目原来的内容将被覆盖。

（5）在线编程。在调试程序时，可能需要修改已下载的块，可以在在线窗口中双击要修改的块的图标，然后进行修改。编完的块会立即在 CPU 中起作用。

C　删除 CPU 内的 S7 块

在 CPU 程序的测试阶段，可能需要删除 CPU 内单个的块。块被保存在 CPU 用户存储器的 EPROM 中或 RAM 中。RAM 中的块可以被直接删除，装载存储器或工作存储器被占据的空间将会空出来供重新使用。CPU 存储器被复位后，集成 EPROM 中的块被复制到 RAM 区。RAM 中的备份可以直接删除，被删除的块在 EPROM 中被标记为无效。在下一次存储器复位或没有后备电池的 RAM 电源掉电时，"删除" 的块从 EPROM 被复制到 RAM，又会起作用。

12. 2. 6　用变量表调试程序

12. 2. 6. 1　系统调试的基本步骤

系统调试的基本步骤如下：

（1）硬件调试。可以用变量表来测试硬件，通过观察 CPU 模块上的故障指示灯来诊断故障。

（2）下载用户程序。下载程序之前应将 CPU 的存储器复位。将 CPU 切换到 STOP 模式，下载用户程序时应同时下载硬件组态数据。

（3）排除停机错误。启动时程序中的错误可能导致 CPU 停机，需排除编程错误。

（4）调试用户程序。通过执行用户程序来检查系统的功能，如果用户程序是结构化程序，可以在组织块 OB1 中逐一调用各程序块，一步一步地调试程序。在调试时应记录对程序的修改。调试结束后，保存调试好的程序。

在调试时，最先调试启动组织块 OB100，然后调试 FB 和 FC。应先调试嵌套调用最深的块，调试时可以在完整的 OB1 的中间临时插入 BEU（块无条件结束）指令，只执行 BEU 指令之前的部分，调试好后将它删除掉。最后调试不影响 OB1 的循环执行的中断处理程序，或者在调试 OB1 时调试它们。

12. 2. 6. 2　变量表的基本功能

使用变量表可以在一个画面中同时监视、修改和强制用户感兴趣的全部变量。一个项目可以生成多个变量表，以满足不同的调试要求。在变量表中可以赋值或显示的变量包括输入、输出、位存储器、定时器、计数器、数据块内的存储器和外设 I/O。

A　变量表的功能

（1）监视（Monitor）变量。在编程设备或 PC（计算机）上显示用户程序中或 CPU 中每个变量的当前值。

（2）修改（Modify）变量。将固定值赋给用户程序或 CPU 中的变量。

（3）对外设输出赋值。允许在停机状态下将固定值赋给 CPU 中的每个输出点 Q。

（4）强制变量。给用户程序或 CPU 中的某个变量赋予一个固定值，用户程序的执行不会影响被强制的变量的值。

（5）定义变量被监视或赋予新值的触发点和触发条件。

B　用变量表监视和修改变量的基本步骤

（1）生成新的变量表或打开已存在的变量表，编辑和检查变量表的内容。

（2）建立计算机与 CPU 之间的硬件连接，将用户程序下载到 PLC。在变量表窗口中用菜单命令 "PLC"→"Connect to" 建立当前变量表与 CPU 之间的在线连接。

（3）用菜单命令 "Variable"→"Trigger" 选择合适的触发点和触发条件。

（4）将 PLC 由 STOP 模式切换到 RUN-P 模式。

（5）用菜单命令 "Variable"→"Monitor" 或 "Variable"→"Modify" 激活监视或修改功能。

12.2.6.3　变量表的生成

（1）在 SIMATIC 管理器中用菜单命令 "Insert"→"S7 Block"→"Variable Table" 生成新的变量表，或者用鼠标右键点击 SIMATIC 管理器的块工作区，在弹出的菜单中选择 "Insert New Object"→"Variable Table" 命令来生成新的变量表。在出现的对话框中，可以给变量表取一个符号名，一个变量表最多有 1024 行。

（2）在 SIMATIC 管理器中执行菜单命令 "View"→"Online"，进入在线状态，选择块文件夹；或用 "PLC"→"Display Accessible Nodes" 命令，在可访问站（Accessible Nodes）窗口中选择块文件夹，用菜单命令 "PLC"→"Monitor/Modify Variable"（监视/修改变量）生成一个无名的在线变量表。

（3）在变量表编辑器中，用菜单命令 "Table"→"New" 生成一个新的变量表。可以用菜单命令 "Table"→"Open" 打开已存在的表，也可以在工具栏中用相应的图标来生成或打开变量表。

如果需要监视的变量很多，可以为一个用户程序生成几个变量表。

12.2.6.4　变量表的使用

A　建立与 CPU 的连接

为了监视或修改在当前变量表（VAT）中输入的变量，必须与要监视的 CPU 建立连接。可以在变量表中用菜单命令 "PLC"→"Connect TO"→"…" 来建立与 CPU 的连接，以便进行变量监视或修改，也可以点击工具栏中相应的按钮。菜单命令 "PLC"→"Connect TO"→"Configured CPU" 用于建立被激活的变量表与 CPU 的在线连接。如果同时已经建立了与另外一个 CPU 的连接，这个连接被视为 "Configured"（组态）的 CPU，直到变量表关闭。

菜单命令 "PLC"→"Connect TO"→"Direct CPU" 用于建立被激活的变量表与直接连接的 CPU 之间的在线连接。直接连接的 CPU 是指与计算机用编程电缆连接的 CPU，在 "Accessible Nodes"（可访问的站）窗口中被标记为 "directly"。

菜单命令 "PLC"→"Connect TO"→"Accessible CPU" 用于建立被激活的变量表与可以选择的 CPU 之间的在线连接。如果用户程序已经与一个 CPU 连接了，可以用这个命令来打开一个对话框，在对话框中选择另外一个想建立连接的 CPU。

使用菜单命令 "PLC"→"Disconnect" 可以断开变量表和 CPU 的连接。

如果建立了在线连接，变量表窗口栏中将显示 "ONLINE"（在线）。变量表下面的状态栏显示 PLC 的运行模式和连接状态。

B　定义变量表的触发方式

用"Variable"→"Trigger"打开对话框,选择在程序处理过程中的某一特定点(触发点)来监视或修改变量,变量表显示的是被监视的变量在触发点的数值。触发点可以选择循环开始、循环结束和从 RUN 转换到 STOP。触发条件可以选择触发一次或在定义的触发点每个循环触发一次。

C　监视变量

将 CPU 的模式开关扳到 RUN-P 位置,执行菜单命令"Variable"→"Monitor"或点击标有眼镜的图标,启动监视功能。变量表中的状态值(Status Value)按设定的触发点和触发条件显示在变量表中。如果触发条件设为"Every　Cycle"(每一循环),用菜单命令"Variable"→"Monitor"可以关闭监视功能。可以用菜单命令"Variable"→"Update Monitor Values",对所选变量的数值作一次立即刷新,该功能主要用于停机模式下的监视和修改。

D　修改变量

可以用下述方法修改变量表中的变量:首先,在要修改的变量的"Modify Value"栏输入变量新的值,显示格式为 BOOL 的数字量输入 O 或 1,输入后自动变为"false"或"true"。按工具栏中的激活修改值按钮或用菜单命令"Variable"→"Activate Modify Value",将修改值立即送入 CPU。

在程序运行时如果修改变量值出错,可能导致人身或财产的损害。在执行修改功能前,要确认不会有危险情况出现。如果在执行"Modifying"(修改)过程中按了 <Esc> 键,不经询问就会退出修改功能。

在 STOP 模式修改变量时,因为没有执行用户程序,各变量的状态是独立的,不会互相影响。I、Q、M 这些数字量都可以任意地设置为 1 状态或 O 状态,并且有保持功能,相当于对它们置位和复位。STOP 模式的这种变量修改功能常用来测试数字量输出点的硬件功能是否正常,例如将某个输出点置位后,观察相应的执行机构是否动作。

在 RUN 模式修改变量时,各变量同时又受到用户程序的控制。假设用户程序运行的结果使某数字量输出为 O,用变量表不可能将它修改为 1。在 RUN 模式不能改变数字量输入(I 映像区)的状态,因为它们的状态取决于外部输入电路的通/断状态。

修改定时器的值时,显示格式最好用 SIMATIC_TIME,在这种情况下以 ms 为单位输入定时值,但是个位被舍去,例如输入 123 时将显示 S5T#120ms;输入 12345 将显示 S5T#12s300ms,因为时间值只保留 3 位有效数字;输入 12.3 将显示 S5T#12s300ms。

只有在通电延时定时器的线圈"通电"时,将时间修改值写入定时器才会起作用,定时器将按写入的时间定时,定时期间其常开触点断开,修改后的定时时间到达时其常开触点闭合。定时器的线圈由断开变为接通时,重新使用程序设定的时间值定时。

计数器的当前值的修改与定时器类似,例如输入 123,将显示 C#123。输入值的上限为 C#999。

E　强制变量

强制变量操作给用户程序中的变量赋一个固定的值,这个值不会因为用户程序的执行而改变。被强制的变量只能读取,不能用写访问来改变其强制值。这一功能只能用于某些CPU。强制功能用于用户程序的调试,例如用来模拟输入信号的变化。

只有当"强制数值"（Force Values）窗口处于激活状态，才能选择用于强制的菜单命令。用菜单命令"Variable"→"Display Force Values"打开该窗口，被强制的变量和它们的强制值都显示在窗口中。当前在线连接的 CPU 或网络中的站的名称显示在标题栏中。状态条显示从 CPU 读出的强制操作的日期和时间。如果没有已经激活的强制操作，该窗口是空的。在"强制数值"窗口中显示的黑体字表示该变量在 CPU 中已被赋予固定值；普通字体表示该变量正在被编辑；变为灰色的变量表示该变量在机架上不存在、未插入模块，或变量地址错，将显示错误信息。

可以用菜单命令"Table"→"Save As"将"强制数值"窗口的内容存为一个变量表，或选择菜单命令"Variable"→"Force"，将当前窗口的内容写到 CPU 中，作为一个新的强制操作。

变量的监视和修改只能在变量表中进行，不能在"强制数值"窗口进行，使用菜单命令"Insert"→"Variable Table"，可以在一个"强制数值"窗口中重新插入已存储的内容。

使用"强制"功能时，任何不正确的操作都可能会危及人员的生命或健康，或者造成设备或整个工厂的损失。强制作业只能用菜单命令"Variable"→"Stop Forcing"来删除或终止，关闭"强制数值"窗口或退出"监视和修改变量"应用程序并不能删除强制作业。强制功能不能用菜单命令"Edit"→"Undo"。

12. 2. 7　用程序状态功能调试程序

12. 2. 7. 1　程序状态功能的启动与显示

A　启动程序状态

可以通过在程序编辑器中显示执行语句表、梯形图或功能块图程序时的状态（简称为程序状态，Program Status），来了解用户程序的执行情况，对程序进行调试。

进入程序状态之前，必须满足下列 3 个条件：

（1）经过编译的程序下载到 CPU；

（2）打开逻辑块，用菜单命令"Debug"→"Monitor"进入在线监控状态；

（3）将 CPU 切换到 RUN 或 RUN-P 模式。

如果在程序运行时测试程序出现功能错误或程序错误，将会对人员或财产造成严重损坏，应确保不会出现这样的危险情况。

B　语句表程序状态的显示

从光标选择的网络开始监视程序状态，程序状态的显示是循环刷新的。在语句表编辑器中，右边窗口显示每条指令执行后的逻辑运算结果和状态位 STA、累加器 1、累加器 2 和状态字，以及其他内容。用菜单命令"Options"→"Customize"打开的对话框中，用 STL 选项卡选择需要监视的内容。

C　梯形图程序状态的显示

LAD 和 FBD 中用绿色流连续线来表示状态满足，即有"能流"流过，用蓝色点状细线表示状态不满足，没有能流流过；用黑色连续线表示状态未知。

在 LAD 和 FBD 编辑器中执行菜单命令"Options"→"Customize"，在"LAD 和 FBD"选项卡中可以改变线型和颜色的设置。

梯形图中加粗的字体显示的参数值是当前值，细体字显示的参数值来自以前的循环，即该程序区在当前扫描循环中未被处理。

D 使用程序状态功能监视数据块

数据块必须使用数据显示方式（Data View）在线查看数据块的内容，在线数值在"Actual value"（实际数值）列中显示。程序状态被激活后，不能切换为声明显示方式（Declaration View）。

程序状态结束后，"Actual value"列将显示程序状态之前的有效内容，不能将刷新的在线数值传送至离线数据块。

复合数据类型 DATE_ AND_ TIME 和 STRING 不能刷新，在复合数据类型 ARRAY、STRUCT、UDT、FB 和 SFB 中，只能刷新基本数据类型元素。程序状态被激活时，包含没有刷新的数据的"Actual value"列中的区域将用灰色背景显示。

在背景数据块中的 IN _ OUT 声明类型中，只显示复合数据类型的指针，不显示数据类型的元素，不刷新指针和参数类型。

12. 2. 7. 2 单步与断点功能的使用

单步与断点是调试程序的有力工具，有单步与断点调试功能的 PLC 并不多见。允许设置的断点个数可以参考 CPU 的资料。

单步与断点功能在程序编辑器中设置与执行。单步模式不是连续执行指令，而是一次只执行一条指令。在用户程序中可以设置多个断点，进入 RUN 或 RUN-P 模式后将停留在第一个断点处，可以查看此时 CPU 内寄存器的状态。

"Debug"（调试）菜单中的命令用来设置、激活或删除断点。执行菜单命令"View"→"Breakpoint"后，在工具条中将出现一组与断点有关的图标，可以用它们来执行与断点有关的命令。

A 设置断点与进入单步模式的条件

设置断点与进入单步模式的条件如下：

（1）只能在语句表中使用单步和断点功能，菜单命令"View"→"STL"将梯形图或功能块图转换为语句表。

（2）设置断点前应在语句表编辑器中执行菜单命令"Options"→"Customize"，在对话框中选择 STL 标签页，激活"Activate new breakpoints immediately"（立即激活新断点）选项。

（3）CPU 必须工作在测试（Test）模式，可以用菜单命令"Debug"→"Operation"选择测试模式。

（4）在 SIMATIC 管理器中进入在线模式，在线打开被调试的块，在调试过程中如果块被修改，需要重新下载它。

（5）设置断点时不能启动程序状态（Monitor）功能。

（6）STL 程序中有断点的行、调用块的参数所在的行、空的行或注释行不能设置断点。

B 设置断点与单步操作

满足上述条件时，在语句表中将光标放在要设置断点的指令所在的行。在 STOP 或

RUN-P 模式执行菜单命令"Debug"→"Set Breakpoint"，在选中的语句左边将出现一个紫色的小圆，表示断点设置成功，同时会出现一个显示 CPU 内寄存器的可移动小窗口。执行菜单命令"View"→"PLC Registers"可以打开或关闭该窗口。执行菜单命令"Options"→"Customize"，在 STL 选项卡中可以设置该窗口中需要显示哪些内容。

如果在设置断点时启动了激活断点功能，即在菜单命令"Debug"→"Breakpoint Active"前有一个"√"（默认的状态），表示断点的小圆是实心的。执行该菜单命令后"√"消失，表示断点的小圆变为空心的。要使断点起作用，应执行该命令，以激活断点。

将 CPU 切换到 RUN 或 RUN-P 模式，将在第一个表示断点的紫色圆球内出现一个向右的黄色的箭头，CPU 进入 HOLD（保持）模式，同时小窗口中出现断点处的状态字、累加器、地址寄存器和块寄存器的值。

执行菜单命令"Debug"→"Execute Next Statement"，或点击工具条上对应的按钮，断点处小圆内的黄色箭头移动到下一条语句，表示用单步功能执行下一条语句。如下一条语句是调用块的语句，执行块调用后将跳到块调用语句的下一条语句。执行菜单命令"Debug"→"Execute Call"（执行调用）将进入调用的块，在调用的块中可以使用单步模式，也可以用该块内预先设置的断点来进行调试。块结束时将返回块调用语句的下一条语句。

为使程序继续运行到下一个断点，执行菜单命令"Debug"→"Resume"（继续）。

将光标放在断点所在的行，用菜单命令"Debug"→"Delete Breakpoint"可以删除该断点，菜单命令"Debug"→"Delete All Breakpoint"用于删除所有的断点。

执行菜单命令"Show Next Breakpoint"，光标将跳到下一个断点。

C　保持模式

在执行程序时遇到断点，PLC 进入保持模式，"RUN"LED 闪烁，"STOP"LED 亮。这时不执行用户程序，停止处理所有的定时器，但是实时时钟继续运行。由于安全的原因，在 HOLD 模式下输出总是被禁止的。

12.2.8　S7-PLCSIM 仿真软件在程序调试中的应用

在 STEP 7 V5.3 标准软件包中包含有 S7-PLCSIM 仿真软件，如因缺少硬件、控制设备不在本地、调试程序有一定的风险等原因不能直接与 PLC 连接调试时，可用来对设计好的 PLC 用户程序进行调试。

S7-PLC SIM 仿真软件是一个功能非常强大的仿真软件，用于在计算机上模拟 S7-300 和 S7-400CPU 的功能，使用该仿真软件进行程序调试可在开发阶段发现和排除错误，从而提高用户程序的质量和降低系统调试的费用。

12.2.8.1　S7-PLC SIM 仿真软件的主要功能

S7-PLC SIM 仿真软件的主要功能如下：

（1）可以在计算机不需要连接任何 PLC 硬件的情况下，在计算机上对 S7-300/S7-400PLC 的用户程序进行离线仿真与调试。

（2）提供了用于监视和修改程序中使用的各种参数的简单的接口，与实际的 PLC 一样，在进行仿真 PLC 时可以使用变量表和程序状态等方法来监视和修改变量。

（3）可以模拟 PLC 的输入输出存储器区，通过在仿真窗口中改变输入变量的 ON/OFF

状态来控制程序的运行，通过观察有关输出变量的状态来监视程序运行的结果。

（4）可以实现定时器和计数器的监视和修改，通过程序使定时器自动运行，或者手动对定时器复位。

（5）可以模拟对下列地址进行读写操作：位存储器（M）、外设输入（PI）变量区和外设输出（PQ）变量区，以及存储在数据块中的数据。

（6）除了可以对数字量控制程序仿真外，还可以对大部分组织块（OB）、系统功能块（SFB）、系统功能（SFC）及许多中断事件和错误事件进行仿真。

（7）可以对语句表、梯形图、功能块图和 S7 Graph（顺序功能图）、S7HiGraph、S7-SCL 及 CFC 等语言编写的程序仿真。

（8）可以在仿真 PLC 中使用中断组织块测试程序的特性，记录一系列的操作事件，并可以回放记录，从而自动测试程序。

12.2.8.2　仿真 PLC 与实际 PLC 的区别

A　仿真 PLC 有下述实际 PLC 没有的功能

（1）可以立即暂时停止执行用户程序，对程序状态不会有什么影响。

（2）由 RUN 模式进入 STOP 模式不会改变输出的状态。

（3）在视图对象中的变动立即使对应的存储区中的内容发生相应的改变。实际的 CPU 要等到扫描结束时才会修改存储区。

（4）可以选择单次扫描或连续扫描。

（5）可使定时器自动运行或手动运行、可以手动复位全部定时器或复位指定的定时器。

B　仿真 PLC 与实际 PLC 的区别

（1）仿真 PLC 不支持写到诊断缓冲区的错误报文，例如不能对电池失电和 EEPROM 故障仿真，但是可以对大多数 I/O 错误和程序错误仿真。

（2）工作模式的改变（例如由 RUN 转换 STOP 模式）不会使 I/O 进入“安全”状态。

（3）不支持功能模块和点对点通信。

（4）支持有 4 个累加器的 S7-400 CPU，在某些情况下 S7-400 与只有 2 个累加器的 S7-300 的程序运行可能不同。

（5）S7-300 的大多数 CPU 的 I/O 是自动组态的，模块插入物理控制器后被 CPU 自动识别，仿真 PLC 没有这种自动识别功能。如果将自动识别 I/O 的 S7-300 CPU 的程序下载到仿真 PLC，系统数据没有包括 I/O 组态。因此，在用 S7-PLC SIM 仿真软件仿真 S7-300 程序时，如果想定义 CPU 支持的模块，首先必须下载硬件组态。

12.2.8.3　视图对象

S7-PLC SIM 仿真软件对用户程序的调试是通过视图对象（View Objects）来进行的。该软件提供了多种视图对象，用它们可以实现对仿真 PLC 内的各种变量、计数器和定时器的监视与修改。

A　插入视图对象

使用“Insert”（插入）菜单或工具条上相应的按钮，可在 PLCSIM 窗口中生成下列元件的视图对象：输入变量（I）、输出变量（Q）、位存储器（M）、定时器（T）、计数器（C）、通用变量、累加器与状态字、块寄存器、嵌套堆栈（Nesting Stacks）、垂直位变量等。它们用于访问和监视相应的数据区，可选的数据格式有位、二进制、十进制、十六进制 BCD 码、S5Time、日期时间（DATE_AND_TIME，简写为 DT）、S7 格式（例如 W#16#0）、字符和字符串。

B　CPU 视图对象

开始新的仿真时，将自动出现 CPU 视图对象，用户可以用单选框来选择运行（RUN）、停止（STOP）和暂停（RUN-P）模式。

选择菜单命令 "PLC" → "Clear/Reset" 或点击 CPU 视图对象中的 MRES 按钮。可以复位仿真 PLC 的存储器、删除程序块和硬件组态信息，CPU 将自动进入 STOP 模式。

CPU 视图对象中的 LED 指示灯 "SF" 表示有硬件、软件错误；"RUN" 与 "STOP" 指示灯表示运行模式与停止模式；"DP"（分布式外设或远程 I/O）用于指示 PLC 与分布式外设或远程 I/O 的通信状态；"DC"（直流电源）用于指示电源的通断情况。用 "PLC" 菜单中的命令可以接通或断开仿真 PLC 的电源。

C　其他视图对象

通用变量（Generic Variable）视图对象用于访问仿真 PLC 所有的存储区（包括数据块）。垂直位（Vertical Bits）视图对象可以用绝对地址或符号地址来监视和修改 I、Q、M 等存储区。

累加器与状态字视图对象用来监视 CPU 中的累加器、状态字和用于间接寻址的地址寄存器 AR1 和 AR2。S7-300 有 2 个累加器，S7-400 有 4 个累加器。块寄存器视图对象用来监视数据块地址寄存器的内容，也可以显示当前和上一次打开的逻辑块的编号，以及块中的步地址计数器 SAC 的值。

嵌套堆栈视图对象用来监视嵌套堆栈和主控继电器堆栈。嵌套堆栈有 7 个项，用来保存嵌套调用逻辑块时状态字中的 RLO（逻辑运算结果）和 OR 位。每一项用于逻辑串的起始指令（A、AN、O、ON、X、XN）。MCR 堆栈最多可以保存 8 级嵌套的 MCR 指令的 RLO 位。

定时器视图对象和计数器视图对象用于监视和修改它们的实际值，在定时器视图对象中可以设置定时器的时间基准。视图对象和工具条内标有 "T = O" 的按钮分别用来复位指定的定时器或所有的定时器。可以在 "Execute" 菜单中设置定时器为自动方式或手动方式。手动方式允许修改定时器的时间值或将定时器复位，自动方式时定时器受用户程序的控制。

12.2.8.4　S7-PLC SIM 仿真软件的设置与存档

A　设置扫描方式

（1）单次扫描。每次扫描包括读外设输入、执行程序和将结果写到外设输出。CPU 执行一次扫描后处于等待状态，可以用 "Execute" → "Next Scan" 菜单命令执行下一次扫描。通过单次扫描可以观察每次扫描后各变量的变化。

（2）连续扫描。连续扫描与实际的 CPU 执行用户程序相同，CPU 执行一次扫描后又开始下一次扫描。可以用工具条中的按钮或用"Execute"菜单中的命令选择扫描方式。

B 符号地址

为了在仿真软件中使用符号地址，使用菜单命令"Tools"→"Options"→"Attach Symbols…"，在出现的"Open"对话框的项目中找到并双击符号表（Symbols）图标。

使用菜单命令"Tools"→"Options"→"Show Symbols"，可以显示或隐藏符号地址。垂直位视图对象可以显示每一位的符号地址，其他视图对象在地址域显示符号地址。

C 组态 MPI 地址

使用菜单命令"PLC"→"MPI Address…"，可以设置仿真 PLC 在指定的网络中的节点地址。用菜单命令"Save PLC"或"Save PLC As…"保存新地址。

D LAY 文件和 PLC 文件

LAY 文件用于保存仿真时各视图对象的信息，PLC 文件用于保存上次仿真运行时设置的数据和动作等，包括程序、硬件组态、CPU 工作方式的选择、运行模式（单周期运行模式或连续运行模式）的选择、I/O 状态、定时器的值、符号地址、电源的通/断等。下一次仿真时，不需要重复上次的操作，可以直接调用这两个文件。

E S7-PLC SIM 仿真软件的使用步骤及举例

使用 S7-PLC SIM 仿真软件调试程序的步骤如下：

（1）在 STEP 7 编程软件中生成项目，编写用户程序。

（2）点击 STEP 7 的 SIMATIC 管理器工具条中的"Simulation on/off"按钮，或执行菜单命令"Options"→"Simulate Modules"，打开 S7-PLC SIM 仿真软件窗口，如图 12-41 所示，窗口中自动出现 CPU 视图对象，同时自动建立了 STEP 7 与仿真 CPU 的连接。

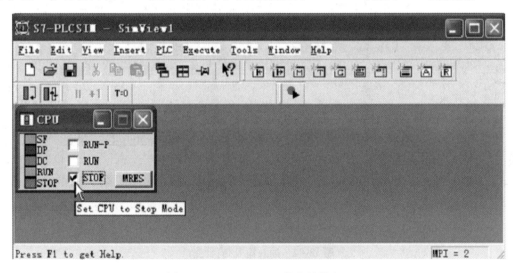

图 12-41   S7-PLC SIM 仿真软件窗口

（3）在 S7-PLC SIM 仿真软件窗口中用菜单命令"PLC"→"Power On"接通仿真 PLC 的电源；在 CPU 视图对象中点击 STOP 框，使 S7-PLC SIM 仿真软件 PLC 处于 STOP 模式。执行菜单命令"Execute"→"Scan Mode"→"Continuous"或点击"Continuous"按钮，令仿

真 PLC 的扫描方式为连续扫描。

（4）在 SIMATIC 管理器中打开要仿真的用户项目，选中"块"对象，点击工具条中的下载按钮，或执行菜单命令"PLC"→"Download"，将块对象下载到仿真 PLC 中。下载时，当出现"Do you want to load the system data?"（你想下载系统数据吗？）提问，一般回答"Yes"。

（5）单击 S7-PLC SIM 仿真软件工具条中的 ▣ 按钮，或执行菜单命令"Insert"→"Input Variable"（插入输入变量），创建输入 IB 字节型的视图对象。用类似的方法生成输出字节 QB、位存储器 M、定时器和计数器的视图对象。输入和输出一般以字节中的位的形式显示，根据被监视变量的情况确定 M 视图对象的显示格式。

（6）用视图对象来模拟实际 PLC 的输入/输出信号，用它来产生 PLC 的输入信号，或通过它来观察 PLC 的输出信号和内部元件的变化情况，检查下载的用户程序的执行是否能得到正确的结果。

退出仿真软件时，可以保存仿真时生成的 LAY 文件及 PLC 文件，以便于下次仿真时直接使用本次的各种设置。

应用举例：

（1）单击 S7-PLC SIM 仿真软件工具条中的 ▣ 按钮，或执行菜单命令"Insert"→"Input Variable"（插入输入变量），插入地址为 0 的字节型输入变量 IB。单击工具条中的 ▣ 按钮插入字节型输出变量 QB，并修改字节地址为 4，如图 12-42 所示。

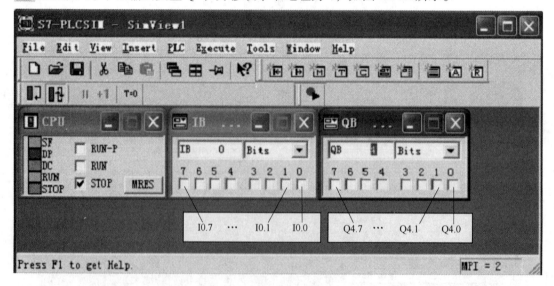

图 12-42　插入输入/输出变量

（2）进入监视状态。双击已创建项目下的 OB1，在程序编辑器中打开组织块 OB1。然后单击工具按钮 ☰ ，激活监视状态。在不同编程语言环境下，其监视界面略有不同，以梯形图（LAD）为例，其监视界面如图 12-43 所示，状态栏显示 CPU 当前处在 STOP 模式。

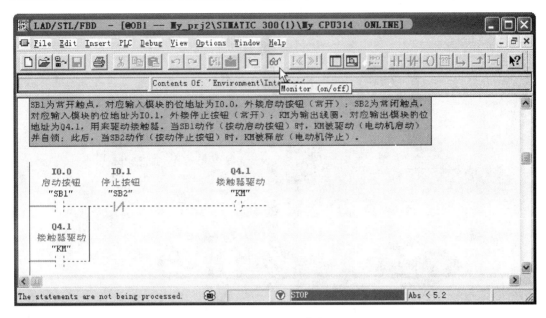

图 12-43　监视状态

（3）在图 12-42 中，当插入完输入/输出变量后，将 CPU 模式开关转换到 RUN 模式，开始运行程序。在图 12-43 的 LAD 程序中，监视界面下会显示信号流的状态和变量值。处于有效状态的元件显示为绿色高亮实线，处于无效状态的元件显示为蓝色虚线。可通过勾选 I0.0～I0.7 中的某一位或几位来表示有效。

（1）简述 SIMATIC S7-300 模块排列规则。

（2）根据要求，通过手动方法创建项目"S7-400ZT2"并进行硬件组态，硬件组态时使用电源模块 PS407 4A，CPU 选择 414-2 DP，输入模块为 SM321 DI32 × DC24V 和 AI16 × 16bit，输出模块选用 SM322 DO16 × DC 24V/2A。

（3）根据启动条件，组织块可分为哪几大类？

（4）简述数据块的作用。

（5）STEP 7 的程序结构可分为哪几类？

（6）逻辑块由哪几部分组成？

（7）简述符号编程的作用及全局符号和局部符号的区别。

（8）如图习-1 所示为双干道交通信号灯设置示意图。信号灯的动作受开关总体控制，按一下启动按钮，信号灯系统开始工作，并周而复始地循环动作；按一下停止按钮，所有信号灯都熄灭。信号灯控制的具体要求见表习-1，试编写信号灯控制程序。

（9）为何要进行程序下载？

（10）仿真 PLC 与实际 PLC 有何区别？

（11）简述下载的准备工作及下载方法。

（12）简述用变量表调试程序的基本步骤。

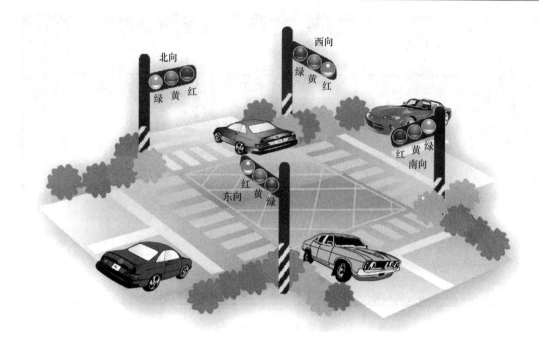

图习-1　双干道交通信号灯设置示意图

表习-1　信号灯控制要求

南北方向	信号	SN_G 亮	SN_G 闪	SN_Y 亮	SN_R 亮		
	时间	45s	3s	2s	30s		
东西方向	信号	EW_R 亮			EW_G 亮	EW_G 闪	EW_Y 亮
	时间	50s			25s	3s	2s

学习情境 5　S7-300/400 PLC 的通信控制

【知识要点】

知识目标：

（1）知道 PLC 通信的基本概念及方式；

（2）熟悉工厂自动化系统三级网络结构和 S7-300/400 通信网络；

（3）熟悉 PROFIBUS 的组成、协议结构、传输技术，掌握 PROFIBUS 总线连接器的结构；

（4）知道 PROFIBUS-DP 设备分类。

能力目标：

（1）会组建多点接口（MPI）网络；

（2）会正确连接 PROFIBUS 总线连接器；

（3）会 PROFIBUS-DP 网络组态，实现多套 S7-300 PLC 的通信连接。

学习性工作任务 13　用 PLC 的 MPI、PROFIBUS、工业以太网实现通信控制

13.1　任务背景及要求

当任意两台设备之间有信息交换时，它们之间就产生了通信。PLC 通信是指 PLC 与 PLC、PLC 与计算机、PLC 与现场设备或远程 I/O 之间的信息交换。PLC 通信的任务就是将地理位置不同的 PLC、计算机、各种现场设备等，通过通信介质连接起来，按照规定的通信协议，以某种特定的通信方式高效率地完成数据的传送、交换和处理。

S7-300/400 PLC 实现通信控制是本课程最基础的内容之一，也是高级电工、技师的一个非常重要的知识点、技能点。本单元首先组织学生参观 PLC 相关的实验实训室，利用实物，通过教师的讲解与演示，完整介绍 PLC 通信的基本概念、多点接口（MPI）网络通信、现场总线 PROFIBUS、工业以太网的主要知识点及网络组态方法，然后学生参照教师的示范，学会各种通信控制的连接、网络组态。

13.2　相关知识

13.2.1　PLC 通信的基本概念

13.2.1.1　PLC 通信的基本概念及方式

A　并行/串行通信

（1）并行通信。并行数据通信是以字节（Byte）或字（Word）为单位的数据传输方

式，需要 8 根（以字节为单位传送）或 16 根（以字为单位传送）数据线、1 根公共线，以及通信双方联络用的控制线。并行通信的传送速度快，但是传输线的根数多，抗干扰能力较差，一般用于近距离数据传送，例如 PLC 的模块之间的数据传送。

（2）串行通信。串行数据通信是以二进制的位（bit）为单位的数据传输方式，每次只传送一位，最少只需要两根线（双绞线）就可以连接多台设备，组成控制网络。串行通信需要的信号线少，适用于距离较远的场合。计算机和 PLC 都有通用的串行通信接口，例如 RS-232C 或 RS-485 接口，工业控制中计算机之间的通信一般采用串行通信方式。

B　异步通信与同步通信

在串行通信中，在连续传送大量的信息时，将会因积累误差造成发送和接收的数据错位，使接收方收到错误的信息。因此，需要使发送过程和接收过程同步。按同步方式的不同，串行通信可以分为异步通信和同步通信。

（1）异步通信。在异步通信中发送的字符由一个起始位、7~8 个数据位、1 个奇偶校验位（可选）和 1 位或 2 位停止位组成，如图 13-1 所示。通信双方需要对采用的信息格式和数据的传输速率作相同

图 13-1　异步通信的信息格式

的约定。接收方检验到停止位和起始位之间的下降沿后，将它作为接收的起始点，在每一位的中点接收信息。由于一个字符中包含的位数不多，即使发送方和接收方的收发频率略有不同，也不会因为两台设备之间的时钟周期的积累误差而导致信息的发送和接收错位。异步通信的缺点是传送附加的非有效信息较多，传输效率较低，但是随着通信速率的提高，可以满足控制系统通信的要求，PLC 一般采用异步通信。

奇偶校验用来检测接收到的数据是否出错。如果指定的是偶校验，发送方发送的每一个字符的数据位和奇偶校验位中"1"的个数为偶数，接收方对接收到的每一个字符的奇偶性进行校验，可以检验出传送过程中的错误。

（2）同步通信。同步通信以字节为单位，每次传送 1~2 个同步字符、若干个数据字节和校验字符。同步字符起联络作用，用它来通知接收方开始接收数据。在同步通信中，发送方和接收方应保持完全的同步，要求发送方和接收方应使用同一个时钟脉冲。可以通过调制解调的方式在数据流中提取出同步信号，使接收方得到与发送方同步的接收时钟信号。由于同步通信方式不需要在每个数据字符中增加起始位、停止位和奇偶校验位，只需要在需要发送的数据之前加一两个同步字符，所以传输效率高，但是对硬件的要求较高。

C　单工与双工通信

（1）单工通信。单工通信方式只能沿单一方向传输数据。

（2）双工通信。双工通信方式的信息可以沿两个方向传送，每一个站既可以发送数据，也可以接收数据。双工方式又分为全双工和半双工。

全双工方式中数据的发送和接收分别用两组不同的数据线传送，通信的双方都能在同一时刻接收和发送信息，如图 13-2 所示。半双工方式用同一组线接收和发送数据，通信的双方在同一时刻只能发送数据或接收数据，如图 13-3 所示。

图 13-2　全双工方式　　　　　　　　　　图 13-3　半双工方式

D　传输速率

在串行通信中，传输速率（又称波特率）的单位是波特（bit/s），即每秒传送的二进制位数。常用的传输速率为 300~38400bit/s，从 300 开始成倍数增加。

E　RS-232C 接口标准

RS-232C 是美国 EIC（电子工业联合会）在 1969 年公布的通信协议，这个标准对串行通信接口有关的问题，都作了明确的规定。

RS-232C 一般使用 9 针和 25 针 DB 型连接器，工业控制中 9 针连接器用得较多。当通信距离较近时，通信双方可以直接连接，最简单的情况在通信中不需要控制联络信号，只需要发送线、接收线和信号地线，便可以实现全双工异步串行通信。RS-232C 采用负逻辑，用 $-15 \sim -5V$ 表示逻辑状态 "1"，用 $+5 \sim +15V$ 表示逻辑状态 "0"，最大通信距离为 15m，最高传输速率为 20kbit/s，只能进行一对一的通信。RS-232C 使用单端驱动、单端接收电路，是一种共地的传输方式，容易受到公共地线上的电位差和外部引入的干扰信号的影响。

F　RS-422A

RS-422A 采用平衡驱动、差分接收电路，从根本上取消了信号地线。RS-422A 在最大传输速率（10Mbit/s）时，允许的最大通信距离为 12m。传输速率为 100kbit/s，最大通信距离为 1200m，一台驱动器可以连接 10 台接收器。在 RS-422A 模式，数据通过 4 根导线传送（四线操作）。RS-422A 是全双工，两对平衡差分信号线分别用于发送和接收。RS-422A 通信接线图如图 13-4 所示。

G　RS-485

RS-485 是 RS-422A 的变形，RS-485 为半双工，只有一对平衡差分信号线，不能同时发送和接收。使用 RS-485 通信接口和双绞线可以组成串行通信网络（如图 13-5 所示），构成分布式系统，系统中最多可以有 32 个站，新的接口器件允许连接 128 个站。

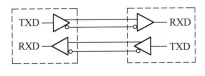　　　　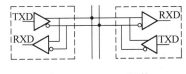

图 13-4　RS-422A 通信接线图　　　　图 13-5　RS-485 网络

13.2.1.2　计算机通信的国际标准

A　开放系统互连模型（OSI）

开放系统互连模型 OSI 是国际标准化组织 ISO 提出的，作为通信网络国际标准化的参考模型，OSI 参考模型有 7 个层次，如图 13-6 所示。7 层模型分为两类，一类是面向用户的第 5~7 层，另一类是面向网络的第 1~4 层。前者给用户提供适当的方式去访问网络系统，后者描述数据怎样从一个地方传输到另一个地方。

（1）物理层。物理层的下面是物理媒体，例如双绞线、同轴电缆等。物理层为用户提供建立、保持和断开物理连接的功能，RS-232C、RS-422A、RS-485 等就是物理层标准的例子。

（2）数据链路层。数据以帧（Frame）为单位传送，每一帧包含一定数量的数据和必要的控制信息，例如同步信息、地址信息、差错控制和流量控制信息。数据链路层负责在两个相邻节点间的链路上，实现差错控制、数据成帧、同步控制等。

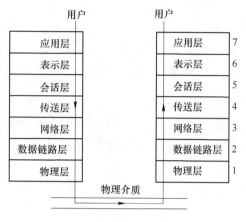

图 13-6　开放系统互连模型

（3）网络层。网络层的主要功能是报文包的分段、报文包阻塞的处理和通信子网中路径的选择。

（4）传输层。传输层的信息传送单位是报文（Message），它的主要功能是流量控制、差错控制、连接支持，传输层向上一层提供一个可靠的端到端（end-to-end）的数据传送服务。

（5）会话层。会话层的功能是支持通信管理和实现最终用户应用进程之间的同步，按正确的顺序收发数据，进行各种对话。

（6）表示层。表示层用于应用层信息内容的形式变换，例如数据加密/解密、信息压缩/解压和数据兼容，把应用层提供的信息变成能够共同理解的形式。

（7）应用层。应用层作为 OSI 的最高层，为用户的应用服务提供信息交换，为应用接口提供操作标准。不是所有的通信协议都需要 OSI 参考模型中的全部 7 层，例如有的现场总线通信协议只采用了 7 层协议中的第 1、第 2 和第 7 层。

B　IEEE 802 通信标准

IEEE（国际电工与电子工程师学会）的 802 委员会于 1982 年颁布了一系列计算机局域网分层通信协议标准草案，总称为 IEEE802 标准。它把 OSI 参考模型的底部两层分解为逻辑链路控制层（LLC）、媒体访问层（MAC）和物理传输层。前两层对应于 OSI 参考模型中的数据链路层，数据链路层是一条链路（Link）两端的两台设备进行通信时所共同遵守的规则和约定。IEEE802 的媒体访问控制层对应于三种已建立的标准，即带冲突检测的载波侦听多路访问（CSMA/CD）协议、令牌总线（Token Bus）和令牌环（Token Ring）。

（1）CSMA/CD。CSMA/CD 通信协议的基础是 XEROX 公司研制的以太网（Ethernet），各站共享一条广播式的传输总线，每个站都是平等的，采用竞争方式发送信息到传输线上，也就是说，任何一个站都可以随时广播报文，并为其他各站接收。当某个站识别到报文上的接收站名与本站的站名相同时，便将报文接收下来。由于没有专门的控制站，两个或多个站可能因同时发送信息而发生冲突，造成报文作废，因此必须采取措施来防止冲突。

发送站在发送报文之前，先监听一下总线是否空闲，如果空闲，则发送报文到总线上，称之为"先听后讲"，但是这样做仍然有发生冲突的可能、因为从组织报文到报文在总线上传输需要一段时间，在这一段时间中，另一个站通过监听也可能会认为总线空闲并发送报文到总线上，这样就会因两站同时发送而发生冲突。为了防止冲突，可以采取两种措施：一种是发送报文开始的一段时间，仍然监听总线，采用边发送边接收的办法，把接收到的信息和自己发送的信息相比较，若相同则继续发送，称之为"边听边讲"；若不相同则发生冲突，立即停止发送报文，并发送一段简短的冲突标志（阻塞码序列）。通常把这种"先听后讲"和"边听边讲"相结合的方法称为 CSMA/CD（带冲突检测的载波侦听多路访问技术），其控制策略是竞争发送、广播式传送、载体监听、冲突检测、冲突后退和再试发送。另一种措施是准备发送报文的站先监听一段时间（大约是总线传输延时的 2 倍），如果在这段时间中总线一直空闲，则开始作发送准备，准备完毕，真正要将报文发送到总线之前，再对总线作一次短暂的检测，若仍为空闲，则正式开始发送；若不空闲，则延时一段时间后再重复上述的二次检测过程。

CSMA/CD 允许各站平等竞争，实时性好，适合于工业自动控制计算机网络。

（2）令牌总线。IEEE802 标准中的工厂媒质访问技术是令牌总线，其编号为 802.4。在令牌总线中，媒体访问控制是通过传递一种称为令牌的特殊标志来实现的。按照逻辑顺序，令牌从一个装置传递到另一个装置，传递到最后一个装置后，再传递给第一个装置，如此周而复始，形成一个逻辑环。令牌有"空"、"忙"两个状态，令牌网开始运行时，由指定站产生一个空令牌沿逻辑环传送。任何一个要发送信息的站都要等到令牌传给自己，判断为空令牌时才能发送信息。发送站首先把令牌置成"忙"，并写入要传送的信息、发送站名和接收站名，然后将载有信息的令牌送入环网传输。令牌沿环网循环一周后返回发送站时，信息已被接收站拷贝，发送站将令牌置为"空"，送上环间继续传送，以供其他站使用。如果在传送过程中令牌丢失，由监控站向网内注入一个新的令牌。

令牌传递式总线能在很重的负荷下提供实时同步操作，传送效率高，适于频繁、较短的数据传送，因此它最适合于需要进行实时通信的工业控制网络系统。

（3）令牌环。令牌环在 IEEE802 标准中的编号为 802.5，它有些类似于令牌总线。在令牌环上，最多只能有一个令牌绕环运动，不允许两个站同时发送数据。令牌环从本质上看是一种集中控制式的环，环上必须有一个中心控制站负责网的工作状态的检测和管理。

C　现场总线及其国际标准

IEC（国际电工委员会）对现场总线（Fieldbus）的定义是"安装在制造和过程区域的现场装置与控制室内的自动控制装置之间的数字式、串行、多点通信的数据总线称为现场总线"。它是当前工业自动化的热点之一。现场总线以开放的、独立的、全数字化的双向多变量通信代替 0～10 或 4～20 现场电动仪表信号。现场总线 I/O 集检测、数据处理、通信为一体，可以代替变送器、调节器、记录仪等模拟仪表，它不需要框架、机柜，可以直接安装在现场导轨槽上。现场总线 I/O 的接线极为简单，只需一根电缆，从主机开始，沿数据链从一个现场总线 I/O 连接到下一个现场总线 I/O。使用现场总线后，自控系统的配线、安装、调试和维护等方面的费用可以节约 2/3 左右。使用现场总线后，操作员可以在中央控制室实现远程监控，对现场设备进行参数调整，还可以通过现场设备的自诊断功能预测故障和寻找故障点。

IEC 61158 是迄今为止制订时间最长、意见分歧最大的国际标准之一。制订时间超过

12 年，先后经过 9 次投票，在 1999 年底获得通过。IEC 61158 最后容纳了 8 种互不兼容的协议：

（1）类型 1：原 IEC61158 技术报告，即现场总线基金会（FF）的 H1；

（2）类型 2：Control Net（美国 Rockwell 公司支持）；

（3）类型 3：PROFIBUS（德国西门子公司支持）；

（4）类型 4：P-Net（丹麦 Process Data 公司支持）；

（5）类型 5：FF 的 HSE（原 FF 的 H2，高速以太网，美国 Fisher Rosemount 公司支持）；

（6）类型 6：Swift Net（美国波音公司支持）；

（7）类型 7：WorldFIP（法国 Alstom 公司支持）；

（8）类型 8：Interbus（德国 Phoenix contact 公司支持）。

各类型将自己的行规纳入 IEC 61158，且遵循两个原则：

（1）不改变 IEC 61158 技术报告的内容；

（2）8 种类型都是平等的，类型 2~8 都对类型 1 提供接口，标准并不要求类型 2~8 之间提供接口。

IEC 62026 是供低压开关设备与控制设备使用的控制器电气接口标准，于 2000 年 6 月通过。它包括：

（1）IEC 62026-1：一般要求；

（2）IEC 62026-2：执行器传感器接口 AS-i（Actuator Sensor Interface）；

（3）IEC 62026-3：设备网络 DN（Device Network）；

（4）IEC 62026-4：Lonworks（Local Operating Networks）总线的通信协议 LonTalk；

（5）IEC 62026-5：灵巧配电（智能分布式）系统 SDS（Smart Distributed System）；

（6）IEC 62026-6：串行多路控制总线 SMCB（Serial Multiplexed Control Bus）。

13.2.1.3　S7-300/400 通信网络

A　工厂自动化系统三级网络结构

（1）现场设备层。现场设备层的主要功能是连接现场设备，例如分布式 I/O、传感器、驱动器、执行机构和开关设备等，完成现场设备控制及设备间连锁控制。

（2）车间监控层。车间监控层又称为单元层，用来完成车间生产设备之间的连接，实现车间级设备的监控。车间级车间监控层通常包括生产设备状态的在线监控、设备故障报警及维护等、生产统计、生产调度等功能。车间级监控网络可采用 PROFIBUS-FMS 或工业以太网。

（3）工厂管理层。车间操作员工作站可以通过集线器与车间办公管理网连接，将车间生产数据送到车间管理层。车间管理网作为工厂主网的一个子网，通过交换机、网桥或路由器等连接到厂区主干网上，将车间数据集成到工厂管理层。工厂管理层通常采用符合 IEC802.3 标准的以太网，即 TCP/IP 通信协议标准。

B　S7-300/400 通信网络

S7-300/400 有很强的通信功能，CPU 模块集成有 MPI 和 DP 通信接口，有 PROFIBUS-DP 和工业以太网的通信模块，以及点对点通信模块。通过 PROFIBUS-DP 或 AS-i 现场总线，CPU 与分布式 I/O 模块之间可以周期性地自动交换数据（过程映像数据交换）。在自动化系统之间，PLC 与计算机和 HMI（人机接口）站之间，均可以交换数据。数据通信可以周期性地自动进行，或基于事件驱动（由用户程序块调用）。

S7-300/400 PLC 网络结构示意图如图 13-7 所示。

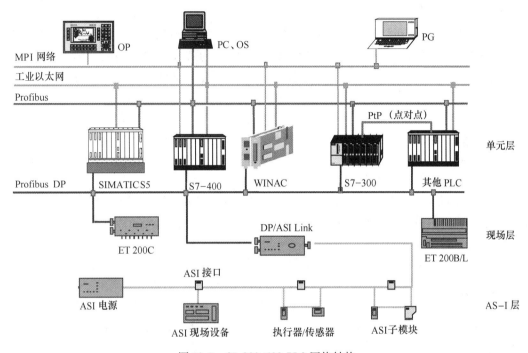

图 13-7　S7-300/400 PLC 网络结构

（1）多点接口（MPI）。MPI 是多点接口（Multi Point Interface）的简称，S7-300/400 CPU 都集成了 MPI 通信协议，MPI 的物理层是 RS-485，最大传输速率为 12M bit/s，可用于单元层。MPI 本质上是一个 PG 接口，PLC 通过 MPI 能同时连接运行 STEP 7 的编程器、计算机、人机界面（HMI）及其他 SIMATIC S7、M7 和 C7。STEP 7 的用户界面提供了通信组态功能，使得通信的组态非常简单。

（2）工业现场总线（PROFIBUS）。PROFIBUS 是开放的用于单元层和现场层的通信系统，它符合 IEC 61158 标准（是该标准中的类型 3），符合该标准的各厂商生产的设备都可以接入同一网络中。S7-300/400PLC 可以通过通信处理器或集成在 CPU 上的 PROFIBUS-DP 接口连接到 PROFIBUS-DP 网络上。

（3）工业以太网（Industrial Ethernet）。工业以太网是用于工厂管理和单元层的通信系统。符合 IEEE 802.3 国际标准。用于对时间要不太严格，需要传送大量数据的通信场合，可以通过网关来连接远程网络。

（4）点对点连接（Point-to-Point Connections，PtP）。点对点连接可以连接两台 S7 PLC 和 S5 PLC，以及计算机、打印机、机器人控制系统、扫描仪和条码阅读器等非西门子设备。通常用于对时间要求不严格的数据交换。使用 CP 340、CP 341 和 CP 441 通信处理模块，或通过 CPU 313CZPtP 和 CPU 314C-2PtP 集成的通信接口，可以建立起经济而方便的点对点连接。

（5）AS-i（Actuator-Sensor-Interface，执行器-传感器-接口）。AS-i 是位于自动控制系

统最底层的网络，用来连接有 AS-i 接口的现场二进制设备，只能传送少量的数据，例如开关的状态。可以将二进制传感器和执行器连接到网络上。

13.2.1.4　S7-300/400 通信方式

A　全局数据通信

全局数据（GD）通信通过 MPI 接口在 CPU 间循环交换数据，用全局数据表来设置各 CPU 之间需要交换的数据存放的地址区和通信的速率，通信是自动实现的，不需要用户编程，不需要 CPU 的连接，只需要利用组态进行适当配置，将需要交换的数据存在一个配置表中。当过程映像被刷新时，在循环扫描检测点进行数据交换；S7-400 的全局数据通信可以用 SFC 来启动。全局数据可以是输入、输出、标志位（M）、定时器、计数器和数据区。

西门子 PLC 与 PLC 之间的 MPI 全局数据包通信方式，只能在 S7-300 与 S7-300、S7-400 或 S7-300 与 S7-400 之间通信，用户不需要编写任何程序，在硬件组态时组态所有 MPI 通信的 PLC 站见的发送区与接收区就可以了。

S7 程序中的功能（FC）、功能块（FB）、组织块（OB）都能用绝对地址或符号地址来访问全局数据。最多可以在一个项目中的 15 个 CPU 之间建立全局数据通信。它只能用来循环地交换少量数据。

S7-300 CPU 每次最多可以交换 4 个包含 22B 的数据包，最多可以有 16 个 CPU 参与数据交换。S7-400CPU 可以同时建立最多 64 个站的连接，MPI 网络最多 32 个节点。任意两个 MPI 节点之间可以串联 10 个中继器，以增加通信的距离。每次程序循环最多 64B，最多 16 个 GD 数据包。在 CR2 机架中，两个 CPU 可以通过 K 总线用 GD 数据包进行通信。

通过全局数据通信，一个 CPU 可以访问另一个 CPU 的数据块、存储器位和过程映像等。全局通信用 STEP 7 中的 GD 表进行组态。对 S7、M7 和 C7 的通信服务可以用系统功能块来建立。

B　基本通信（非配置的连接）

基本通信可以用于所有的 S7-300/400CPU 通过 MPI 或站内的 K 总线（通信总线）来传送最多 76B 的数据。在用户程序中用系统功能（SFC）来传送数据。在调用 SFC 时，通信连接被动态地建立，CPU 上需要一个自由的连接。

C　扩展通信（配置的通信）

扩展通信可以用于所有的 S7-300/400CPU，通过 MPI、PROFIBUS 和工业以太网最多可以传送 64KB 的数据。通信是通过系统功能块（SFB）来实现的，支持有应答的通信。在 S7-300 中可以用 SFB15 "PUT" 和 SFB14 "GET" 来写出或读入远端 CPU 的数据。扩展的通信功能还能执行控制功能，例如控制通信对象的启动和停机。这种通信方式需要用连接表配置连接，被配置的连接在站启动时建立并一直保持。

13.2.2　多点接口（MPI）网络通信

13.2.2.1　多点接口（MPI）简介

A　MPI 网络简介

MPI 是多点通信接口（Multi Point Interface）的简称。MPI 网络的通信速率为

19.2kbit/s～12Mbit/s，MPI 默认的传输速率为 187.5kbit/s 或 1.5Mbit/s，与 S7-200 通信时只能指定 19.2kbit/s。只有能够设置为 Profibus 接口的 MPI 网络才支持 12Mbit/s 的通信速率。两个相邻节点间的最大传送距离为 50m，加中继器后为 100m，使用光纤和星形连接时为 23.8km。通过 MPI 接口，CPU 可以自动广播其总线参数组态（例如波特率）。然后 CPU 可以自动检索正确的参数，并连接至一个 MPI 子网。

在 S7-300/400CPU 中集成了多点接口通信协议，MPI 物理接口符合 Profibus RS485（EN 50170）接口标准。MPI 的基本功能是 S7 的编程接口，还可以通过 MPI、PLC 同时与多个设备建立通信连接，可以连接的设备包括编程器或运行 STEP 7 的计算机、人机界面及其他 SIMATIC S7、M7 和 C7。同时连接的通信对象的个数与 CPU 的型号有关。可以进行 S7-300 之间、S7-300/400 之间、S7-300/400 与 S7-200 之间小数据量的通信。

接入到 MPI 网的设备称为一个节点，不分段的 MPI 网（无 RS-485 中继器）最多可以有 32 个网络节点。仅用 MPI 构成的网络，称为 MPI 分支网（简称 MPI 网）。两个或多个 MPI 分支网，用网间连接器或路由器连接起来，就能构成较复杂的网络结构，实现更大范围的设备互连。

每个 MPI 分支网都有一个网络号，以区别不同的 MPI 分支网。分支网上的每个节点都有一个网络地址，这里称为 MPI 地址。节点 MPI 地址号不能大于给出的最高 MPI 地址，这样才能使每个接点正常通信。S7 在出厂时对一些装置给出了默认 MPI 地址，详见表 13-1。MPI 分支网络号的默认设置是 0。

表 13-1　MPI 网络设备的默认地址

节点（MPI 设备）	默认 MPI 地址	最高 MPI 地址
PG/PC	0	15
OP/TP	1	15
CPU	2	15

用 PG/PC 可以为设备分配需要的 MPI 地址，修改最高 MPI 地址。分配 MPI 地址要遵守这样的规定：一个分支网络中，各节点要设置相同的分支网络号；在一个分支网络中，MPI 地址不能重复，并且不超过设定的最大 MPI 地址；同一分支网中，所有的节点都应设置相同最高 MPI 地址；为提高 MPI 网节点通信速度，最高 MPI 地址应当较小。如果机架上安装有功能模块和通信模块，他们的地址则由 CPU 的 MPI 地址顺序加 1 构成。在 MPI 网运行期间，不能插入或拔出模块。

通过 MPI 可以访问 PLC 所有的智能模块，例如功能模块。STEP 7 的用户界面提供了全局数据通信组态功能，使得通信的组态非常简单。

联网的 CPU 可以通过 MPI 接口实现全局数据（GD）服务，周期性地相互交换少量的数据。最多可以与在一个项目中的 15 个 CPU 之间建立全局数据通信。

每个 MPI 节点都有自己的 MPI 地址（0～126），编程设备、人机接口和 CPU 的默认地址分别为 0、1、2。

在 S7-300 中，MPI 总线在 PLC 中与 K 总线（通信总线）连接在一起，S7-300 机架上 K 总线的每一个节点（功能模块 FM 和通信处理器 CP）也是 MPI 的一个节点，有自己的 MPI 地址。

在 S7-400 中，MPI（187.5kbit/s）通信模式被转换为内部 K 总线（10.5Mbit/s）。S7-400 只有 CPU 有 MPI 地址，其他智能模块没有独立的 MPI 地址。

通过全局数据通信，一个 CPU 可以访问另一个 CPU 的位存储器、输入/输出映像区、定时器、计数器和数据块中的数据。对 S7、M7 和 C7 的通信服务可以用系统功能块来建立。

通过 MPI 可实现 S7 PLC 之间的三种通信方式：全局数据包通信、无组态连接通信和组态连接通信。

B　GD 通信原理

在 MPI 分支网上实现全局数据共享的两个或多个 CPU 中，至少有一个是数据的发送方，有一个或多个是数据的接收方。发送或接收的数据称为全局数据，或称为全局数。全局数据可以由位、字节、字、双字或相关数组组成，它们被称为全局数据的元素。例如，I5.2（位）、QB8（字节）、MW10（字）、DB3.DB4（双字）、MB50：20（字节相关数组）。MB50：20 是 GD 元素的简洁表达方式，冒号后的 20 表示该元素由 MB50、MB50、MB50 等连续 20 个字节组成。

具有相同的发送者和接收者的全局数据可以集合成一个全局数据包（GD Packet）。每个数据包有数据包编号，数据包中的变量有变量号（Variable Number）。一个全局数据包由一个或几个 GD 元素组成。S7-300CPU 可以发送和接收的 GD 包的个数（4 个或 8 个）与 CPU 的型号有关，每个 GD 包最多 22B 数据，最多 16 个 CPU 参与全局数据交换。S7-400CPU 可以发送和接收的 GD 包的个数与 CPU 的型号有关，可以发送 8 个或 16 个 GD 包，接收 16 个或 32 个 GD 包，每个 GD 包最多 64B 数据。S7-400 CPU 具有对全局数据交换的控制功能，支持事件驱动的数据传送方式。

参与全局数据包文换的 CPU 构成了全局数据环（GD Circle）。每个全局数据环用数据环号码来标识（GD Circle Number）。例如 GD1.2.3 是 1 号 GD 环、2 号 GD 包中的 3 号数据。全局数据环是全局数据块的一个确切的分布回路，同一个 GD 环中的 CPU 可以向环中其他的 CPU 发送数据或接收数据。典型的全局数据环有两种：两个以上的 CPU 组成的全局数据环，一个 CPU 作 GD 块的发送方时，其他的 CPU 只能是该 GD 块的接收方；当两个 CPU 构成一个数据环时，那么一个 CPU 既能向另一个 CPU 发送数据块又能接收数据。

S7-300 的每个 CPU 可以参与最多 4 个不同的数据环，在一个 MPI 网络中最多可以有 15 个 CPU 通过全局通信来交换数据。

在 PLC 操作系统的作用下，发送 CPU 在它的一个扫描循环结束时发送全局数据，接收 CPU 在它的一个扫描循环开始时接收 GD。这样，发送全局数据包中的数据，对于接收方来说是"透明的"。也就是说，发送全局数据包中的信号状态会自动影响接收数据包；接收方对接收数据包的访问，相当于对发送数据包的访问。

其实，MPI 网络进行 GD 通信的内在方式有两种：一种是一对一方式，当 GD 环中仅有两个 CPU 时，可以采用类全双工点对点方式，不能有其他 CPU 参与，只有两者独享；另一种为一对多（最多 4 个）广播方式，一个点播，其他接收。

C　MPI 网络连接部件

连接 MPI 网络时常用到两个网络部件：网络连接器和网络中继器。在计算机上应插一块 MPI 卡，或使用 PC/MPI 适配器。MPI 网络连接器采用 PROFIBUS RS-485 总线连接器，连接器插头分为两种，一种带 PG 接口，一种不带 PG 接口，如图 13-8 所示。

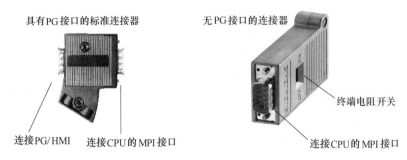

图 13-8　网络连接器

总线连接器或中继器上均设计了终端匹配电阻。位于网络终端的站，应将其连接器上的"终端电阻"开关合上，以接入终端电阻。组建通信网络时，在网络拓扑分支的末端节点需要接入浪涌匹配电阻。

对于 MPI 网络，节点间的连接距离是有限制的，从第一个节点到最后一个节点最长距离仅为 50m，对于一个要求较大区域的信号传输或分散控制系统，采用两个中继器（或称转发器、重复器）可以将两个节点的距离增大到 1100m，通过 OLM 光纤距离可扩展到 100km 以上，但是两个节点之间不应有其他节点，如图 13-9 所示。

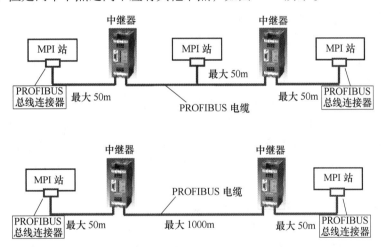

图 13-9　采用中继器延长网络连接距离

在采用分支线的结构中，分支线的距离是与分支线的数量有关的，分支线为一根时，最大距离可以是 10m，分支线最多为 6 根，其距离被限定在 5m 以下。

13.2.2.2　多点接口（MPI）网络组建

A　GD 通信应用步骤

应用 GD 通信，就要在 CPU 中定义全局数据块，这一过程也称为全局数据通信组态。在对全局数据进行组态前，需要先执行下列任务：

（1）定义项目和 CPU 程序名；

（2）用 PG 单独配置项目中的每个 CPU，确定其分支网络号、MPI 地址、最大 MPI 地址等参数。

在用 STEP 7 开发软件包进行 GD 通信组态时，由系统菜单"Options"中的"Define Global Data"程序进行 GD 表组态。具体组态步骤如下：

（1）在 GD 空表中输入参与 GD 通信的 CPU 代号；

（2）为每个 CPU 定义并输入全局数据，指定发送 GD；

（3）第一次存储并编译全局数据表，检查输入信息语法是否为正确数据类型，是否一致；

（4）设定扫描速率，定义 GD 通信状态双字；

（5）第二次存储并编译全局数据表；

（6）下载 GD 表。

第一次编译形成的组态数据对于 GD 通信已足够，若确实需要输入与 GD 通信状态或扫描速率有关的附加信息，可进行第二次编译。

扫描速率决定 CPU 用几个扫描循环周期发送或接收一次 GD。

B　MPI 网络组态举例

本节通过一个例子介绍 MPI 网络组态的方法。

（1）生成 MPI 硬件工作站并设置 MPI 地址。打开 STEP 7，首先执行菜单命令"File"→"New..."创建一个 S7 项目，并命名为"全局数据"。选中管理器左边窗口中的"全局数据"项目名，然后执行菜单命令"Insert"→"Station"→"SIMATIC 300 Station"，在此项目下插入两个 S7-300 的 PLC 站，分别重命名为 MPI_Station_1 和 MPI_Station_2。

选中 MPI_Station_1 或 MPI_Station_2 站后，在右边窗口中单击"Hardware"图标，然后完成两个 PLC 站的硬件组态。

在 MPI_Station_1 或 MPI_Station_2 站中，通过双击"CPU315-2 DP"打开 CPU 的属性设置对话框，也可选中管理器左边窗口中的"全局数据"项目对象，在右边的工作区内双击 MPI 图标，打开 Netpro 工具，出现了一条红色的标 MPI（1）的网络，和没有与网络相连的 2 个站的图标。双击某站标有小红方块的区域，打开 CPU 的属性设置对话框，如图 13-10 所示。

在"General"选项卡中点击"Interface"接口区内的"Properties"按钮，打开"Properties MPI Interface"窗口，通过"Parameters"选项卡中的"Adress"列表框，设置 MPI 站地址。一般可以使用系统指定的地址，用户也可以修改 MPI 站地址，各站的 MPI 地址应互不重叠。在"Subnet"（子网）显示框中，如果选择 MPI（1），该 CPU 就被连接到 MPI（1）子网上，选择"not networked"，将断开与 MPI（1）子网的连接。"Parameters"选项卡中的"New"按钮用来生成新的子网，"Delete"按钮用来删除选中的子网。"Properties"按钮用来设置选中的子网的属性，例如修改子网的名称，设置子网的传输速率等。

在本例中 MPI 地址分别设置为 2 号和 4 号，通信速率为 187.5kbit/s。在 Netpro 中组态好的 MPI 网络如图 13-11 所示，保存并编译硬件组态。

（2）网络连接。用 PROFIBUS 电缆连接 MPI 节点，用点对点的方式将它们分别下载到各 CPU 中。可以用 SIMATIC 管理器的"Accessible Nodes"功能来测试可以访问的节点。

（3）生成全局数据表。用鼠标右键点击图 13-11 中的 MPI 网络线，选择菜单命令 De-

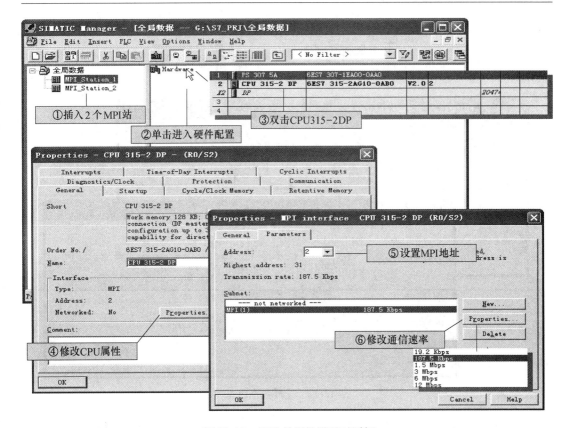

图 13-10　CPU 的属性设置对话框

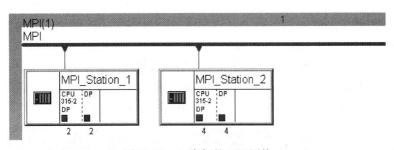

图 13-11　组态好的 MPI 网络

fine Global Date，进入全局数据组态画面，如图 13-12 所示。双击 GDID 右边的灰色区域，从弹出的对话框内选择需要通信的 CPU。CPU 栏允许最多有 15 个 CPU 参与通信。

在每个 CPU 栏底下填上数据的发送区和接收区。选择 MPI_Station_1，通过点击工具按钮 ◇→ 将其作为发送站。MPI_Station_2 站自动设为接收区。

地址区可以为 DB、M、I、Q 区，对于 S7-300 最大长度为 22B，S7-400 最大为 54B。发送区与接收区的长度应一致，本例中的通信区为 20B。

点击工具按钮 ⬛，对所作的组态执行第一次编译存盘，把组态数据分别下载到 CPU 中。编译后，每行通信区都会有 GD ID 号，如图 13-12 所示，GD ID 号为 GD 1.1.1，GD ID 的格式为：GD a. b. c。数字 a 表示全局数据 GD 环，每个 GD 环表示和一个 CPU 通信。

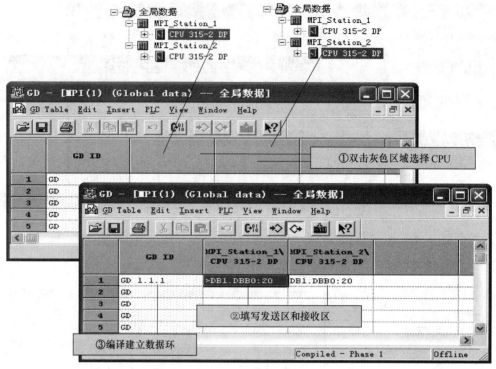

图 13-12　全局数据组态

数字 b 表示一个 GD 环有几个全局数据包。数字 c 表示一个数据包的数据区数。

在 S7-300 PLC 中，一个 CPU 可包含 4 个全局数据环，每个全局数据环中一个 CPU 最多只能发送和接收一个数据包，每个数据包中最多可包含 22B 数据。而 S7-400 PLC 中，一个 CPU 可包含 16 个全局数据环，每个全局数据环中一个 CPU 最多只能发送一个数据包和接收两个数据包，每个数据包中最多可包含 54B 数据。

（4）定义扫描速率和状态信息。扫描速率用来定义 CPU 刷新全局数据的时间间隔。执行菜单命令"View"→"Scan Rates"，可以设置扫描速率状态字地址，如图 13-13 所示。

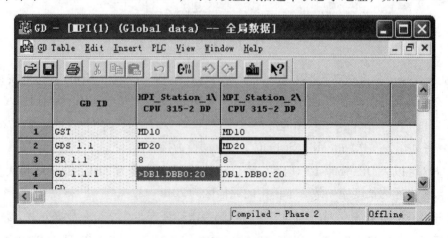

图 13-13　扫描速率和状态信息

每个数据包将增加标有"SR"的行，用来设置该数据包的扫描速率（1~255），扫描速率的单位是 CPU 的循环扫描周期，S7-300 默认的扫描速率为 8，S7-400 的为 22，用户可以修改默认的扫描速率。如果选择 S7-400 的扫描速率为 0，表示是事件驱动的 GD 发送和接收。

可以用 GD 数据传输的状态双字来检查数据是否被正确地传送，第一次编译后执行菜单命令"View"→"Status"，在出现的 GDS 行中可以给每个数据包指定一个用于状态双字的地址。最上面一行的全局状态双字 GST 是各 GDS 行中的状态双字相"与"的结果。状态双字中使用的各位的意义见表 13-2，被置位的位将保持其状态不变，直到它被用户程序复位。状态双字使用户程序能及时了解通信的有效性和实时性，增强了系统的故障诊断能力。设置好扫描速率和状态字的地址后，应对全局数据表进行第二次编译，使扫描速率和状态双字地址包含在配置数据中。第二次编译完成后，在 CPU 处于 STOP 模式时将配置数据下载到 CPU 中。下载完成后将各 CPU 切换到 RUN 模式，各 CPU 之间将开始自动地交换全局数据。在循环周期结束时发送方的 CPU 发送数据，在循环周期开始时，接收方的 CPU 将接收到的数据传送到相应的地址区中。

表 13-2 GD 通信状态双字的格式

位号	说　明	状态位设定者
0	发送方地址区长度错误	发送或接收 CPU
1	发送方找不到存储 GD 的数据块	发送或接收 CPU
3	全局数据包在发送方丢失	发送 CPU
	全局数据包在接收方丢失	发送或接收 CPU
	全局数据包在链路上丢失	接收 CPU
4	全局数据包语法错误	接收 CPU
5	全局数据包 GD 对象遗漏	接收 CPU
6	接收方发送方数据长度不匹配	接收 CPU
7	接收方地址区长度错误	接收 CPU
8	接收方找不到存储 GD 的数据块	接收 CPU
11	发送方重新启动	接收 CPU
31	接收方接收到新数据	接收 CPU

C 利用 SFC60 和 SFC61 传递全局数据

使用 SFC60"GD_SEND"和 SFC61"GD_RCV"，S7-400 可以用事件驱动的方式发送和接收 GD 包，实现全局通信。可单独使用循环驱动或程序控制方式，也可组合起来使用。SFC60 用来按设定的方式采集并发送全局数据包。SFC61 用来接收发送来的全局数据包并存入设定区域中。

在全局数据表中，必须对要传送的 GD 包组态，并将扫描速率设置为 0。SFC60 和 SFC61 可以在用户程序中的任何一点被调用。全局数据表中设置的扫描速率不受调用 SFC60 和 SFC61 的影响。SFC60 和 SFC61 能够被更高优先级的块中断。在高优先级的块中可以使用 SFC60 和 SFC61。

为了保证全局数据交换的连续性，在调用 SFC60 或 SFC61 之前所有中断都应被禁止。

可调用 SFC39 "DIS_IRT" 来禁止中断和调用 SFC41 来延时处理中断。SFC60 执行完后调用 SFC40 "EN_IRT" 开放中断或调用 SFC42 "EN_AIRT" 开放延时。下面是用 SFC60 发送全局数据 GD2.1，用 SFC61 接收全局数据 GD2.2 的应用程序。

使用系统功能（SFC）或系统功能块（SFB）时，需切换到在线视窗，查看当前 CPU 是否具备所需的系统功能或系统功能块，然后将它们拷贝到项目的 "Blocks" 文件夹内。接下来可切换到离线视窗调用系统功能或系统功能块。

假设已在全局数据表中完成了 GD 组态，以 MPI_Station_1 为例，设预发送数据包为 GD2.1，设预接收数据包为 GD2.2。要求当 M1.0 为 "1" 时发送全局数据 GD2.1，当 M1.2 为 "1" 时接收全局数据 GD2.2。程序如图 13-14 所示。

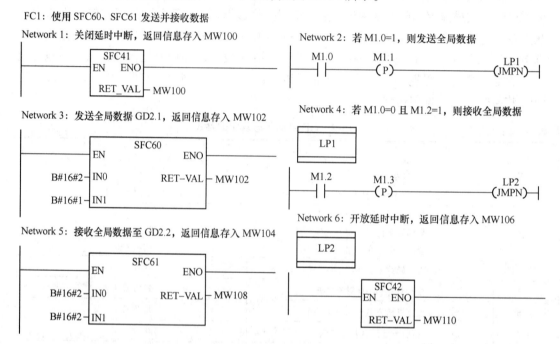

图 13-14　用 SFC60 发送全局数据 GD2.1，用 SFC61 接收全局数据 GD2.2

D　无组态连接的 MPI 通信方式

不用连接组态的 MPI 通信用于 S7-300 之间、S7-300/400 之间、S7-300/400 与 S7-200 之间的通信，是一种应用广泛、经济的通信方式。

（1）需要双方编程的 S7-300/400 之间的通信。首先建立一个项目，对两个 PLC 的 MPI 网络组态，假设 A 站和 B 站的 MPI 地址分别设置为 2 和 3。将 A 站中 M20～M24 中的数据发送到 B 站的 M30～M34。

在 A 站的循环中断组织块 OB35 中调用系统功能 SFC 65 "X_SEDN"，将 MB20～MB24 中 5B 的数据发送到 B 站。在 B 站的 OB1 中调用系统功能 SFC "66 X_RCV"，接收 A 站发送的数据，并存放到 MB30～34 中。下面是发送方（A 站）的 OB35 中的程序：

Network 1：通过 MPI 发送数据

CALL "X_SEND"

REQ　　　　　　　　:= TRUE　　　　　　　　//激活发送请求

CONT	: = TRUE	//发送完成后保持连接
DFST_ID	: = W#16#3	//接收方的 MPI 地址
REQ_ID	: = DW#16#1	//任务标识符
SD	: = P#M20. 0 BYTE 5	//本地 PLC 发送区
RET_VAL	: : = LW0	//返回的故障信息
BUSY	: = L2. 0	// = 1 表示发送未完成

输入 REQ 等号之后的值时输入"1"，输入后自动变为"TRUE"。下面是接收方（B 站）的 OBI 中的程序：

Network 1：从 MPI 接收数据

CALL "X_RCV"

EN_DT	: = TRUE	//接收到的数据复制到接收区
RET_VAL	: = LW0	//返回的错误代码, = W#16#7000 无错误
REQ_ID	: = LD2	//SFC65 "X_SEND" 的任务标识符
NDA	: = L6. 0	//为 0 没有新的排队数据
		//为 1 且 EN_DT 为 1 时新数据被复制
RD	: = P#M30. 0 BYTE 5	//本地 PLC 的数据接收区

（2）只需一个站编程的 S7-300/400 之间的通信。假设 A 站和 B 站的 MPI 地址分别为 2 和 3，B 站不用编程，在 A 站的循环中断组织块 OB35 中调用发送功能 SFC68 "X_PUT"，将 MB40～MB49 中的 10B 的数据发送到 B 站的 MB50～59 中；调用接收功能 SFC67 "X_GET"，将对方的 MB60～MB69 中的 10B 的数据读入到本地的 MB70～79 中。下面是 A 站的 OB35 中的程序：

Network 1：用 SFC68 从 MPI 发送数据

CALL "X_PUT"

REQ	: = TRUE	//激活发送请求
CONT	: = TRUE	//发送完成后保持连接
DEST_ID	: = w#16#3	//接收方的 MPI 地址
VAR_ADDR	: = P#M50. 0 BYTE 10	//对方的数据接收区
SD	: = P#M40. 0 BYTE 10	//本地的数据发送区
RET_VAL	: = LW0	//返回的故障信息
BUSY	: = L2. 1	//为 1 发送未完成

Network 2：用 FSC67 从 MPI 读取对方的数据到本地 PLC 的数据区

CALL "X_GET"

REQ	: = TRUE	//激活请求
CONT	: = TRUE	//接收完成后保持连接
DEST_ID	: = W#16#3	//对方的 MPI 地址
VAR_ADDR	: = P#M60. 0 BYTE 10	//要读取的对方的数据区
RET_VAL	: = LW4	//返回的故障信息
BUSY	: = L2. 2	//为 1 发送未完成
RD	: = P#M7O. 0 BYTE 10	//本地的数据接收区

SFC69 "X_ABORT" 可以中断一个由 "SFC X _SEND"、"X_GET" 或 "X_PUT" 建

立的连接。如果上述 SFC 的工作已完成（BUSY = 0），调用 SFC69 "X_ABORT"后，通信双方的连接资源被释放。

　　E　有组态连接的 MPI 通信方式

对于 MPI 网络，调用系统功能块 SFB 进行 PLC 站之间的通信只适合于 S7-300/400、S7-400/400 之间的通信，S7-300/400 通信时，由于 S7-300CPU 中不能调用 SFB12（BSEND）、SFB13（BRCV）、SFB14（GET）、SFB15（PUT），不能主动发送和接收数据，只能进行单向通信，所以 S7-300PLC 只能作为一个数据的服务器，S7-400PLC 可以作为客户机对 S7-300PLC 的数据进行读写操作。S7-400/400PLC 通信时，S7-400PLC 可以调用 SFB14、SFB15，即可以作为数据的服务器，也可以作为客户机进行单向通信，还可以调用 SFB12、SFB13，发送和接收数据进行双向通信，在 MPI 网络上调用系统功能块通信，最大一包数据不能超过 160 个字节。

下面介绍建立 S7-300 与 S7-400 之间的有组态 MPI 单向通信连接，CPU416-2DP 作为客户机，CPU315-2DP 作为服务器。

（1）建立 S7 硬件工作站。打开 STEP 7，创建一个 S7 项目，并命名为"有组态单向通信"。插入一个名称为 MPI_STATION_1 的 S7-400 的 PLC 站，CPU 为 CPU 416-2DP，MPI 地址为 2；插入一个名称为 MPI_STATION_2 的 S7-300 的 PLC 站，CPU 为 CPU 315-2DP，MPI 地址为 3。

（2）组态 MPI 通信连接。在 SIMATIC 管理器窗口内选择任一个 S7 工作站，并进入硬件组态窗口。然后在 STEP 7 硬件组态窗口内执行菜单命令"Options"→"Configure Network"，进入网络组态 NetPro 窗口，如图 13-15 所示。

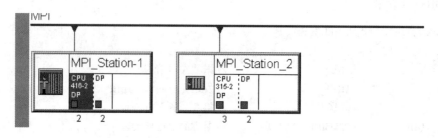

图 13-15　NetPro 窗口

用鼠标右键点击 MPI_STATION_1 的 CPU416-2DP，从快捷菜单中选择"Insert New Connection"命令，出现新建连接对话框，如图 13-16 所示。

在"Connection"区域，选择连接类型为"S7 Connection"，在"Connection Partner"区域选择 MPI_Station_2 工作站的 CPU315-2DP，最后点击 **Apply** 按钮完成连接表的建立，弹出连接表的详细属性对话框，如图 13-17 所示。组态完成后编译存盘，然后将连接组态分别下载到各 CPU 中。

（3）编写客户机 MPI 通信程序。编程时，因是单向通信，S7-400 工作站作为客户机，S7-300 工作站作为服务器，只对 S7-400 工作站编程即可。调用系统功能块 SFB15，将数据传送到 S7-300 工作站中。S7-400 工作站的 MPI 通信程序如图 13-18 所示，将程序下载到 CPU416-2 DP 以后，就建立了 MPI 通信连接。

图 13-16   组态 MPI 通信连接

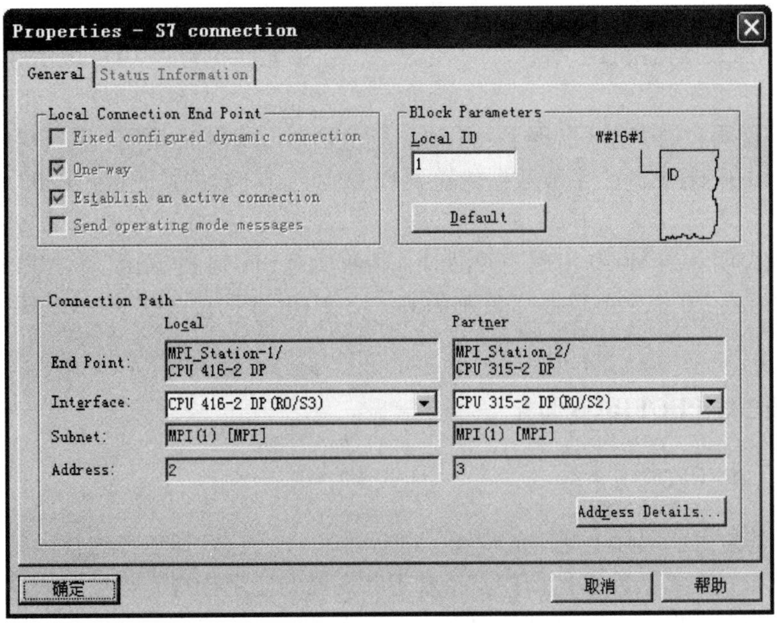

图 13-17   连接表详细属性

OB1："Main Program Sweep(Cycle)"

Network 1：调用SFB15，将本机数据写入服务器　　　　Network 2：调用SFB14，从服务器读取数据到本机

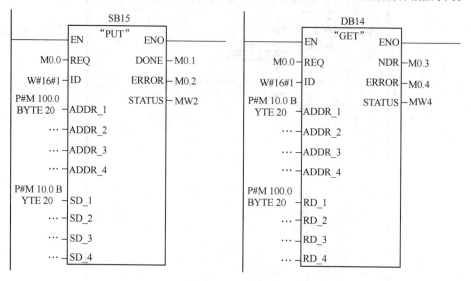

图 13-18　客户机 MPI 通信程序

在图 13-18 中，SFB14 和 SFB15 主要端子的含义如下：

1）REQ：请求信号，上升沿有效；

2）ID：连接寻址参数，采用字格式（与图 13-17 中的 Local ID 一致）；

3）ADDR_1 ~ ADDR_4：远端 CPU（CPU315-2 DP）数据区地址；

4）SD_1 ~ SD_4：本机数据发送区地址；

5）RD_1 ~ RD_4：本机数据接收区地址；

6）DONE：数据交换状态参数，"1"表示作业被无误执行；"0"表示作业未开始或仍在执行。

Network1 说明：当 M0.0 出现上升沿时，则激活对 SFB14 的调用，将 CPU416-2 DP 发送数据区 MB10 开始的 20 个字节数据传送到 CPU315-2 DP 数据接收区 MB100 开始的 20 个字节中。

Network2 说明：当 M0.0 出现上升沿时，则激活对 SFB14 的调用，将 CPU315-2 DP 数据区 MB10 开始的 20 个字节数据读取到 CPU4112-2 DP 数据接收区 MB100 开始的 20 个字节中。

13. 2. 3　现场总线 PROFIBUS 简介

13. 2. 3. 1　PROFIBUS 介绍

PROFIBUS 是目前国际上通用的现场总线标准之一，它以其独特的技术特点、严格的认证规范、开放的标准、众多厂商的支持和不断发展的应用行规，已被纳入现场总线的国际标准 IEC 61158 和欧洲标准 EN 50170，并于 2001 年被定为我国的国家标准 JB/T10308. 3-2001。

PROFIBUS 是不依赖生产厂家的、开放式的现场总线，各种各样的自动化设备均可以

通过同样的接口交换信息。PROFIBUS 用于分布式 I/O 设备、传动装置、PLC 和基于 PC（个人计算机）的自动化系统。

PROFIBUS 在 1999 年 12 月成为国际标准 IEC 61158 的组成部分（Type Ⅲ），PROFIBUS 的基本部分称为 PROFIBUS-VO。在 2002 年新版的 IEC 61156 中增加了 PROFIBU-Vl，PROFIBUS-V2 和 RS-4851S 等内容。新增的 PROFInet 规范作为 IEC 61158 的 Type10。

可以用编程软件 STEP 7 或 SIMATIC NET 软件，对 PROFIBUS 网络设备组态和设置参数，启动或测试网络中的节点。

A　PROFIBUS 的组成

PROFIBUS 由 3 部分组成，即 PROFIBUS-DP（分布式外围设备）、PROFIBUS-PA（过程自动化）和 PROFIBUS-FMS（现场总线报文规范）。

（1）PROFIBUS-DP（Decentralized Periphery，分布式外围设备）。PROFIBUS-DP 是一种高速低成本的数据传输协议，用于自动化系统中单元级控制设备与分布式 I/O（例如 ET 200）的通信。主站之间的通信为令牌方式，主站与从站之间为主从轮询方式，以及这两种方式的混合。一个网络中有若干个被动节点（从站），而它的逻辑令牌只含有一个主动令牌（主站），这样的网络为纯主 - 从系统。如图 13-19 所示，典型的 PROFIBUS-DP 总线配置是以此种总线存取程序为基础，一个主站轮询多个从站。

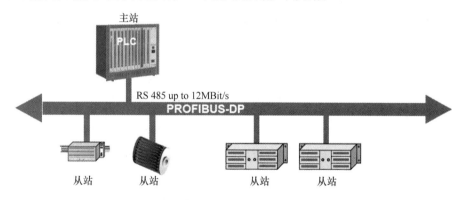

图 13-19　典型的 PROFIBUS-DP 系统组成

（2）PROFIBUS-PA（Process Automation，过程自动化）。PROFIBUS-PA 用于过程自动化的现场传感器和执行器的低速数据传输，使用扩展的 PROFIBUS-DP 协议。传输技术采用 IEC 1158-2 标准，可用于防爆区域的传感器和执行器与中央控制系统的通信。使用屏蔽双绞线电缆，由总线提供电源。一个典型的 PROFIBUS-PA 系统配置如图 13-20 所示。

（3）PROFIBUS-FMS（Fieldbus Message Specification，现场总线报文规范）。PROFIBUS-FMS 可用于车间级监控网络，FMS 提供大量的通信服务，用以完成中等级传输速率进行的循环和非循环的通信服务。对于 FMS 而言，它考虑的主要是系统功能而不是系统响应时间，应用过程中通常要求的是随机的信息交换，例如改变设定参数。FMS 服务向用户提供了广泛的应用范围和更大的灵活性，通常用于大范围、复杂的通信系统。一个典型的 PROFIBUS-FMS 系统由各种智能自动化单元组成，如：PC、作为中央控制器的 PLC、作为人机界面的 HMI 等，如图 13-21 所示。

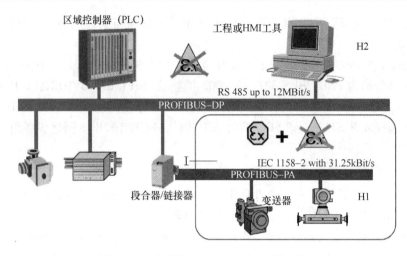

图 13-20　典型的 PROFIBUS-PA 系统配置

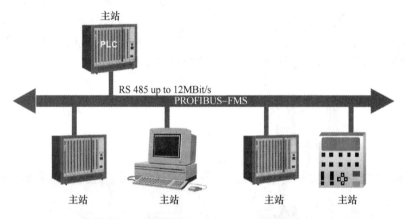

图 13-21　典型的 PROFIBUS-FMS 系统配置

B　PROFIBUS 协议结构

PROFIBUS 协议以 ISO/OSI 参考模型为基础，其协议结构如图 13-22 所示。第 1 层为

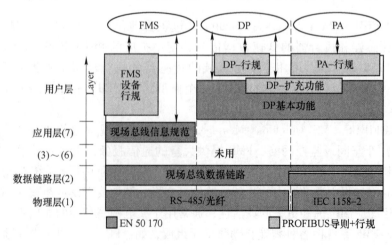

图 13-22　协议结构图

物理层，定义了物理的传输特性；第 2 层为数据链路层；第 3 ~ 6 层 PROFIBUS 未使用；第 7 层为应用层，定义了应用的功能。PROFIBUS-DP 是高效、快速的通信协议，它使用了第 1 层、第 2 层及用户接口，第 3 ~ 7 层未使用。这种简化的结构确保了 DP 快速、高效的数据传输。直接数据链路映像程序（DDLM）提供了访问用户接口。在用户接口中规定了用户和系统可以使用的应用功能及各种 DP 设备类型的行为特性。

PROFIBUS-FMS 是通用的通信协议，它使用了第 1、2、7 层，第 7 层由现场总线规范（FMS）和低层接口（LLI）所组成。FMS 包含了应用协议，提供了多种强有力的通信服务，FMS 还提供了用户接口。

C　传输技术

PROFIBUS 总线符合 EIA RS485 [8] 标准，PROFIBUS 使用两端有终端的总线拓扑结构，如图 13-23 所示。保证在运行期间，接入和断开一个或多个站时，不会影响其他站的工作。

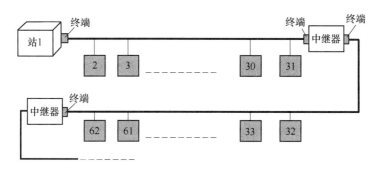

图 13-23　两端有终端的总线拓扑

注：中继器没有站地址，但它们被计算在每段的最多站数中。

PROFIBUS 使用三种传输技术：PROFIBUS DP 和 PROFIBUS FMS 采用相同的传输技术，可使用 RS-485 屏蔽双绞线电缆传输或光纤传输；PROFIBUS PA 采用 IEC 1158-2 传输技术。

（1）RS-485。PROFIBUS RS-485 的传输程序是以半双工、异步、无间隙同步为基础，传输介质可以是屏蔽双绞线或光纤。PROFIBUS RS-485 若采用屏蔽双绞线进行电气传输，不用中继器时，每个 RS-485 段最多连接 32 个站；用中继器时，可扩展到 126 个站，传输速率为 9.6kbit/s ~ 12Mbit/s，电缆的长度为 100 ~ 1200m。电缆的长度取决于传输速率，传输速率与电缆长度的对照表见表 13-3。

表 13-3　传输速率与电缆长度的关系

传输速率/kbit·s⁻¹	9.6 ~ 93.75	187.5	500	1500	300 ~ 12000
电缆长度/m	1200	1000	400	200	100

（2）光纤。为了适应强度很高的电磁干扰环境或使用高速远距离传输，PROFIBUS 可使用光纤传输技术。使用光纤传输的 PROFIBUS 总线可以设计成星形或环行结构。现在市面上已经有 RS-485 传输链接与光纤传输链接之间的耦合器，这样就实现了系统内 RS-485 和光纤传输之间的转换。

（3）IEC 1158-2。IEC 1158-2 协议规定，在过程自动化中使用固定速率 31.25kbit/s 进行同步传输，它考虑了应用于化工和石化工业时对安全的要求。在此协议下，通过采用具有本质安全和双线供电技术，PROFIBUS 就可以用于危险区域了，IEC 1158-2 传输技术的主要特性见表 13-4。

表 13-4　IEC 1158-2 传输技术的主要特性

服务	功　能	PROFIBUS DP	PROFIBUS FMS
SDA	发送数据需应答		√
SRD	发送和请求数据需应答	√	√
SDN	发送数据无应答	√	√
CSRD	循环发送和请求数据需应答		√

D　PROFIBUS 总线连接器

PROFIBUS 总线连接器，用于连接 Profibus 站与 Profibus 电缆实现信号传输，一般带有内置的终端电阻，如图 13-24 所示。

E　PROFIBUS 介质存取协议

PROFIBUS 通信规程采用了统一的介质存取协议，此协议由 OSI 参考模型的第 2 层来实现。在 PROFIBUS 协议的设计时必须考虑满足下列介质存取控制的两个要求：

（1）在主站间通信时，必须保证在正确的时间间隔内，每个主站都有足够的时间来完成它的通信任务。

（2）在 PLC 与从站（PLC 外设）间通信时，必须快速、简捷地完成循环，实时地进行数据传输。为此，PROFIBUS 提供了两种基本的介质存取控制：令牌传递方式和主从方式。

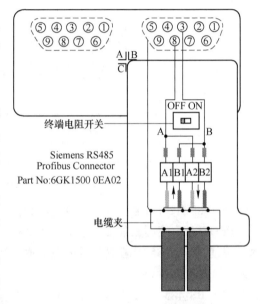

图 13-24　PROFIBUS 总线连接器

令牌传递方式可以保证每个主站在事先规定的时间间隔内都能获得总线的控制权。令牌是一种特殊的报文，它在主站之间传递着总线控制权，每个主站均能按次序获得一次令牌，传递的次序是按地址升序进行的。主从方式允许主站在获得总线控制权时可以与从站进行通信，每一个主站均可以向从站发送或获得信息。

使用上述的介质存取方式，PROFIBUS 可以实现以下三种系统配置：

（1）纯主-从系统（单主站）。单主站系统可实现最短的总线循环时间。以 PROFI-BUS-DP 系统为例，一个单主站系统由一个 DP-1 类主站和 1 到最多 125 个 DP-从站组成，典型系统如图 13-25 所示。

（2）纯主-主系统（多主站）。若干个主站可以用读功能访问一个从站。以 PROFI-BUS-DP 系统为例，多主系统由多个主设备（1 类或 2 类）和 1 到最多 124 个 DP-从设备组

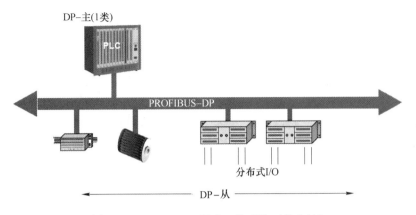

图 13-25 PROFIBUS 纯主－从系统（单主站）

成，典型系统如图 13-26 所示。

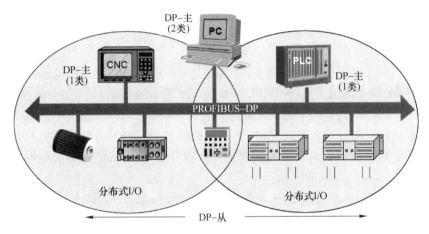

图 13-26 PROFIBUS 纯主－主系统（多主站）

（3）以上两种配置的组合系统（多主-多从）。如图 13-27 所示，是一个由 3 个主站和 7 个从站构成的 PROFIBUS 系统结构的示意图。

由图 13-27 可以看出，3 个主站构成了一个令牌传递的逻辑环，在这个环中，令牌按

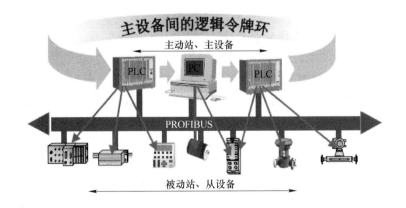

图 13-27 PROFIBUS 多主-多从系统

照系统预先确定的地址升序从一个主站传递给下一个主站。当一个主站得到了令牌后，它就能在一定的时间间隔内执行该主站的任务，可以按照主-从关系与所有从站通信，也可以按照主-主关系与所有主站通信。在总线系统建立的初期阶段，主站的介质存取控制（MAC）的任务是决定总线上的站点分配并建立令牌逻辑环。在总线的运行期间，损坏的或断开的主站必须从环中撤除，新接入的主站必须加入逻辑环。MAC 的其他任务是检测传输介质和收发器是否损坏，站点地址是否出错，以及令牌是否丢失或多个令牌。

PROFIBUS 的第 2 层的另一个重要作用是保证数据的安全性。它按照国际标准 IEC 870-5-1 的规定，通过使用特殊的起始符和结束符、无间距字节异步传输以及奇偶校验来保证传输数据的安全。它按照非连接的模式操作，除了提供点对点通信功能外，还提供多点通信的功能、广播通信和有选择的广播组播。所谓广播通信，即主站向所有站点（主站和从站）发送信息，不要求回答。所谓有选择的广播组播，是指主站向一组站点（主站和从站）发送信息，不要求回答。

13.2.3.2　PROFIBUS-DP 系统设备分类及组态举例

A　PROFIBUS-DP 设备分类

PROFIBUS-DP 在整个 PROFIBUS 应用中，应用最多、最广泛，可以连接不同厂商符合 PROFIBUS-DP 协议的设备。PROFIBUS-DP 定义三种设备类型：

（1）DP-1 类主设备。DP-1 类主设备（DPM1）可构成 DP-1 类主站。这类设备是一种在给定的信息循环中与分布式站点（DP 从站）交换信息，并对总线通信进行控制和管理的中央控制器。典型的设备有：可编程控制器（PLC），微机数值控制（CNC）或计算机（PC）等。

（2）DP-2 类主设备。DP-2 类主设备（DPM2）可构成 DP-2 类主站。这类设备在 DP 系统初始化时用来生成系统配置，是 DP 系统中组态或监视工程的工具。除了具有 1 类主站的功能外，可以读取 DP 从站的输入/输出数据和当前的组态数据，可以给 DP 从站分配新的总线地址。属于这一类的装置包括编程器、组态装置和诊断装置、上位机等。

（3）DP-从设备。DP-从设备可构成 DP 从站。这类设备是 DP 系统中直接连接 I/O 信号的外围设备。典型 DP-从设备有分布式 I/O、ET 200、变频器、驱动器、阀、操作面板等。根据它们的用途和配置，可将 SIMATIC S7 的 DP 从站设备分为以下几种：

1）紧凑型 DP 从站。紧凑型 DP 从站具有不可更改的固定结构输入和输出区域。ET200B 电子终端（B 代表 I/O 块）就是紧凑型 DP 从站。

2）模块式 DP 从站。模块式 DP 从站具有可变的输入和输出区域，可以用 SIMATIC 管理器的 HW Config 工具进行组态。ET 200M 是模块式 DP 从站的典型代表，可使用 S7-300 全系列模块，最多可有 8 个 I/O 模块，连接 256 个 I/O 通道。ET 200M 需要一个 ET 200M 接口模块（IM 153）与 DP 主站连接。

3）智能 DP 从站。在 PROFIBUS-DP 系统中，带有集成 DP 接口的 CPU，或 CP342-5 通信处理器可用作智能 DP 从站，简称"I 从站"。智能从站提供给 DP 主站的输入/输出区域不是实际的 I/O 模块所使用的 I/O 区域，而是从站 CPU 专用于通信的输入/输出映像区。

在 DP 网络中，一个从站只能被一个主站所控制，这个主站是这个从站的 1 类主站；如果网络上还有编程器和操作面板控制从站，这个编程器和操作面板是这个从站的 2 类主站。另外一种情况，在多主网络中，一个从站只有一个 1 类主站，1 类主站可以对从站执行发送和接收数据操作，其他主站只能可选择地接收从站发给 1 类主站的数据，这样的主站也是这个从站的 2 类主站，它不直接控制该从站。

B CPU31x-2DP 之间的 DP 主从通信

CPU31x-2DP 是指集成有 PROFIBUS-DP 接口的 S7-300 CPU，如 CPU313C-2DP、CPU315-2DP 等。下面以两个 CPU315-2DP 之间主从通信为例介绍连接智能从站的组态方法。该方法同样适用于 CPU31x-2DP 与 CPU41x-2DP 之间的 PROFIBUS-DP 通信连接。

（1）PROFIBUS-DP 系统结构。PROFIBUS-DP 系统结构如图 13-28 所示。系统由一个 DP 主站和一个智能 DP 从站构成。

DP 主站：由 CPU315-2DP（6ES7 315-2AG10-0AB0）和 SM374 构成。

DP 从站：由 CPU315-2DP（6ES7 315-2AG10-0AB0）和 SM374 构成。

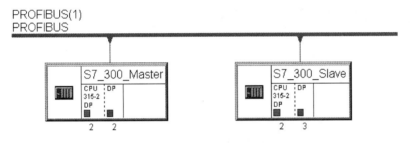

图 13-28 PROFIBUS-DP 系统结构

（2）组态智能从站。在对两个 CPU 主-从通信组态配置时，原则上要先组态从站。

1）新建 S7 项目。打开 SIMATIC 管理器，执行菜单命令 "File"→"New…"，创建一个新项目，并命名为 "双集成 DP 通信"。然后执行菜单命令 "Insert"→"Station"→"SIMATIC 300 Station"，插入 2 个 S7-300 站，分别命名为 S7_300_Master 和 S7_300_Slave，如图 13-29 所示。

图 13-29 创建 S7-300 主从站

2）硬件组态。在 SIMATIC 管理器窗口内，单击 "S7_300_Slave"，然后在右视图内双击 "Hardware"，进入硬件组态窗口，打开硬件目录，如图 13-30 所示。按硬件安装次序依次插入机架、电源、CPU 和 SM374（需用其他信号模块代替，如 SM323 DI8/DO8 24VDC 0.5A）等完成硬件组态。

S...		Module ...	Order number ...	F..	M..	I..	Q..	Comment	
1		PS 307 5A	6ES7 307-1EA00-0AA0						
2		CPU 315-2 DP	**6ES7 315-2AG10-0AB0**	**V2.0**	2				
X2		*DP*				2047*			
3									
4		DI8/DO8x24V/0.5A	6ES7 323-1BH00-0AA0			0	0		
5									

图 13-30　硬件组态

插入 CPU 时会同时弹出 PROFIBUS 接口组态窗口。也可以插入 CPU 后，双击 DP 插槽，打开 DP 属性窗口，点击"Properties（属性）"按钮进入 PROFIBUS 接口组态窗口。点击"New"按钮新建 PROFIBUS 网络，分配 PROFIBUS 站地址，本例设为 3 号站。点击"Properties（属性）"按钮组态网络属性，选择"Network Setting"选项卡进行网络参数设置，如波特率、行规。本例波特率为 1.5Mbit/s，行规为 DP，如图 13-31 所示。

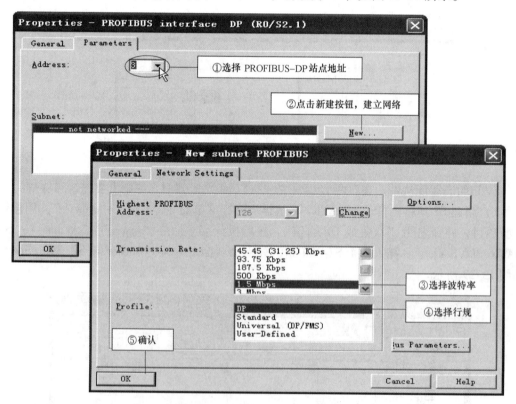

图 13-31　组态从站的网络属性

3）DP 模式选择。选中 PROFIBUS 网络，然后点击"Properties（属性）"按钮进入 DP 属性对话框，如图 13-32 所示。选择"Operating Mode"选项卡，激活"DP slave"操作模式。如果"Test，commissioning，routing"选项被激活，则意味着这个接口既可以作为 DP 从站，同时还可以通过这个接口监控程序。也可以用 STEP 7 F1 帮助功能查看详细信息。

4）定义从站通信接口区。在 DP 属性对话框中，选择"Configuration"标签，打开 I/O 通信接口区属性设置窗口，点击"New"按钮新建一行通信接口区，如图 13-33 所示，

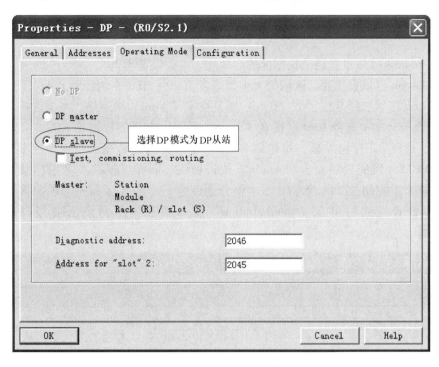

图 13-32 设置 DP 模式

可以看到当前组态模式为主-从模式（Master-slave configuration）。注意此时只能对本地（从站）进行通信数据区的配置。

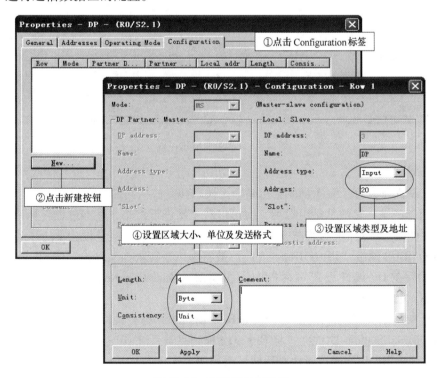

图 13-33 通信接口区设置

① 在 Address type 区域选择通信数据操作类型，Input 对应输入区，Output 对应输出区。

② 在 Address 区域设置通信数据区的起地址，本例设置为 20。

③ 在 Length 区域设置通信区域的大小，最多 32 个字节，本例设置为 4。

④ 在 Unit 区域选择是按字节（Byte）还是按字（Word）来通信，本例选择"Byte"。

⑤ 在 Consistency 选择 Unit 则按在"Unit"区域中定义的数据格式发送，即按字节或字发送；选择 All 打包发送，每包最多 32 个字节，通信数据大于 4 个字节时，应用 SFC14、SFC15。置完成后点击"Apply"按钮确认。同样可根据实际通信数据建立若干行，但最大不能超过 244 个字节。本例分别创建一个输入区和一个输出区，长度为 4 个字节，设置完成后可在"Configuration"窗口中看到这两个通信接口区，如图 13-34 所示。

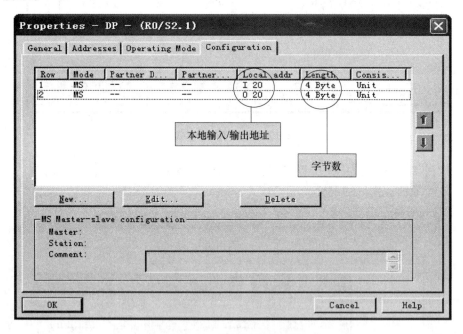

图 13-34   从站通信接口区

5）编译组态。

通信区设置完成后，编译并存盘，编译无误后即完成从站的组态。

（3）组态主站。完成从站组态后，就可以对主站进行组态，基本过程与从站相同。在完成基本硬件组态后对 DP 接口参数进行设置，本例中将主站地址设为 2，并选择与从站相同的 PROFIBUS 网络"PROFIBUS（1）"。波特率以及行规与从站设置应相同（1.5Mbit/s；DP）。然后在 DP 属性设置对话框中，切换到"Operating Mode"选项卡，选择"DP Master"操作模式，如图 13-35 所示。

（4）连接从站。在硬件组态（HW Config）窗口中，打开硬件目录，在 PROFIBUS-DP 下选择 Configured Stations 文件夹，将 CPU 31x 拖到主站系统 DP 接口的 PROFIBUS 总线上，这时会同时弹出 DP 从站连接属性对话框，选择所要连接的从站后，点击"Connect"按钮确认，如图 13-36 所示。如果有多个从站存在时，要一一连接。

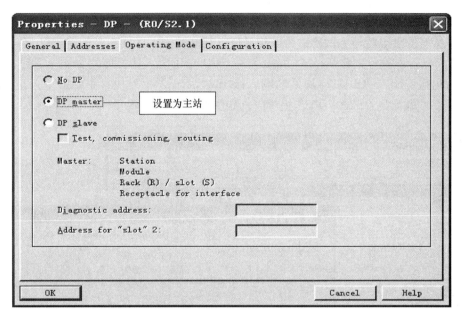

图 13-35 设置主站 DP 模式

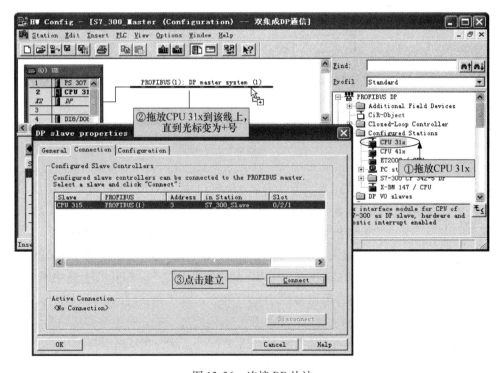

图 13-36 连接 DP 从站

（5）编辑通信接口区。连接完成后，点击"Configuration"选项卡，设置主站的通信接口区：从站的输出区与主站的输入区相对应，从站的输入区同主站的输出区相对应，如图 13-37 所示。本例分别设置一个 Input 和一个 Output 区，其长度均为 4 个字节。其中，主站的输出区 QB10 ~ QB13 与从站的输入区 IB20 ~ IB23 相对应；主站的输入区 IB10 ~ IB13 与从站的输出区 QB20 ~ QB23 相对应，如图 13-38 所示。

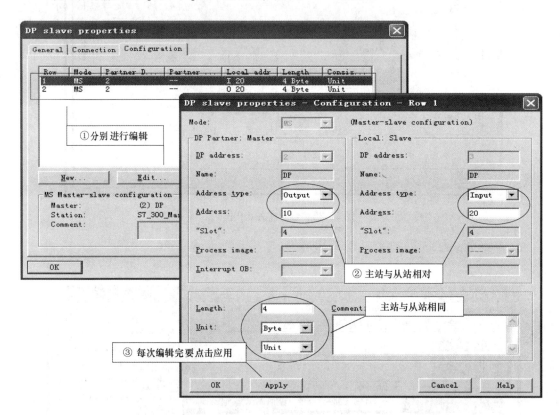

图 13-37　编辑通信接口区

确认上述设置后，在硬件组态（HW Config）窗口中，点击_按钮编译并存盘，编译无误后即完成主从通信组态配置，如图 13-39 所示。

配置完以后，分别将配置数据下载到各自的 CPU 中初始化通信接口数据。

（6）简单编程。编程调试阶段，为避免网络上某个站点掉电使整个网络不能正常工作，建议将 OB82、OB86、OB122 下载到 CPU 中，这样可保证在 CPU 有上述中断触发时，CPU 仍可运行。相关 OB 的解释可以参照 STEP 7 帮助。为了调试网络，可以在主站和从站的 OB1 中分别编写读写程序，从对方读取数据。本例通过开关，将主站和从站的仿真模块 SM374 设置为 DI8/DO8。这样可以在主站输入开关信号，然后在从站上显示主站上对应输入开关的状态；这样，在从站上输入开关信号，在主站上也可以显示从站上对应开关的状态。

控制操作过程：IB0（从站输入模块）→QB20（从站输出数据区）→QB0（主站输出模块）；IB0（主站输入模块）→QB10（主站输出数据区）→QB0（从站输出模块）。

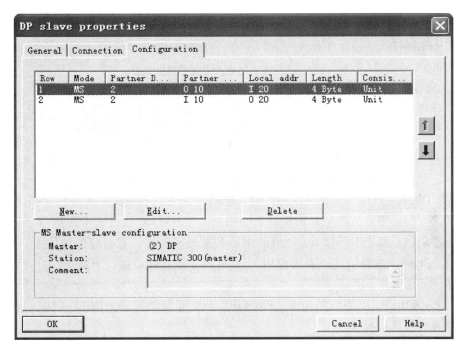

图 13-38 通信数据区

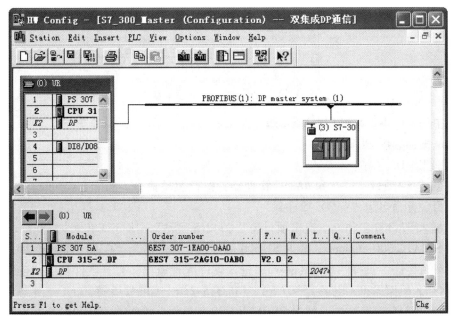

图 13-39 完成的网络组态

1）从站的读写程序。

L	IB0	//读本地输入到累加器 1
T	QB20	//将累加器 1 中的数据送到从站通信输出映像区
L	IB20	//从从站通信输入映像区读数据到累加器 1

| T | QB0 | //将累加器 1 中的数据送到本地输出端口 |

2）主站的读写程序。

L	IB0	//读本地输入读数据到累加器 1
T	QB10	//将累加器 1 中的数据送到主站通信输出映像区
L	IB10	//从主站通信输入映像区读数据到累加器 1
T	QB0	//将累加器 1 中的数据送到本地输出端口

C　CP342-5 作主站的 PROFIBUS-DP 组态应用

CP342-5 是 S7-300 系列的 PROFIBUS 通信模块，带有 PROFIBUS 接口，可以作为 PROFIBUS-DP 的主站也可以作为从站，但不能同时作主站和从站，而且只能在 S7-300 的中央机架上使用，不能放在分布式从站上使用。由于 S7-300 系统的 I 区和 Q 区有限，通信时会有些限制；而用 CP342-5 作为 DP 主站和从站不一样，它对应的通信接口区不是 I 区和 Q 区，而是虚拟通信区，需要调用 FC1 和 FC2 建立接口区，下面举例介绍 CP342-5 作为主站的使用方法。

（1）PROFIBUS-DP 系统结构图。PROFIBUS-DP 系统结构图如图 13-40 所示。系统由一个主站和一个从站构成。

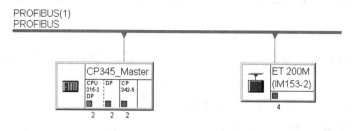

图 13-40　PROFIBUS-DP 系统结构

DP 主站：CP342-5 和 CPU315-2DP。

DP 从站：选用 ET 200M。

（2）组态 DP 主站。

1）新建 S7 项目。打开 SIMATIC 管理器，执行菜单命令 "File"→"New…"，创建一个 S7 项目，并命名为 "CP342-5 主站"。

2）插入 S7-300 工作站。点击项目名 "C342-5 主站"，执行菜单命令 "Insert"→"Station"→"SIMATC 300 Station"，插入 S7-300 工作站，并命名为 "C345_Master"。

3）硬件组态。选择 "CP_Master"，进入硬件配置窗口。打开硬件目录，按硬件安装次序依次插入机架 Rail、电源 PS307 5A、CPU315-2DP、CP342-5 等。

插入 CPU315-2DP 的同时弹出 PROFIBUS 组态界面，可组态 PROFIBUS 站地址。由于本例将 CP342-5 作为 DP 主站，所以对 CPU315-2DP 不需做任何修改，直接单击 OK 按钮。

4）设置 PROFIBUS。插入 CPU315-2DP 的同时弹出 PROFIBUS 组态界面，本例将 CP342-5 作为主站，可将 DP 站点地址设为 2（默认值）。然后点击 "New" 按钮，新建 PROFIBUS 子网，保持默认名称 PROFIBUS（1）。切换到 "Network Settings" 选项卡，设置波特率和行规，本例波特率设为 1.5Mbps，行规选择 DP。直接单击 OK 按钮，返回硬件组态窗口。

在机架上双击 CP342-5，弹出 CP342-5 属性对话框，切换到"Operating Mode"选项卡，选择"DP master"模式，如图 13-41 所示，其他保持默认值。

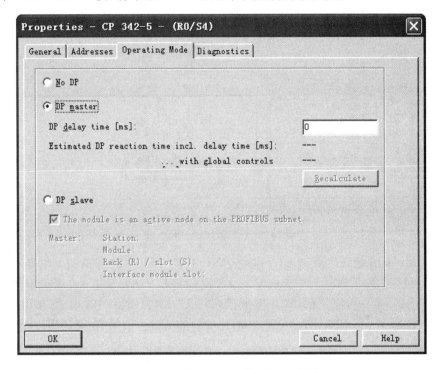

图 13-41　将 CP342-5 设置为 DP 主站

单击 OK 按钮，完成 DP 主站的组态，返回硬件组态窗口，如图 13-42 所示。

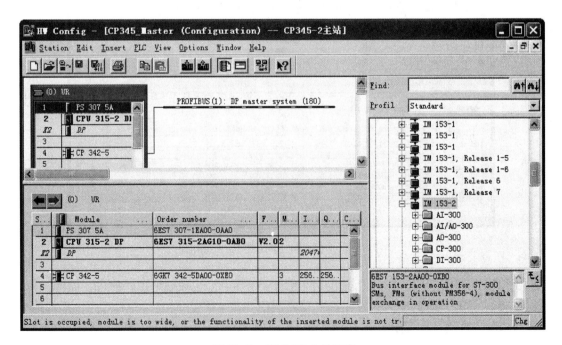

图 13-42　完成 DP 主站组态

（3）组态 DP 从站。在硬件配置窗口内，打开硬件目录，打开"PROFIBUS- DP"→"DP V0 Slaves"→"ET 200M"子目录，选择接口模块 ET 200M（IM153-2），并将其拖放到"PROFIBUS（1）：DP master system"线上，鼠标变为"＋"号后释放，自动弹出"IM 153-2"属性窗口。选择 DP 站点地址为 4，其他保持默认值，即波特率为 1.5Mbps，行规选择 DP。单击 OK 按钮，返回硬件组态窗口。完成后的 PROFIBUS 系统如图 13-43 所示。

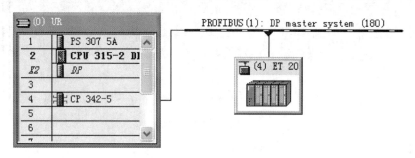

图 13-43　PROFIBUS- DP 系统

在 PROFIBUS 系统图上点击 ET 200M（IM153-2）图标，在视窗的下面显示 ET 200M（IM153-2）机架。然后按照与中央机架完全相同的组态方法，从第 4 个插槽开始，依次将 ET 200M（IM153-2）目录下的 16DI 虚拟模块 6ES7 321-1BH01-0AA0 和 16DO 虚拟模块 6ES7 322-1BH01-0AA0 插入 ET 200M（IM153-2）的机架，如图 13-44 所示。

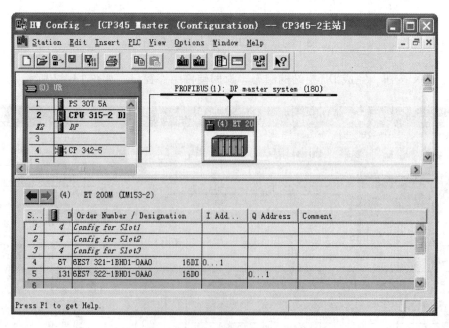

图 13-44　ET 200M（IM153-2）机架组态

ET200M（IM153-2）输入及输出点的地址从 0 开始，是虚拟地址映射区，而不占用 I 区和 Q 区，虚拟地址的输入区在主站上与要调用 FC1（DP_SEND）——对应，虚拟地址的输出区在主站上与要调用 FC2（DP_RECV）——对应。如果修改 CP342－5 的从站起始地址，如输入及输出地址从 2 开始，相应的 FC1 和 FC2 对应的地址区也要相应偏移 2 个字节。组态完成后下载到 CPU 中，如果没有调用 FC1、FC2，CP342-5 PROFIBUS 的状态灯 BUSF 将闪烁，在 OB1 中调用 FC1、FC2 后通信即可建立。

（4）编程。在 OB1 中调用 FC1 和 FC2，FC1 和 FC2 在元件目录的 "Libraries"→"SI-MATIC_NET_CP"→"CP300" 子目录内，具体程序如图 13-45 所示。FC1 和 FC2 各参数含义如下：

1）CPLADDR：CP342-5 的地址；

2）SEND：发送区，对应从站的输出区；

3）RECV：接受区，对应从站的输入区；

4）DONE：发送完成一次产生一个脉冲；

5）NDR：接收完成一次产生一个脉冲；

6）ERROR：错误位；

7）STATUS：调用 FC1、FC2 时产生的状态字；

8）DPSTATUS：PROFIBUS-DP 的状态字节。

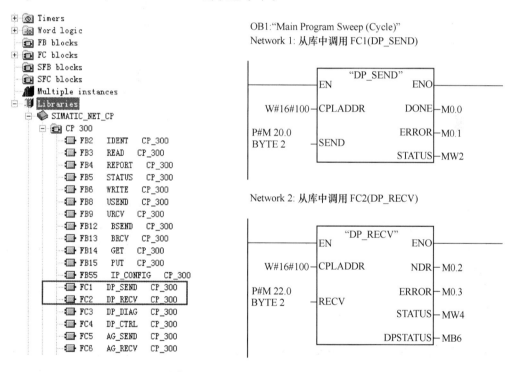

图 13-45　调用 FC1 和 FC2 的程序

从上述程序可知，MB20、MB21 对应从站输出的第 1 个字节和第 2 个字节，MB22、MB23 对应从站输入的第 1 个字节和第 2 个字节。连接多个从站时，虚拟地址将向后延续，调用 FC1、FC2 只考虑虚拟地址的长度，而不会考虑各个从站的站号。如果虚拟地址的开始地址不为 0，那么调用 FC 的长度也将增加。假设虚拟地址的输入区开始为 4，长度为 10 个字节，那么对应的接收区偏移 4 个字节，相应长度为 14 个字节，接收区的第 5 个字节对应从站输入的第 1 个字节，如接收区为 P#M0.0 BYTE 14，即 MB0～MB13，偏移 4 个字节后，即 MB4～MB13 与从站虚拟输入区一一对应。编写完程序后下载到 CPU 中，通信区建立后，PROFIBUS 的状态灯将不再闪烁。

　　使用 CP342-5 作为主站时，因为数据是打包发送的，不需要调用 SFC14、SFC15，由于 CP342-5 寻址的方式是通过 FC1、FC2 的调用访问从站地址，而不是直接访问 I/Q 区，所以在 ET 200M 上不能插入智能模块，如：FM350-1、FM352 等项，所有从站的 Ti、To 时间保持一致。

　　D　CP342-5 作从站的 PROFIBUS-DP 组态应用

　　CP342-5 作为主站需要调用 FC1、FC2 建立通信接口区，作为从站同样需要调用 FC1、FC2 建立通信接口区。下面以 CPU315-2DP 作为主站，CP342-5 作为从站举例说明 CP342-5 作为从站的应用。主站发送 32 个字节给从站，同样从站发送 32 个字节给主站。

　　（1）PROFIBUS-DP 系统结构。PROFIBUS-DP 系统由一个 DP 主站和一个 DP 从站构成，系统结构如图 13-46 所示。

　　DP 主站：CPU315-2DP；

　　DP 从站：选用 S7-300，CP342-5。

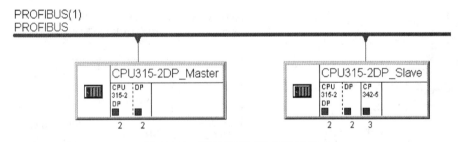

图 13-46　PROFIBUS-DP 系统结构

　　（2）组态从站。

　　1）新建 S7 项目。启动 STEP 7，创建 S7 项目，并命名为"CP342-5 从站"。

　　2）插入 S7-300 工作站。插入 S7-300 工作站，并命名为"CPU315 –2DP_Slave"。

　　3）硬件组态。进入硬件配置窗口，次序依次插入机架 Rail、电源 PS3075A、CPU315-2DP、CP342-5 等。

　　插入 CPU315-2DP 的同时弹出 PROFIBUS 组态界面，可组态 PROFIBUS 站地址。由于本例使用 CP342-5 作为 DP 从站，所以对 CPU315-2DP 不需做任何修改，直接单击保存按钮。

　　4）设置 PROFIBUS 属性。插入 CP342-5 的同时也会弹出 PROFIBUS 组态界面，本例将 CP342-5 作为从站，可将 DP 站点地址设为 3，然后新建 PROFIBUS 子网，保持默认名称 PROFIBUS（1）。切换到"Network Settings"标签，设置波特率为 1.5Mbps，行规选择 DP。

　　在机架上双击 CP342-5，弹出 CP342-5 属性对话框中，切换到"Operating Mode"标签，选择"DP Slave"模式。

　　（3）组态主站。

　　1）插入 S7-300 工作站。插入 S7-300 工作站，并命名为"CPU315-2DP_Master"。

　　2）硬件组态。进入硬件配置窗口。点击图标打开硬件目录，按硬件安装次序依次插入机架 Rail、电源 PS307 5A、CPU315-2DP 等。

3）设置 PROFIBUS 属性。插入 CPU315-2DP 的同时弹出 PROFIBUS 组态界面，组态 PROFIBUS 站地址，本例设为 2。新建 PROFIBUS 子网，保持默认名称 PROFIBUS (1)。切换到 "Network Settings" 标签，设置波特率为 1.5Mbps，行规选择 DP。

（4）建立通信接口区。在硬件目录中的 "PROFIBUS DP"→"Configured Stations"→ "S7-300 CP342-5" 子目录内选择与从站内 CP342-5 订货号及版本号相同的 CP342-5（本例选择 "6GK7 342-5DA02-0XE0"→"V5.0"），然后拖到 "PROFIBUS (1)：DP master system" 线上，鼠标变为 " + " 号后释放，刚才已经组态完的从站出现在弹出的列表中。点击 "连接" 按钮，将从站连接到主站的 PROFIBUS 系统上。

连接完成后，点击 DP 从站，组态通信接口区，在硬件目录中的 "PROFIBUS DP"→ "Configured Stations"→"S7-300 CP342-5"→"6GK7 342-5DA02-0XE0"→"V5.0" 子目录内选择插入 32 个字节的输入和 32 个字节的输出，如果选择 "Total"，主站 CPU 要调用 SFC14、SFC15 对数据包进行处理，本例中选择按字节通信，在主站中不需要对通信进行编程。

组态完成后编译存盘下载到 CPU 中，可以修改 CP5611 参数，使之可以连接到 PROFI-BUS 网络上同时对主站和从站编程。主站发送到从站的数据区为 QB0 ~ QB31，主站接收从站的数据区为 IB0 ~ IB31，从站需要调用 FC1、FC2 建立通信区。

（5）从站编程。在图 13-47 中，选择 "CPU315-2DP_Slave"，然后展开 "CPU315 - 2DP"，在 Blocks 文件夹内选择 "OB1"，打开程序编辑器对 OB1 进行编辑。

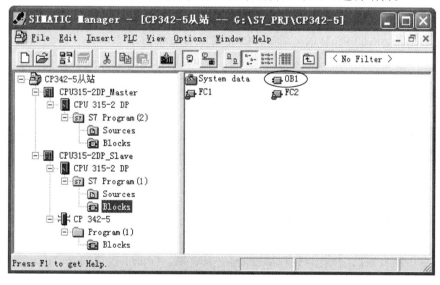

图 13-47　打开从站的组织块 OB1

在编程元素目录内选择 "Libraries"→"SIMATIC_ NET_ CP→CP300" 子目录，找到 FC1、FC2，并在 OB1 中调用 FC1、FC2，编译存盘并下载到 CPU 中，这样通信接口区就建立起来了，通信接口区对应关系如下：

主站 CPU315-2DP	从站 CP342-5
QB0 ~ QB31	MB60 ~ MB91
IB0 ~ IB31	MB10 ~ MB41

程序如图 13-48 所示。

OB1:"Main Program Sweep(Cycle)"
Network 1: 从库中调用 FC1(DP_SEND)

Network 2: 从库中调用 FC2(DP_RECV)

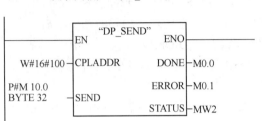
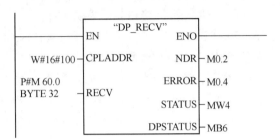

图 13-48　从站读写控制程序

13.2.4　工业以太网 (Industrial Ethernet)

13.2.4.1　工业以太网简介

工业以太网 (Industrial Ethernet) 是为工业应用专门设计的, 它遵循国际标准 IEEE 802.3 (Ethernet), 属于开放式、多供应商、高性能的区域和单元网络, 广泛地应用于单元级、管理级的网络, 通信数据量大、距离长, 并且有向控制网络的中间层和底层 (现场层) 发展的趋势。最多 1024 个网络节点, 网络的最大范围为 150km。

基于工业以太网的 PROFINet (实时以太网) 具有很好的实时性, 可以直接连接现场设备 (使用 PROFINet IO), 使用组件化设计, PROFINet 支持分布的自动化控制方式 (使用 PROFINet CBA, 相当于主站间的通信)。

A　以太网的特点

企业内部互联网 (Intranet)、外部互联网 (Extranet) 以及国际互联网 (Internet) 已经广泛地应用于生产和过程自动化。SIMATIC NET 可以将控制网络无缝集成到管理网络和互联网。以太网有以下优点:

(1) 可以采用冗余的网络拓扑结构, 可靠性高;

(2) 通过交换技术可以提供实际上没有限制的通信性能;

(3) 灵活性好, 现有的设备可以不受影响地扩张;

(4) 在不断发展的过程中具有良好的向下兼容性, 保证了投资的安全;

(5) 易于实现管理控制网络的一体化。

以太网可以接入广域网 (WAN), 可以在整个公司范围内通信, 或实现公司之间的通信。基于 TCP/IP 技术的工业以太网是一种标准的开放式网络, 不同厂商的设备很容易互联。这种特性非常适合于解决控制系统中不同厂商设备的兼容和互操作的问题。工业以太网能便捷地访问远程系统, 共享/访问多数据库, 易于与 Internet 连接, 能够在任何城市、地方利用电话线通过 Internet 对企业进行监控。能降低成本, 包括技术人员的培训费用、维护费用及初期投资。工业以太网还能实现办公自动化网络与工业控制网络的有机结合。

B　工业以太网的构成

（1）连接部件。FC 快速连接插座，电气链接模块（ELM），电气交换模块（ESM），光纤交换模块（OSM）和光纤电气转换模块（MC TP11）。

（2）通信介质。采用普通双绞线、工业屏蔽双绞线和光纤。

（3）通信处理器。用于将 PLC 或 PG/PC 连接到工业以太网。

C　工业以太网的特性

（1）与 IEEE802.3/802.3u 兼容，符合 SNMP。使用 ISO 和 TCP/IP 通信协议及 10Mbit/s 或 100Mbit/s 自适应传输速率。

（2）简单的机柜导轨安装，使用 DC24V 冗余供电。

（3）能方便地组成星形、总线型和环形拓扑结构。通过高速冗余的安全网络，最大网络重构时间为 0.3s。

（4）用于严酷环境的网络元件。通过 EMC（电磁兼容性）测试。通过 RJ-45 接口、工业级的 Sub-D 连接技术和安装专用屏蔽电缆的 Fast Connect 连接技术，确保现场电缆安装工作的快速进行。

（5）简单高效的信号装置不断地监视网络元件；可以使用基于 Web 的网络管理器，使用 VB/VC 或组态软件即可以监控管理网络。

D　工业以太网的网络方案

（1）三同轴电缆网络。网络为总线型结构，传输介质为三同轴电缆，由若干条线段组成，每段的最大长度为 500m，网络中各设备共享 10Mbit/s 带宽。一条总线段最多可以连接 100 个收发器，可通过中继器接入更多的网段。三同轴电缆网络有分别带一个或两个终端设备接口的收发器，中继用来将最长 500m 的分支网段接入网络中。

可以混合使用电气网络和光纤网络，使二者的优势互补，网络的分段改善了网络的性能。

（2）双绞线和光纤网络。双绞线和光纤网络的传输速率为 10Mbit/s，可以是总线型或星形拓扑结构，使用光纤链接模块（OLM）和电气链接模块（ELM）。

OLM 和 ELM 是安装在 DIN 导轨上的中继器，它们遵循 IEEE 802.3 标准，带有 3 个工业双绞线接口，OLM 和 ELM 分别有两个和一个 AUI 接口。在一个网络中最多可以级联 11 个 OLM 或 13 个 ELM。

（3）高速工业以太网。高速工业以太网的传输速率为 100Mbit/s，使用光纤交换模块（OSM）或电气交换模块（ESM）。工业以太网与高速工业以太网的数据格式、CSMA/CD 访问方式和使用的电缆都是相同的，高速以太网最好用交换模块来构建。

以太网使用带冲突检测的载波侦听多路访问（CSMA/CD）协议，各站用竞争方式发送信息到传输线上，两个或多个站可能因同时发送信息而发生冲突。为了保证正确地处理冲突，以太网的规模必须根据一个数据包最大可能的传输延迟来加以限制。在传统的 10Mbit/s 以太网中，允许的冲突范围为 4520m，因为传输速率的提高，高速以太网的冲突范围减小为 452m。为了扩展冲突范围，需要使用有中继器功能的网络部件，例如工业以太网的 OLM 和 ELM。用具有全双工功能的交换模块来构建较大的网络时，不必考虑高速以太网冲突区域的减小。

E　工业以太网的交换技术

（1）交换技术。在交换式局域网中，每个网段都能达到网络的整体性能和数据传输速率，在多个网段中可以同时传输多个报文。本地数据通信在本网段进行，只有指定的数据包可以超出本地网段的范围。

在共享局域网中，所有站点共享网络性能和数据传输带宽，所有的数据包都经过所有的网段，在同一时间只能传送一个报文。

利用终端的以太网 MAC 地址，交换模块可以对数据进行过滤，局部子网的数据仍然是局部的，交换模块只传送发送到其他子网络终端的数据。与一般的以太网相比扩大了可以连接的终端数，可以限制子网内的错误在整个网络上的传输。其优点如下：

1）可以选择用来构建部分网络或是网段，通过数据交换结构提高了数据吞吐量和网络性能，网络配置规则简单。

2）不必考虑传输延时，可以方便地实现有 50 个 OSM 或 ESM 的网络拓扑结构；通过连接单个的区域或部分网络，可以实现网络规模的无限扩展。

（2）全双工模式。采用全双工模式，一个站能同时发送和接收数据，不会发生冲突。全双工模式需要采用发送通道和接收通道分离的传输介质，以及能够存储数据包的部件。由于在全双工连接中不会发生冲突，支持全双工的部件可以同时以额定传输速率发送和接收数据，因此以太网和高速以太网的传输速率分别提高到 20Mbit/s 和 200Mbit/s。由于不需要检测冲突，全双工网络的距离仅受到它使用的发送部件和接收部件性能的限制，使用光纤网络时更是如此。

（3）电气交换模块与光纤交换模块。电气交换模块（ESM）与光纤交换模块（OSM）用来构建 10M/100Mbit/s 交换网络，能低成本、高效率地在现场建成具有交换功能的线性结构或星形结构的工业以太网。可以将网络划分为若干个部分或网段，并将各网段连接到 ESM 或 OSM 上，这样可以分散网络的负担。实现负载解耦，改善网络的性能。利用 ESM 或 OSM 中的网络冗余管理器，可以构建环形冗余工业以太网。最大的网络重构时间为 0.3s。环形网中的数据传输速率为 100Mbit/s，每个环最多可以用 50 个 ESM 或 50 个 OSM。除了两个环端口外，ESM 还有另外 6 个端口（可以任选 ITP 或 RJ-45 接口）；除了 2 对或 3 对环端口外，OSM 还有另外 6 个或 5 个端口，这些端口可以与终端设备或网络段连接。使用集成的后备功能可以将几个环以冗余方式连接在一起。

通过 ESM 可以方便地构建适用于车间的网络拓扑结构，包括线性结构和星形结构。级联深度和网络规模仅受信号传输时间的限制，使用 ESM 可以使网络总体规模达 5km，使用 OSM 时网络长度可达 150km。通过将各个子网络连接到 ESM，可以重构现有的网络。通过环中的两个 ESM 或 OSM，10Mbit/s 或 100Mbit/s 的单个冗余环可以与上层 100Mbit/s 环相连接。

（4）SIMATIC NET 的快速重新配置。网络发生故障后，应尽快对网络进行重构。重新配置的时间对工业应用是至关重要的，否则网络上连接的终端设备将会断开连接，从而引起工厂生产过程的失控或紧急停机。SIMATIC NET 采用了专门为此开发的冗余控制程序，对于有 50 个交换模块（OSM/ESM）的 100Mbit/s 环形网络，重新配置时间不超过 0.3s。终端设备不受网络变化的影响，并不清除其逻辑连接，这就确保了任何时候都可以对生产过程进行控制。在 100Mbit/s 环形网络中，OSM/ESM 具有环或者网段的高速冗余接口。只要配置两个 OSM 或 ESM，它们与工业以太网的 OLM 环之间，或任意个数的网段都能相互连接。

F　工业以太网接口的种类

S7-300 系列 PLC：CPU31X-2DP/PN 集成 PROFINET 接口、CP343-1、CP343-1IT（集成 FTP、E_MAIL 功能）、CP343-1Lean（简化版）、CP343-1Advanced（集成 FTP、E_MAIL 功能，覆盖 CP343-1IT 功能）。

S7-400 系列 PLC：CPU41X-2DP/PN 集成 PROFINET 接口、CP443-1Advanced（集成 FTP、E_MAIL 功能和 4 端口交换机）。

编程器或上位机：CP1613、CP1616/CP1604、商用以太网卡。

13.2.4.2　工业以太网的网卡及通信

A　工业以太网的网卡与通信处理器

（1）用于 PC 的工业以太网网卡。

1）CP 1612 PCI 以太网卡和 CP 1512 PCMCIA 以太网卡提供 RJ-45 接口，与配套的软件包一起支持以下的通信服务：

① 传输协议 ISO 和 TCP/IP；

② PG/OP 通信；

③ S7 通信；

④ 支持 OPC 通信。

2）CP 1515 是符合 IEEE 802.11b 的无线通信网卡，应用于 RLM（无线链路模块）和可移动计算机。

3）CP 1613 是带微处理器的 PCI 以太网卡，使用 AUI/ITP 接口或 RJ-45 接口，可以将 PG/PC 连接到以太网网络。用 CP 1613 可以实现时钟的网络同步。与有关的软件一起，CP 1613 支持 ISO 和 TCP/IP 通信协议、PG/OP 通信、S7 通信、OPC 通信等通信服务。由于集成了微处理器，CP 1613 有恒定的数据吞吐量，支持"即插即用"和自适应功能。支持运行大型的网络配置，可以用于冗余通信，支持 OPC 通信。

（2）S7-300/400 的工业以太网通信处理器。

1）特点。

① 通过 UDP 连接或群播功能可以向多用户发送数据；

② CP443-1 和 CP443-1 IT 可以用网络时间协议（NTP）提供时钟同步；

③ 可以选择 KeepAlive 功能；

④ 使用 TCP/IP 的 WAP 功能，通过电话网络，CP 可以实现远距离编程和对设备进行远程调试；

⑤ 可以实现 OP 通信的多路转换，最多连接 16 个 OP；

⑥ 使用集成在 STEP 7 中的 NCM，提供范围广泛的诊断功能，包括显示 CP 的操作状态，实现通用诊断和统计功能，提供连接诊断和 LAN 控制器统计及诊断缓冲区。

2）CP343-1/CP443-1 通信处理器。CP343-1/CP443-1 通信处理器分别用于 S7-300 和 S7-400，属于全双工以太网通信处理器，通信速率为 10Mbit/s 或 100Mbit/s。CP343-1 的 15 针 D 形插座用于连接工业以太网，允许 AUI 和双绞线接口之间的自动转换。RJ-45 插座用于工业以太网的快速连接，可以使用电话线通过 ISDN 连接互联网。CP443-1 有 ITP、RJ-45 和 AUI 接口。

CP343-1/CP443-1 在工业以太网上独立处理数据通信，有自己的处理器。通过它们 S7-300/400 可以与编程器、计算机、人机界面装置和其他 S7PLC 进行通信。

通信服务包括用 ISO 和 TCP/IP 传输协议建立多种协议格式、PG/OP 通信、S7 通信和对网络上所有的 S7 站进行远程编程。通过 S7 路由，可以在多个网络间进行 PG/OP 通信，通过 ISO 传输连接的简单而优化的数据通信接口，最多传输 8KB 的数据。

S7 通信功能用于与 S7-300（只限服务器）、S7-400（服务器和客户机）、HMI 和 PC 机（用 SOFTNETS7 或 S7-1613）进行通信。

可以用嵌入 STEP 7 的 NCM S7 工业以太网软件对 CP 进行配置。模块的配置数据存放在 CPU 中，CPU 启动时自动地将配置参数传送到 CP 模块。连接在网络上的 S7 PLC 可以通过网络进行远程配置和编程。

3）CP343-1 IT/CP 443-1 IT 通信处理器。CP343-1 IT/CP 443-1 IT 通信处理器分别用于 S7-300 和 S7-400，除了具有 CP343-1/CP443-1 通信处理器的特性和功能外，CP343-1 IT/CP 443-1 IT 可以实现高优先级的生产通信和 IT 通信，它有下列 IT 功能：

① Web 服务器：可以下载 HTML 网页，并用标准浏览器访问过程信息（有口令保护）。

② 标准的 Web 网页：用于监视 S7-300/400，这些网页可以用 HTML 工具和标准编辑器来生成，并用标准 PC 工具 FTP 传送到模块中。

③ E-mail：通过 FC 调用和 IT 通信路径，在用户程序中用 E-mail 在本地和世界范围内发送事件驱动信息。

4）CP 444 通信处理器。CP 444 通信处理器连接到工业以太网，根据 MAP3.0（制造自动化协议）标准提供 MMS（制造业信息规范）服务，包括环境管理（启动、停止和紧急退出），VMD（设备监控）和变量存取服务。可以减轻 CPU 的通信负担，实现深层的连接。

B　通信方式

工业以太网的通信主要利用第 2 层（ISO）和第 4 层（TCP）的协议。西门子工业以太网有以下几种通信协议：

（1）ISO Transport：支持第 4 层（ISO Transport）开放的数据通信，用于 SIMATIC S7 和 SIMATIC S5 的工业以太网连接。

（2）ISO-on-TCP：支持第 4 层 TCP/IP 协议的开放的数据通信，用于 SIMATIC S7 和 PC 及非西门子的支持 TCP/IP 协议的以太网系统。ISO-on-TCP 服务支持 RFC1006 标准。

（3）UDP：属于第 4 层协议，支持简单数据传输，数据无需确认，适用于用户自定义的报文格式。

（4）TCP/IP：支持第 4 层 TCP/IP 协议的开放的数据通信，用于 SIMATIC S7 和 PC 及非西门子的支持 TCP/IP 协议的以太网系统。TCP/IP 设备的端口均支持 TCP 服务。

以太网通信包括 PLC 站与站之间的通信及 PLC 与上位监控站之间的通信。PLC 站之间的通信可以通过 STEP 7、NCM IE 等软件来完成，与上位机的通信则需要使用 SIMATIC Net 软件。

（1）PLC 站的通信。PLC 站之间可以组态各种连接方式，如 S7、ISO-on-TCP 及 TCP 的连接等。组态可以使用 STEP 7 工具软件完成。

连接建立后，剩下的工作是编制程序。在 PLC 站，双方都需要调用 FC5 "AG_SEND" 来发送数据，调用 FC6 "AG_RECV" 来接收数据。FC5 "AG_SEND" 和 FC6 "AG_RE-CV" 最多可以发送 240 个字节的数据包，如有更多的数据需要发送，可以调用 FC50 "AG_LSEND" 和 FC60 "AG_LRECV"。

（2）连接上位机。与上位机（如 HMI）的连接需要安装 SIMATIC Net 软件。如需要将不同厂商的 PLC 设备连接在一起，使数据交换更为便捷，可通过上位机的 OPC 服务器来完成。OPC 的标准是开放的、统一的，各厂商均要遵循，所以用户只需要客户端软件就可以连接到不同厂商的 OPC Server，从而得到各厂商 PLC 的数据，而不需要自己做协议或数据格式的转换。

C PROFINet

PROFINet 是为实现 PROFIBUS 与外部系统横向纵向整合的需要而提出的解决方案。它以互联网和以太网标准为基础，建立了一条 PROFIBUS 与外部系统的透明通道。

PROFINet 首次明确了 PROFIBUS 和工业以太网之间数据交换的格式，使跨厂商、跨平台的系统通信问题得到了彻底的解决，该技术为当前的用户提供了一套完整高性能可伸缩的升级至工业以太网平台的解决方案。PROFINet 技术基于开放、智能的分布式自动化设备，将成熟的 PROFIBUS 现场总线技术的数据交换技术和基于工业以太网的通信技术整合到一起，定义了一个满足 IT 标准的统一的通信模型。

PROFINet 提供了一种全新的工程方法，即基于组件对象模型的分布式自动化技术；PROFINet 规范以开放性和一致性为主导，以微软公司的 OLE/COM/DCOM 为技术核心，最大程度地实现了开放性和可扩展性，向下兼容传统工控系统，使分散的智能设备组成的自动化系统模块化。PROFINet 指定了 PROFIBUS 与国际 IT 标准之间的开放和透明的通信；提供了一个独立于制造商，包括设备层和系统层的完整系统模型，保证了 PROFIBUS 和 PROFINet 之间的透明通信。

（1）PROFINet 的通信机制。PROFINet 的基础是组件技术，在 PROFINet 中，每个设备都被看作一个具有组件对象模型的自动化设备，同类设备都具有相同的 COM 接口，系统通过调用 COM 接口来实现设备功能。组件模型使不同的制造商能遵循同一原则，它们创建的组件能在一个系统中混合应用，并能极大地减少编程的工作量。同类设备具有相同的内置组件，对外提供相同的 COM 接口，使不同厂家的设备具有良好的互换性和互操作性。COM 对象之间通过 DCOM 连接协议进行互联和通信。传统的 PROFIBUS 设备通过代理设备与 PROFINet 中的 COM 对象进行通信。COM 对象之间的调用是通过 OLE 自动化接口实现的。PROFINet 用标准以太网作为连接介质，使用标准的 TCP/UDP/IP 协议和应用层的 RPC/DCOM 来完成节点之间的通信和网络寻址。设备在建立连接时可以选择使用哪种实时通信协议，这样可以满足系统对较高的通信实时性的需求。

PROFIBUS 网段可以通过代理设备连接到 PROFINet，PROFIBUS 设备和协议可原封不动地在 PROFINet 中使用。

（2）PROFINet 的技术特点。PROFINet 的开放性基于以下的技术：

微软公司的 COM/DCOM 标准、OLE、ActiveX 协议和 TCP/UDP/IP 协议。

PROFINet 定义了一个运行对象模型，每个 PROFINet 都必须遵循这个模型，该模型给出了设备中包含的对象和外部都能通过 OLE 进行访问的接口和访问的方法，对独立的对象之间的联系也进行了描述。在运行对象模型中，提供了一个或多个 IP 网络之间的网络连接，一个物理设备可以包含一个或多个逻辑设备，一个逻辑设备代表一个软件程序或由软硬件结合体组成的固件包，它在分布式自动化系统中对应于执行器、传感器和控制器等。在应用程序中将可以使用的功能组织成固定功能，可以下载到物理设备中。软件的编制严格独立于操作系统，PROFINet 的内核经过改写后可以下载到各种控制器和系统中。

组件技术不仅实现了现场数据的集成，也为企业管理人员通过公用数据网络访问过程数据提供了方便。在 PROFINet 中使用了 IT 技术，支持从办公室到工业现场的信息集成，PROFINet 为企业的制造执行系统 MES 提供了一个开放式的平台。

13.2.5　点对点（Point to Point）通信

13.2.5.1　点对点通信简介

点对点（Point to Point）通信简称为 PtP 通信，使用带有 PtP 通信功能的 CPU 或通信处理器，可以与 PLC、计算机或别的带串口的设备通信，实现如下点对点的连接：

（1）SIMATIC S7 和 SIMATIC S5 PLC，以及许多其他厂商的系统；

（2）打印机；

（3）机器人控制器；

（4）调制解调器；

（5）扫描仪和条形码阅读器等。

A　通信处理器与通信接口

SIMATIC S7 系列 PLC 与计算机通信有多种途径，其中，在通信处理器模块的支持下，进行点对点通信是串行通信较经济的解决方案。没有集成 PtP 串口功能的 S7-300 CPU 模块用通信处理器 CP340 或 CP341 实现点对点通信。S7-400 CPU 模块用 CP440 和 CP441 实现点对点通信。

（1）CP340 通信处理器。CP340 通信处理器用于 S7-300 PLC 和 ET 200M（S7 作为主站）的点对点串行通信，它有 1 个通信接口，有 4 种不同的型号，都有中断功能。一种模块的通信接口为 RS232C（V. 24），可以使用通信协议 ASCII 和 3964（R）。另外 3 种模块的通信接口分别为 RS232C（V. 24），20mA（TTY）和 RS-442/RS485（X. 27），可以使用的通信协议有 ASCII，3964（R）和打印机驱动软件。CP340 通信处理器技术规范见表 13-5。

表 13-5　CP340 通信处理器技术规范

接　口　类　型	RS232C（V. 24）	20mA（TTY）	RS-442/RS485（X. 27）
数量	1 个，隔离	1 个，隔离	1 个，隔离
传输速率	2. 4 ~ 19. 2kbit/s	2. 4 ~ 19. 2kbit/s	2. 4 ~ 19. 2kbit/s
电缆长度	15m	100m/1000m（主动/被动）	1200m
ASCII 最大帧长	1024B	1024B	1024B
ASCII 最大传输速率	9. 6kbit/s	9. 6kbit/s	9. 6kbit/s
3964（R）最大帧长	1024B	1024B	1024B
3964（R）最大传输速率	19. 2kbit/s	19. 2kbit/s	19. 2kbit/s
打印机驱动软件的最大传输速率	9. 6kbit/s	9. 6kbit/s	9. 6kbit/s

ASCII 采用简单的传输协议连接外部系统，采用起始字符、结束字符和带块校验字符的协议，可以通过用户程序询问和控制接口的握手操作。打印机驱动器用于在打印机上记录过程状态和事件。通过标准化的开放的西门子 3964（R）协议，PLC 可以与西门子的设备或第三方设备通信。通过集成在 STEP 7 中的硬件组态工具，对各种点对点通信处理器进行参数设置，也可以通过 CPU 中的数据块来设置通信参数。

（2）CP341 通信处理器。CP341 是点对点的快速、功能强大的串行通信处理器模块，有一个通信接口，用于 S7-300 和 ET2OOM（S7 作为主站），可以减轻 CPU 的负担。CP341 有 6 种不同的型号，可以使用的通信协议包括 ASCII、3964（R）、RK 512 协议和可装载的驱动程序，包括 MODBUS 主站协议、MODBUS 从站协议和 Data、Highway（DF1 协议），RK 512 协议用于连接计算机。

CP341 有 3 种不同的传输接口：RS232C（V. 24）；20mA（TTY）；RS- 442/RS485（X. 27）。

每种通信接口分别有 2 种类型的模块，其区别在于一种有中断功能，而另一种则没有。RS232C（V. 24）和 RS- 442/RS485（X. 27）接口的传输速率提高到 76. 8kbit/s，20mA（TTY）接口的最高传输速率为 19. 2kbit/s。

通过装载单独购买的驱动程序，CP341 可以使用 RTU 格式的 MODBUS 协议，在 MOD-BUS 网络中可以作主站或从站。

（3）S7-300C 集成的点对点通信接口。CPU 313-2PtP 和 314C-2PtP 有一个集成的串行通信接口 X. 27，CPU 313-2PtP 可以使用 ASCII 和 3964（R）通信协议；CPU 314C-2PtP 可使用 ASCII，3964（R）和 RK512 协议。它们都有诊断中断功能，最多传输 1024 个字节。全双工的传输速率为 19. 2kbit/s，半双工的传输速率为 38. 4kbit/s。

（4）CP440 点对点通信处理器。CP440 点对点串行通信，物理接口为 RS- 442/RS485（X. 27）。最多 32 个节点，最高传输速率为 115. 2kbit/s，通信距离最长 1200m。可以使用的通信协议为 ASCII 和 3964（R）。

（5）CP441-1/CP441-2 点对点通信处理器。CP441-1 有 4 种不同的型号，通信处理模块可以插入一块分别带一个 20mA（TTY），R3 232C 或 RS422/485 接口的 IF963 子模块。有一种只有 3964（R）通信协议，其余 3 种均有 ASCII、3964（R）和打印机通信协议，有 2 种有多 CPU 功能。只有一种模块同时有多 CPU 和诊断中断功能。

CP441-1 的 20mA（TTY）接口的最大通信速率为 19. 2kbit/s，其余的接口为 38. 4kbit/s。最大通信距离同 CP340。

CP441-2 通信处理模块有 4 种不同的型号，可以插入两块分别带 20mA（TTY）、RS232C 和 RS422/485 的 IF 963 子模块。有一种只有 RK 512 和 3964（R）通信协议，其余 3 种均有 RK512、ASCII、3964（R）和打印机通信协议，有多 CPU 功能，还可以实现用户定制的协议。只有一种模块同时有多 CPU 和诊断中断功能。

CP441-2 的 20mA（TTY）接口的最大通信速率为 19. 2kbit/s，其余的接口为 115. 2kbit/s。最大通信距离同 CP340。

　B　通信协议

S7-300/400 的点对点串行通信可以使用的通信协议主要有 ASCII Driver、3964（R）和 RK512。

（1）ASCII Driver 通信协议。ASCII Driver 用于控制 CPU 和一个通信伙伴之间的点对点连接的数据传输，可以将全部发送报文帧发送到 PtP 接口，提供一种开放式的报文帧结构。接收方必须在参数中设置一个报文帧的结束判据，发送报文帧的结构可能不同于接收报文帧的结构。使用 ASCII Driver 可以发送和接收开放式的数据（所有可以打印的 ASCII 字符），8 个数据位的字符帧可以发送和接收所有 00 ~ FFH 的其他字符。7 个数据位的字符帧可以发送和接收所有 00 ~ 7FH 的其他字符。ASCII Driver 可以用结束字符、帧的长度和字符延迟时间作为报文帧结束的判据。用户可以在三个结束判据中选择一个。

ASCII Driver 通信协议的参数设置方法：启动 SIMATIC 管理器，在项目中调用硬件组态工具"HW Config"。如果使用点对点通信处理器模块，例如 CP 341 或 CP 440 等，双击通信模块。如果使用 CPU 31xC-2PtP，双击 CPU 模块中的"PtP"子模块，打开"属性"对话框。设置好通信参数后，用菜单命令"Station"→"Save and compile"保存。在 CPU 处于 STOP 模式时，将参数数据下载到 CPU 中。

（2）3964（R）通信协议。3964（R）通信协议用于 CP 或 CPU 31xC-2PtP 和一个通信伙伴之间的点对点数据传输。

3964（R）通信协议的参数设置方法："Addresses"、"Basic Parameters"、"Data Reception"与"Signal Assignment"选项卡中的参数设置方法与 ASCII Driver 通信协议中的相同。在"Transfer"选项卡中，除了设置通信速率、数据位和结束位的位数，以及奇偶校验位以外，还可以设置下面的参数：

1）使用块校验（With block check）；

2）优先级（Priority）；

3）字符延迟时间（Character delay time）；

4）应等延迟时间（Acknowledgement）；

5）连接尝试（Connection retries）；

6）传输尝试（Transmit retries）。

（3）RK 512 通信协议。RK 512 通信协议又称为 RK 512 计算机连接，用于控制与一个通信伙伴之间的点对点数据传输。与 3964（R）通信协议相比，RK 512 协议包括 ISO 参考模型的物理层（第 1 层）、数据链路层（第 2 层）和传输层（第 4 层），提供了较高的数据完整性和较好的寻址功能。

RK 512 通信的参数设置方法：由于 3964（R）是 RK 512 通信的一部分，RK 512 协议的参数与 3964（R）协议的参数基本相同。二者的区别为：RK 512 的字符固定设为 8 位，没有接收缓冲区，也没有接收数据的参数。必须在使用的系统功能块（SFB）中规定数据目标和数据源的参数。

13.2.5.2　点对点通信的功能块及系统功能块简介

A　用于 CPU 31xC-2PtP 点对点通信的系统功能块

在用户程序中，用专用的功能块来实现点对点串行通信。CPU 31xC-2PtP 用于点对点通信的系统功能块为 SFB 60 ~ 65。SFB 60 ~ 62 用于 ASCII/3964（R）的通信，SFB 63 ~ 65 用于 RK 512 的通信。它们在程序编辑器左边的指令树窗口的"Libraries"→

"Standard Library"→"System Function Blocks"（系统功能块）文件夹中。SFB 60 ~ 65 的作用如下：

(1) SFB 60 "SEND_PTP"：将整个数据块或部分数据块区发送给一个通信伙伴；

(2) SFB 61 "RCV_PTP"：从一个通信伙伴处读取数据，并将它们保存在一个数据块中；

(3) SFB 62 "RES_RCVB"：复位 CPU 的接收缓冲区；

(4) SFB 63 "SEND_RK"：将整个数据块或部分数据块区发送给一个通信伙伴；

(5) SFB 64 "FETCH_RK"：从一个通信伙伴处读取数据，并将它们保存在一个数据块中；

(6) SFB 65 "SERVE_RK"：从一个通信伙伴接收数据，并将它们保存在一个数据块中，通信伙伴提供数据。

B　用于 RK 512 协议的系统功能块

在 RK 512 协议通信中，SEND 请求把数据写入通信伙伴的某一存储区，FETCH 请求从通信伙伴某一存储区中读取数据。不能同时在用户程序中激活 SEND 请求和 FETCH 请求。为了设置时的初始化和 SFB 之间的操作同步，所有 RK 512 通信的 SFB 都需要一个公共的数据块。用参数 SYNC_DB 设置该数据块的编号，用户程序中所有 RK 512 通信的 SFB 中，该数据块的编号必须相同，长度应不少于 240B。用于 RK 512 协议的系统功能块如下：

(1) SFB 63 "SEND_RK"：用来发送数据块中的数据。

(2) SFB 64 "FETCH_RK"：从一个通信伙伴处读取数据，并将它们保存在一个数据块中。

(3) SFB 65 "SERVE_RK"：从一个通信伙伴接收数据，并将它们保存在一个数据块中，通信伙伴提供数据。

C　用于点对点通信处理器的功能块

(1) CP 340 的发送功能块 FB 3 "P_SEND"。FB2 ~ 4 只能用于 CP 340，CP 340 还可以使用 FC5 和 FC6。发送功能块 FB 3 "P_SEND" 将数据写入 CP 340 的发送缓冲区，再由后者发送给通信伙伴。FB3 需要大小为 40B 的背景数据块，用户不能访问该背景数据块中的数据。

FB2 ~ 4 应在循环程序或时间控制的程序中无条件地调用。它将数据块中连续的数据传送给 CP 340，在功能块的参数中需要设置存放要发送的数据的数据块编号 DB_NO、数据块中的起始字节地址 DBB_NO 和数据的长度 LEN。

在输入信号 REQ 的上升沿，FB 3 "P_SEND" 进入发送状态，开始向 CP 340 传送数据，然后 CP 340 将数据发送给接收方。数据传送过程可能需要若干个 CPU 的循环周期。在发送期间，REQ 始终为 1。

发送过程结束后，如果正确完成了发送任务，DONE 为 1，输出 STATUS 的值为 0。否则输出 ERROR 为 1、STATUS 中为事件号。

在发送期间，如果输入 R 变为 1，将中止发送，并将 FB3 " P_SEND" 复位（置为初始状态），但是已经传送到 CP 340 的数据将继续发送。如果出现错误，CPU 的二进制结果将被复位。如果块无错误结束，BR 将被置为 1 状态。

（2）CP 340 的接收功能块 FB 2 "P_RCV"。FB 2 "P_RCV" 将 CP 340 的接收缓冲区中的数据存放在数据块中，数据块的编号为 DB_NO，数据块中的起始字节的地址为 DBB_NO，数据的长度为 LEN。FB 2 "P_RCV" 也需要大小为 40B 的背景数据块。

如果输入信号 EN_R 为 1 状态，软件查询是否可以从 CP 340 读取数据。EN_R 如果为 0 状态，将中止正在进行的接收工作，且 ERROR 变为 1 状态，并由 STATUS 给出错误信息。数据传输过程可能需要几个循环周期。

如果输入 R 变为 1 状态，FB 2 "P_RCV" 将被复位（置为初始状态），接收请求被中止，若 R 又变为 0 状态，重新开始接收被中止的报文帧。

如果接收缓冲区内有数据，就转入接收状态。读出 CP 340 的接收缓冲区后，FB 2 "P_RCV" 从接收状态转入查询状态。

如果数据接收请求正确地完成，已经接收完数据，FB 2 的输出信号 NDR 为 1 状态。如果出现错误，输出 ERROR 为 1 状态，LEN 的值为 0，STATUS 中为错误代码。没有错误时 STATUS 的值为 0。FB 2 被复位时（参数 LEN 为 0），NDR 和 ERROR/STATUS 也有输出。如果出现错误，CPU 的二进制结果位 BR 将被复位。如果块无错误结束，BR 将被置为 1 状态。

13.3　知识拓展

13.3.1　ET 200M 分布式 I/O 设备简介

ET 200M 分布式 I/O 设备是具有 IP 20 防护等级的模块化 DP 从站。ET 200M 具有 S7-300 自动化系统的组态技术，由一个 IM 153-x 和多个 S7-300 的 I/O 模块组成。

ET 200M 支持与以下设备进行通信：

（1）所有符合 IEC 61784-1：2002 Ed1 CP 3/1 的 DP 主站。

（2）所有符合 IEC 61158 的 I/O 控制器。

13.3.2　ET 200M 的组态

ET 200M 分布式 I/O 设备的组态如图 13-49 所示。

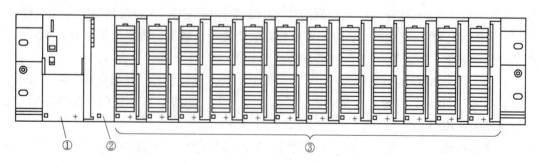

图 13-49　ET 200M 分布式 I/O 设备的组态（实例）
①—电源模块 PS 307；②—接口模块 IM 153-x；③—最多 12 个 I/O 模块（SM/FM/CP）

13.3.2.1 PROFIBUS-DP 系统构成

PROFIBUS-DP 系统由一个主站、一个远程 I/O 从站和一个远程现场模块从站构成。

（1）DP 主站。选择一个集成 DP 接口的 CPU315-2DP、一个数字量输入模块 DI32 × DC24V/0.5A、一个数字量输出模块 DO32 × DC24V/0.5A、一个模拟量输入/输出模块 AI4/AO4 × 14/12Bit。

（2）远程现场从站。选择一个 B-8DI/8DO DP 数字量输入/输出 ET200B 模块。

（3）远程 I/O 从站。选择一个 ET 200M 接口模块 IM 153-2、一个数字量输入/输出模块 DI8/DO8 × 24V/0.5A、一个模拟量输入/输出模块 AI2 × 12bit、AO2 × 12bit。

13.3.2.2 组态 DP 主站

（1）新建 S7 项目。打开 SIMATIC 管理器，执行菜单命令"File"→"New…"，创建一个 S7 项目，并命名为"DP_ET200"。

（2）插入 S7-300 工作站。点击项目名"DP_ET200"，执行菜单命令"Insert"→"Station"→"SIMATC 300 Station"，插入 S7-300 工作站，并命名为"DP_Master"。

（3）硬件组态。点击 DP_Master，在右视窗中双击"Hardware"，进入硬件配置窗口。打开硬件目录，按硬件安装次序依次插入机架 Rail、电源 PS 307 5A、CPU315-2DP、DI32 × DC24V/0.5A、DO32 × DC24V/0.5A、AI4/AO4 × 14/12Bit 等。

（4）设置 PROFIBUS。插入 CPU315-2DP 的同时弹出 PROFIBUS 组态界面，组态 PROFIBUS 站地址，本例设为 2。然后点击"New"按钮，新建 PROFIBUS 子网，保持默认名称 PROFIBUS（1）。切换到"Network Settings"选项卡，设置波特率和行规，本例波特率设为 1.5Mbit/s，行规选择 DP。

单击 OK 按钮，返回硬件组态窗口，并将已组态完成的 DP 主站显示在上面的视窗中，如图 13-50 所示。

13.3.2.3 组态远程 I/O 从站 ET 200M

ET 200M 是模块化的远程 I/O，可以组态机架，并配置标准 I/O 模板。本例将在 ET 200M 机架上组态一个 DI8/DO8 × 24V/0.5A 数字量输入/输出模板、一个 AI2 × 12bit 模拟量输入模板和一个 AO2 × 12bit 的模拟量输出模板。

（1）组态 ET 200M 的接口模块 IM 153-2。在硬件配置窗口内，打开硬件目录，从"PROFIBUS-DP"子目录下找到"ET 200M"子目录，选择接口模块 IM153-2，并将其拖放到"PROFIBUS（1）：DP master system"线上，鼠标变为"+"号后释放，自动弹出 IM 153-2 属性窗口。

IM 153-2 硬件模块上有一个拨码开关，可设定硬件站点地址，在属性窗口内所定义的站点地址必须与 IM 153-2 模块上所设定的硬件站点地址相同，本例将站点地址设为 3。其他保持默认值，即波特率为 1.5Mbps，行规选择 DP。完成后的 PROFIBUS 系统如图 13-51 所示。

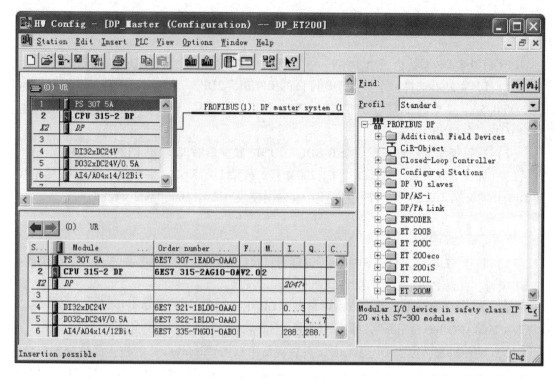

图 13-50　DP 主站系统

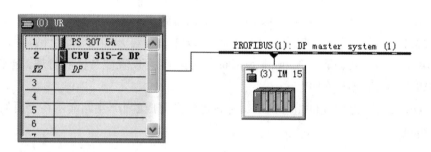

图 13-51　PROFIBUS 系统图

（2）组态 ET 200M 上的 I/O 模块。在 PROFIBUS 系统图上点击 IM 153-2 图标，在视窗的下面显示 IM 153-2 机架。然后按照与中央机架完全相同的组态方法，从第 4 个插槽开始，依次将接口模块 IM 153-2 目录下的 DI8/DO8 × 24V/0.5A、AI2 × 12Bit 和 AO2 × 12Bit 插入 IM153-2 的机架，如图 13-52 所示。

远程 I/O 站点的 I/O 地址区不能与主站及其他远程 I/O 站的地址重叠，组态时系统会自动分配 I/O 地址。如果需要，在 IM 153-2 机架插槽内双击 I/O 模块可以更改模块地址，本例保持默认值。组态完成后编译并保存组态数据。

13.3.2.4　组态远程现场模块 ET 200B

ET 200B 为远程现场模块，有多种标准型号。本例将组态一个 B-8DI/8DO DP 数字量输入/输出 ET200B 模块。在硬件组态窗口内，打开硬件目录，从"PROFIBUS-DP"子目录下找到"ET 200B"子目录，选择 B-8DI/8DO DP，并将其拖放到"PROFIBUS（1）：DP

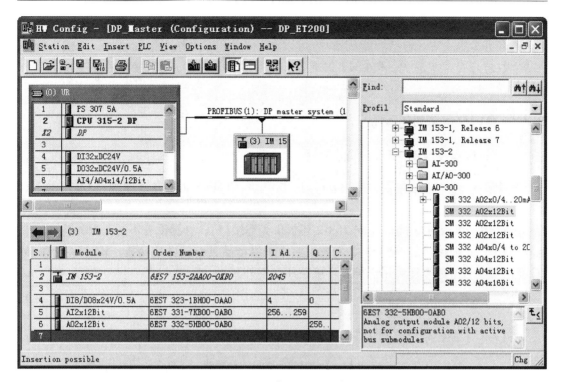

图 13-52　组态 ET 200M 从站

master system"线上，鼠标变为"＋"号后释放，自动弹出 B-8DI/8DO DP 属性窗口。设置 PROFIBUS 站点地址为 4，其他保持默认值，即波特率为 1.5Mbps，行规选择 DP。完成后的 PROFIBUS 系统如图 13-53 所示。

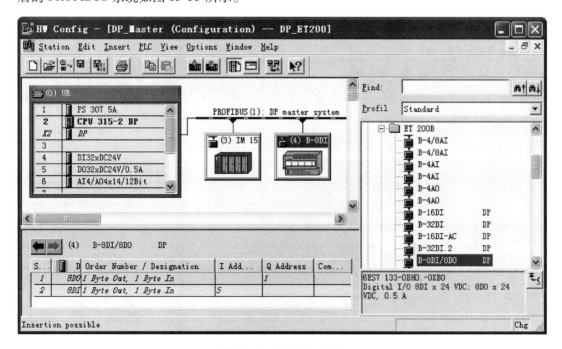

图 13-53　ET 200B 从站

组态完成后编译并保存组态数据。

若有更多的从站（包括智能从站），可以在 PROFIBUS 系统上继续添加，所能支持的从站个数与 CPU 类型有关。CPU31x-2DP 及 CPU41x-2DP 的集成 DP 接口最多支持 125 个从站。

13.3.3　IM 153-x 系列和属性

13.3.3.1　不同 IM 153-x 的简要概述

IM 153-x 模块是信号模块（SM）、功能模块（FM）和通信处理器（CP）的 I/O 接口。

它们有一个 RS 485 接口（IM 153-2 还提供光缆接口），并提供有不同范围的功能。带有 RS 485 和光缆接口的 IM 153-2 的各种版本升级产品具有同样的功能。IM 153-1 和 IM 153-2 的版本升级版本还可用于扩展环境条件（室外）中。

13.3.3.2　IM 153-x 特点和功能

表 13-6 详细概述了各 IM 153-x 的特点和功能及其当前版本。

表 13-6　IM153-x 的特点和功能

特点/功能	6ES7 153-AA	6ES7 1532-2Ax	6ES7 153-2Bx00	6ES7 153-2Bxx1
在操作期间更换模块	×	×	×	×
直接数据交换	×	×	×	×
增强的诊断能力	×	×	×	×
SYNC、FREEZE	×	—	×	×
转发 PG/PC 的参数化数据	—	×	×	×
ET 200M 中安装可参数化的 FM	—	×	×	×
PROFIBUS DP 的时间同步，输入信号时间标记	—	×	×	×
精度为 1ms 的时间标记	—	—	—	×
I/O 总线时间同步	—	—	—	×
冗余①	—	×	—	×
快速冗余	—	—	—	×
同步②	—	—	×	×
更新	—	—	×	×
同 F 模块直接交换数据	—	—	—	×
支持带扩展用户数据的 HART 模块	—	—	—	×
IQ 传感	—	—	— （从固件 V3.0.1 开始）	×

①实现这些功能时，不应使用 SYNC、FREEZE 功能；

②不适用于 IM 153-1AA8x。

13.3.3.3　IM 153-1 和 IM 153-2AA02/IM153-2AB01 的正视图

IM 153-1 和 IM 153-2AA02/IM153-2AB01 的正视图如图 13-54 所示。

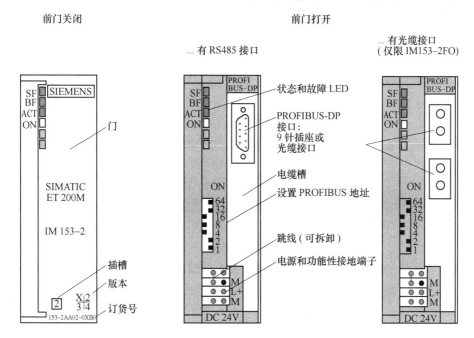

图 13-54　IM 153-1 和 IM 153-2AA02/IM 153-2AB01 的正视图

学习性工作任务 14　PROFIBUS-DP 总线控制训练

14.1　项目背景及要求

　　PROFIBUS 现场总线技术是当今控制领域的热点，本项目以 Siemens S7-300 PLC 为主控制器，基于 PROFIBUS 总线技术，实现与 MM420 变频器的通信，详细深入分析 MM420 变频器的通信协议及提供了 PLC 对变频器的启停控制及数据传送的方法，给出了系统的通信网络设置、参数配置。

　　本项目利用基于 PLC、变频器、PROFIBUS-DP 总线技术的喷泉模拟控制设计，训练学生进行硬件组态、程序设计、运行调试的能力，重点在 Profibus 网络的应用。项目实施时，教师先对基于 PLC、变频器、PROFIBUS-DP 总线技术的喷泉模拟控制的工作原理、控制方式及控制过程进行详细讲解，并对项目的编程思路进行提示启发，学生尝试进行编程调试，最后老师做指导性总结，并给出正确程序供学生参考。

14.2　相关知识

14.2.1　现场总线 PROFIBUS

A　PROFIBUS 概述

PROFIBUS 以 ISO7498 为基础，以开放式系统互联网络 OSI 作为参考模型，定义了物理传输特性、总线存取协议和应用功能。PROFIBUS-DP，PROFIBUS-PA，PROFIBUS-FMS构成了 PROFIBUS 家族。其中 PROFIBUS-DP 是一种高速和便宜的通信连接，使用了第 1层、第 2 层和用户接口，第 3~7 层未加以描述，这种流体型结构确保了数据传输的快速和有效，是专门为自动控制系统和设备分散的 I/O 之间进行的通信而设计的。使用 PRO-FIBUS-DP 模块可取代 24V 或 4~20mA 的串联式信号传输，减少投资成本。

B　PROFIBUS-DP 系统的构成

标准现场总线 PROFIBUS-DP 的硬件由主设备、从设备、网络网路等三部分组成。其中主设备用以控制总线上的数据传输，且在没有提供外部请求时发送信息和被授权可访问总线。从设备是相对于主设备而言较为简单的外部设备，且未被授权访问总线，网络网路如传输介质和网络链接器，前者用屏蔽双绞电缆构成电气网络，用塑料或玻璃纤维光缆构成的光纤网络，或是基于两种媒介之间由 OLM 转换的混合网络；后者如 RS-485 总线连接器、RS-485 总线终端、RS-485 中继器、光链路模块 OLM 等。

图 14-1 为变频器现场总线控制系统的结构示意图。PLC（SIMATIC S7-300 或 S7-400系列）作为一级 DP 站，通过通信模块再与 PROFIBUS 总线联络，作为主设备，负责读取悬挂在总线上的所有分布式 I/O 模块的变频器状态字（包括数字量和模拟量），同时进行变频器控制字（包括数字量和模拟量）的传送。MM420 变频器加上 CB 通信板（PROFI-BUS 通信模块）后作为从站，可带这样的从站 32 个，如果加上中继器，最多可达 125 个从站。MM420 是 MICROMASTER4 系列变频器中的顶尖机型，而且有更加精确的控制功能，适应多种应用场合。MM420 变频器具有 I/O 接口，包括数字量输入输出、模拟量输入输出，其中数字量输入有正向启动、反向启动、外接故障（如设备温升等）、点动、使能，设定音频启动等。数字量输出包括变频器运行信号、故障信号、运行频率区间信号、报警信号等。模拟量输入输出必须进行 U/I 方式的设定，以确认 4~20mA 信号抑或 0~10V 信号，其中模拟量输入主要为设定速度或频率的参考值，模拟量输出为电流实际值、速度实际值、频率实际值、DC 回路电压值等，又因数据传输方式以串行的数字方式为主，只有在到达变频器时才采用部分模拟信号，所以丝毫不影响传输数据的可靠性和抗干扰性。

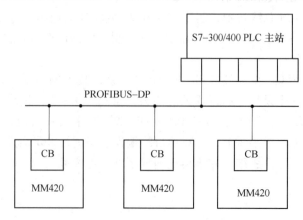

图 14-1　变频器现场总线控制系统示意图

C　控制系统的数据通信

在变频器现场总线控制系统中，PROFIBUS-DP 的通信协议的信息帧分为协议头、用户数据和协议尾，用户数据结构被指定为参数过程数据对象（PPO），有的用户数据带有一参数区域和一过程数据区域，而有的用户数据仅由过程数据组成。变频传动定义了五种 PPO 类型，MICROMASTER4 仅支持 PPO 型 1 和型 3。参数值 PKW 是变频器运行要定义的一些功能码，如最大频率、基本频率、加/减速时间等，过程数据 PZD 用传输控制字和设定值（主-变频器）或状态字和实际值（变频器-主）等输入输出的数据值。

MICROMASTER4 系列变频器与 SIMATIC S7-300 通信，必须完成下列变频器功能码的设置：P918（Profibus 地址），设定值可以是 1 ~ 125，P1000（频率设定值的选择）= 6（CB 通信板），P2041.00（CB 参数）= 3（PPO3），P2040（CB 停止报文时间）> 0，P927（修改参数的途径）= 1（COMMS 模板），P700（选择命令源）= 6（Profibus/Fieldbus 通信链路现场总线）。

D　PZD（过程数据）和 PKW（参数识别数值区）

PLC 主站和变频器从站之间采用 Profibus-DP 通信，通信报文有效的数据块分为 PKW 区和 PZD 区，他们分别具有任务报文和应答报文。主站（PLC）发送给从站（MM440）的数据为任务报文（或指令），主站收到的从站数据为应答报文。MM440 变频器支持 PPO1 和 PPO3 两种通信类型，该项目采用 PPO1 型口。

通信报文的 PZD 区是为控制和监测变频器而设计的。在主站（PLC）和从站（MM420）中收到的 PZD 总是以最高的优先级加以处理。处理 PZD 的优先级高于处理 PKW 的优先级，而且，总是传送当前最新的有效数据。

（1）PZD 任务报文（主站-MM420）。STW：PZD 任务报文的第 1 个字是变频器的控制字（STW），变频器的控制字（STW）各位含义见表 14-1。

表 14-1　变频器的控制字（STW）各位含义

位 00	"On（斜坡上升)/OFF1（斜坡下降)"	0　否	1　是
位 01	"OFF2：按惯性自由停车"	0　是	1　否
位 02	"OFF3：快速停车"	0　是	1　否
位 03	"脉冲使能"	0　否	1　是
位 04	"斜坡函数发生器（RFG）使能"	0　否	1　是
位 05	"RFG 开始"	0　否	1　是
位 06	"设定值使能"	0　否	1　是
位 07	"故障确认"	0　否	1　是
位 08	"正向点动"	0　否	1　是
位 09	"反向点动"	0　否	1　是
位 10	"由 PLC 进行控制"	0　否	1　是
位 11	"设定值反向"	0　否	1　是
位 12	未使用		
位 13	"用电动电位计（MOP）升速"	0　否	1　是
位 14	"用 MOP 降速"	0　否	1　是
位 15	本机/远程控制	0P0719 下标 0	1P0719 下标 1

说明：变频器收到的控制字，第 10 位必须设置为 1；如果第 10 位是 0，控制字无效，变频器按原控制方式工作。

HSW：PZD 任务报文的第 2 个字是变频器的主设定值（HSW），为主频率设定值，由主设定值信号源 USS（串行接口协议）提供。按照 P2009（USS 规格化）的设置，可以分 2 种方式：

1）如果 P2009 设置为 0，数值以十六进制数形式发送，即 4000（十六进制）规格化为由 P2000 设定的频率（如为 50Hz），那么 2000 即规格化为 25Hz，负数则反向。

2）如果 P2009 设置为 1，数值以绝对十进制数形式发送，即 4000（十进制）规格化为由 P2000 设定的频率（如为 40Hz），负数则反向。

（2）PZD 应答报文（MM440_主站）。ZSW：PZD 应答报文的第 1 个字是变频器的状态字（ZSW），各位含义见表 14-2。H1W：PZD 应答报文的第 2 个字是变频器的运行参数实际值（H1W），为变频器的实际输出频率，可通过 P2009 进行规格化。

表 14-2　变频器的状态字（ZSW）各位含义

位 0	变频器准备	0	否	1	是
位 1	变频器运行准备就绪	0	否	1	是
位 2	变频器正在运行	0	否	1	是
位 3	变频器故障	0	是	1	否
位 4	OFF2 命令激活	0	是	1	否
位 5	OFF3 命令激活	0	否	1	是
位 6	禁止 on（接通）命令	0	否	1	是
位 7	变频器报警	0	否	1	是
位 8	设定值/实际值偏差过大	0	是	1	否
位 9	PZD1（过程数据）控制	0	否	1	是
位 10	已达到最大频率	0	否	1	是
位 11	电动机电流极限报警	0	否	1	否
位 12	电动机抱闸制动投入	0	否	1	否
位 13	电动机过载	0	是	1	否
位 14	电动机正向运行	0	否	1	是

14.2.2　硬件组态

A　组态主站系统

打开 SIMATIC MANAGER，通过 FILE 菜单选择 NEW 新建一个项目，在 NAME 栏中输入项目名称（名称自定），在下方的 Storage Location 中设置其存储位置。

项目屏幕的左侧选中该项目，在右键弹出的快捷菜单中选择 Insert New Object 插入 SIMATIC 300 Station，可以看到选择的对象出现在右侧的屏幕上。

打开 SIMATIC 300 Station，然后双击右侧生成的 hardware 图标，在弹出的 HW Config 中进行组态，在菜单栏中选择 "View"、选择 "Catalog" 打开硬件目录，按订货号和硬件安装次序依次插入机架、电源、CPU。插入 CPU 时会同时弹出组态 PROFIBUS 画面，如图 14-2 所示。

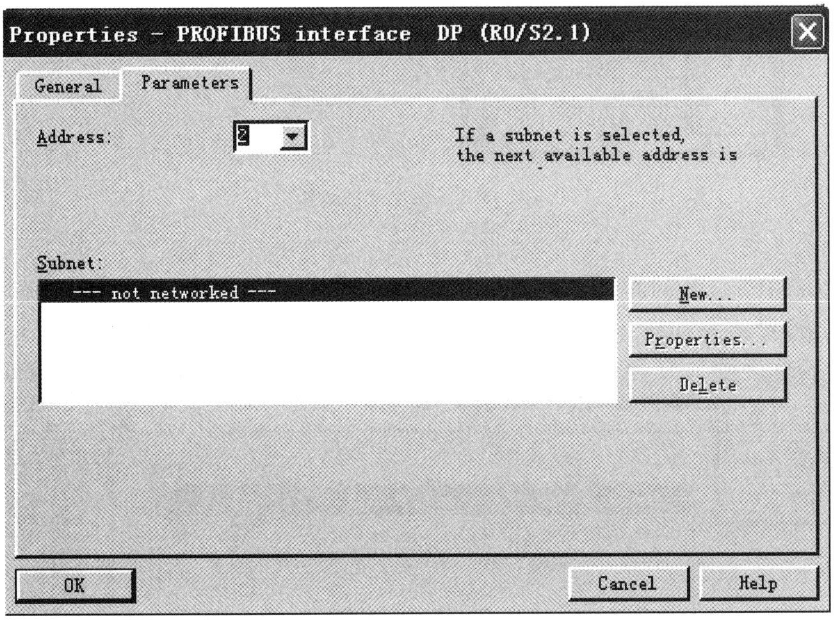

图 14-2　组态主站

　　选择"New"新建一条 PROFIBUS（1），组态 PROFIBUS 站地址，点击"Properties" 键组态网络属性，如图 14-3 所示。

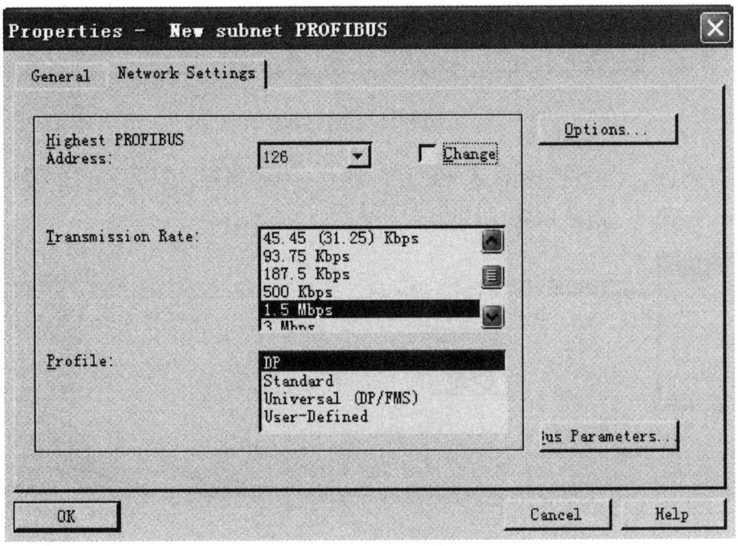

图 14-3　组态网络属性

　　选择传输速率为"1.5Mbps"，"DP"行规，点击"OK"键确认并存盘；然后组态 314C-2DP 本地模块，结果如图 14-4 所示。

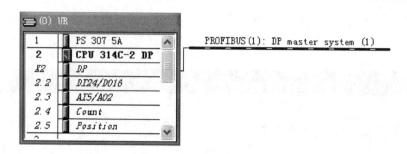

图 14-4　组态本地模块

B　组态从站

将 PROFIBUS_DP 下的 SIMOVERT 文件夹下的 MICROMASTER 4 挂到 PROFIBUS_DP 总线上，并设置站号为 3，结果如图 14-5 所示。

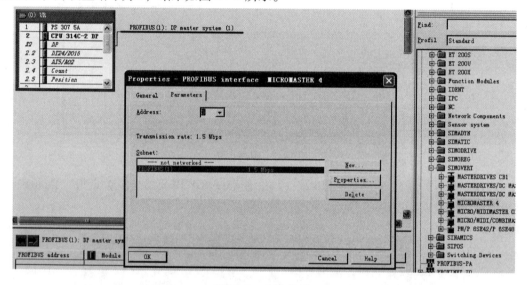

图 14-5　组态从站

点击变频器图标，在下栏中插入 PPO3，双击"0 PKW，2PZD（PPO3）"，组态完成，地址分配从 256～259，如图 14-6 所示。

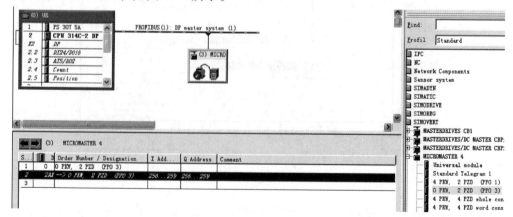

图 14-6　分配通信区

14.2.3　程序设计实现

【例 14.1】　用开关 S1（I0.0）实现变频器的启停位控制。

首先对控制字 STW 设为 047E，即第 10 位要为 1（由 PLC 控制），第 7 位为 0（故障确认），第 0 位为 0（变频器停止）。则当控制字变为 047F 时，变频器运行。即对控制字第 0 位进行控制，047E 为停止，047F 为运行。具体程序指令如图 14-7 所示。

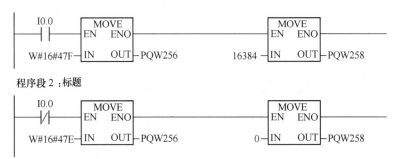

图 14-7　用"MOVE"指令实现变频器的启停控制

14.3　任务实施

任务要求：基于 PLC、变频器、PROFIBUS-DP 总线技术的喷泉模拟控制。

项目总体要求：使用 PLC、变频器、WinCC 完成喷泉模拟控制。由 1…8 号指示灯模拟显示，要求从下至上依次逐个闪烁，并不断循环。

具体控制要求：

（1）按下启动按钮，1～8 号指示灯按以下规律显示：1→2→3→4→5→6→7→8→1→2 …不断循环，每个指示灯闪烁切换时间均为 0.5s。

按下停止按钮，1～8 号指示灯不会立即停止输出，而要等到最后一次循环结束，即要等到 8 号指示灯闪烁完成为止。

（2）系统启动，变频器线性加速，加速时间为 10s，从 0Hz 加速至 50Hz 后稳定运行，停车时则由 50Hz 线性减速为 0Hz，减速时间也为 10s。

（3）完成 WinCC 人机界面的设计。人机界面如图 14-8 所示。

（4）在控制柜、WinCC 上均可控制系统。

实施步骤：

（1）列 I/O 分配表（绘制 I/O 接线图）。

（2）系统硬件接线。

（3）PLC 硬件组态。

（4）PLC 编程。

（5）WinCC 项目建立与变量生成。

（6）WinCC HMI 画面组态。

图 14-8　WINCC 人机界面运行监控画面

（7）项目调试。

项目拓展练习：

喷泉第一次循环是 4 个连续的指示灯从下至上依次逐个出现变亮，然后 4 个一起逐渐闪烁移动上升，直至最后依次逐个消失；

第二次循环则是 3 个连续的灯按同样的规律动作；

第三次循环则是 2 个连续的灯按同样的规律动作；

第四次循环则是 1 个灯从下至上依次逐个闪烁。

四次循环作为一个周期，下一个周期又自动从第一次循环开始。想一想，这个程序应该怎样设计呢？

习　　题

（1）简述 OSI 参考模型各层的名称及意义。

（2）简述 S7-300/400 PLC 的通信功能块。

（3）MPI 通信的全局数据如何设置？

（4）三种 PROFIBUS DP 系统各是什么？各有何特点？

（5）进行 MPI 网络配置，实现 2 个 CPU 315-2DP 之间的全局数据通信。

（6）用无组态 MPI 通信方式，建立 2 套 S7-300 PLC 系统的通信。

（7）有组态连接的 MPI 单向通信方式，建立 S7-300 与 S7-400 之间通信连接，CPU416-2DP 作为客户机，CPU315-2DP 作为服务器，要求 CPU416-2DP 向 CPU315-2DP 发送一个数据包，并读取一个数据包。

（8）通过 PROFIBUS-DP 网络组态，实现 2 套 S7-300 PLC 的通信连接。

学习情境 6　PLC 控制系统的设计

【知识要点】

知识目标：
(1) 知道 PLC 控制系统的设计内容；
(2) 掌握 PLC 控制系统的设计步骤；
(3) 掌握 PLC 控制系统的设计方法。

能力目标：
(1) 会依据控制系统设计方案正确选择 PLC 的机型、容量及模板；
(2) 能依据控制系统设计方案合理分配输入/输出点；
(3) 会依据控制系统设计方案合理设计 PLC 的供电系统。

学习性工作任务 15　中小型 PLC 控制系统的设计规范

15.1　任务背景及要求

本单元主要介绍了 PLC 控制系统的总体设计方法、PLC 控制系统的硬件设计方法、PLC 顺序控制设计方法以及线性化、模块化、结构化程序设计方法等内容。通过本单元的学习，学生可以了解 PLC 控制系统设计的基本原则、学会选择合适的 PLC，进行合理的 PLC 控制系统的设计。

15.2　相关知识

15.2.1　PLC 控制系统的总体设计方法

15.2.1.1　设计的基本原则

任何一种控制系统都是为了实现被控对象的工艺要求，以提高生产效率和产品质量。因此，在设计 PLC 控制系统时，应遵循以下基本原则，才能保证系统工作的稳定。

(1) 满足被控对象的控制要求。充分发挥 PLC 的功能，最大限度地满足被控对象的控制要求，是设计 PLC 控制系统的首要前提，也是 PLC 控制系统设计中最重要的一条原则。为了实现系统的控制目标，要求设计人员在设计前就要深入现场进行调查研究，收集控制现场的资料，收集相关先进的国内、国外资料。同时要注意和现场的工程管理人员、工程技术人员、现场操作人员紧密配合，共同拟定控制方案，共同解决设计中的重点问题和疑难问题。

(2) 保证 PLC 控制系统安全可靠、操作简单。保证 PLC 控制系统能够长期安全、可靠、稳定运行，是设计控制系统的另一条重要原则。这就要求设计者在系统设计、元器件选择、软件编程上要全面考虑，以确保控制系统安全可靠。例如：应该保证 PLC 程序不仅在正常条件下运行，而且在非正常情况下（如突然掉电再上电、非法操作等），也能正常工作。

在操作上，尽量做到操作简单，系统最好只能接受合法操作，拒绝非法操作。

（3）力求简单、经济、使用及维修方便。一个新的控制系统能提高产品的质量和数量，提高劳动效率，带来巨大的经济效益和社会效益，但一个系统的设计成本、维护费用也是衡量系统好坏的一个原则。因此，在满足控制要求的前提下，一方面要注意不断地扩大工程的效益，另一方面也要注意不断地降低工程的成本。这就要求设计者不仅应该使控制系统简单、经济，而且要使控制系统的使用和维护方便、成本低，保证系统既可靠、高效，又经济、实用。

（4）适应发展的需要。由于技术的不断发展，控制系统的要求也将会不断地提高，设计时要适当考虑到今后控制系统发展和完善的需要。这就要求在选择 PLC、输入/输出模块、I/O 点数和内存容量时，要适当留有余量，以满足今后生产的发展和工艺的改进。

（5）人机界面友好。人机界面（Human Machine Interface）又称为人机接口，简称 HMI，泛指计算机（包括 PLC）与操作人员交换信息的设备或软件。对于系统中作为人机交流的界面，应充分体现以人为本的理念，设计出的人机操作界面要使用户感到便捷、易懂。

15.2.1.2　设计的基本内容

PLC 控制系统是由 PLC、用户输入/输出设备及相应控制软件构成的。因此，PLC 控制系统设计的基本内容应包括：

（1）选择 I/O 设备。用户输入设备（按钮、操作开关、限位开关、传感器等）、输出设备（继电器、接触器、信号灯等执行元件）以及由输出设备驱动的控制对象（电动机、电磁阀等）。这些设备属于一般的电器元件，其选择的方法在其他有关书籍中已有介绍。

（2）正确选择 PLC。PLC 是 PLC 控制系统的核心部件，正确选择 PLC 对于保证整个控制系统的技术经济性能指标起着重要的作用。选择 PLC，应包括机型的选择、容量的选择、I/O 模块的选择、电源模块的选择等。

（3）绘制 I/O 连接图，分配 I/O 点。绘制出 I/O 端子连接图，才能合理分配 I/O 点。

（4）设计控制程序。设计控制程序包括设计梯形图、语句表（即程序清单）或控制系统流程图。控制程序是控制整个系统工作的条件，是保证系统工作正常、安全、可靠的关键。控制系统的设计必须经过反复调试、修改，直到满足要求为止。

（5）设计控制台（柜）。必要时还需设计控制台、电器柜。

（6）编制控制系统的技术文件。包括说明书、电气图、电器元件明细表、元件布置图、系统维护手册及系统安装调试报告等。

传统的电气图，一般包括电气原理图、电气布置图及电气安装图。在 PLC 控制系统中，这一部分图可以统称为"硬件图"。它在传统电器图的基础上增加了 PLC 部分，因此在电气原理图中应增加 PLC 的 I/O 连接图。

此外，在 PLC 控制系统的电器图中还应包括程序图（梯形图），可以称它为"软件图"。

向用户提供"软件图",可便于用户生产发展或工艺改进时修改程序,并有利于用户在维修时分析和排除故障。

15.2.1.3　设计步骤

PLC 的工作方式和通用微机不完全一样,因此用 PLC 设计自动控制系统与微机的控制系统的开发过程也不完全一样。需要根据 PLC 的特点,以程序形式来体现其控制功能。设计可按照以下几个步骤进行:

(1) 确定控制对象及控制要求。详细了解被控对象的控制要求,确定必须完成的动作及完成的顺序,归纳出工作循环和状态流程图。

(2) 确定 I/O 设备及 PLC 型号的选定。根据生产工艺要求,分析被控对象的复杂程度,进行 I/O 点数和 I/O 点的类型(数字量、模拟量等)统计,列出清单。适当进行内存容量的估计,选用适当的既留有余量又不浪费资源的机型(大、中、小型机器),并且结合市场情况,考察 PLC 生产厂家的产品及其售后服务、技术支持、网络通信等综合情况,选定性能价格比较好的 PLC 机型。

(3) 硬件设计。根据所选用的 PLC 产品,了解其使用的性能。按随机提供的资料结合实际需求,同时考虑软件编程的情况进行外电路的设计,绘制电器控制系统总装配图和接线图。

(4) 软件设计。

1) 在进行硬件设计的同时可以同时着手软件的设计工作。软件设计的主要任务是根据控制要求将工艺流程图转换为梯形图,这是 PLC 应用的最关键的问题,程序的编写是软件设计的具体表现。在程序设计的时候建议将使用的软继电器(内部继电器、定时器、计数器等)列表,标明用途以便于程序设计、调试和系统运行维护,检修的时候查阅。

2) 程序初调也成为模拟调试。将设计好的程序通过程序编辑工具下载到 PLC 控制单元中。由外接信号源加入测试信号,通过各种状态指示灯了解程序运行的情况,观察输入/输出之间的变化关系及逻辑状态是否符合设计要求,并及时修改和调整程序,消除缺陷,直到满足设计的要求为止。

(5) 现场调试。在初调合格的情况下,将 PLC 与现场设备连接。在正式调试前全面检查整个 PLC 控制系统,包括电源、接地线、设备连接线、I/O 连线等。在保证整个硬件连接的正确无误的情况下即可送电。把 PLC 控制单元的工作方式布置为"RUN"开始运行。反复调试消除可能出现的各种问题。在调试过程中也可以根据实际需求对硬件作适当修改以配合软件的调试。应保持足够长的运行时间使问题充分暴露并加以纠正。试运行无问题后可将程序固化在具有长久记忆功能的存储器中,并做备份(至少应该做2 份)。

如图 15-1 是设计 PLC 控制系统的一般步骤。

15.2.2　PLC 控制系统的硬件设计方法

近十多年来,国内外各厂家提供了多种系列、多种型号、功能各异的 PLC 产品。由于

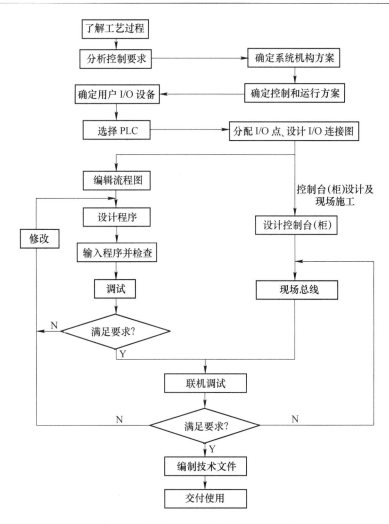

图 15-1　设计 PLC 控制系统的一般步骤

PLC 品种繁多，结构形式、性能、I/O 点数、存储器容量、运算速度、指令系统、编程方法和价格各有不同，适用场合也各有侧重。因此，进行 PLC 硬件设计时，合理选择 PLC 对提高控制系统的技术、经济指标起着重要作用。

15.2.2.1　总体方案设计

明确控制目的和对控制对象的要求，是进行控制系统设计的前提。在此基础上，再根据实际需要确定控制系统类型和系统的运行方式。

A　PLC 控制系统类型

PLC 控制系统可分为以下四种类型：

（1）由 PLC 构成的单机控制系统：即用一台 PLC 实现被控对象的控制，如图 15-2 所示。这种控制系统的特点是 I/O 点数较少，存储容量较少。在具体选型时，应考虑经济性和适用性，避免浪费。

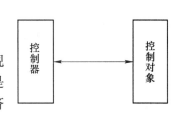

图 15-2　单机控制系统

（2）由 PLC 构成的集中控制系统：即用一台 PLC 控制多台被控设备，每个被控对象与 PLC 的制定 I/O 设备连接，如图 15-3 所示。这种控制系统的特点是被控对象相隔比较紧，相互之间的动作有一定的联系。如果各被控对象相隔比较远，采用这种类型的控制系统会增加成本，所以往往会用远程 I/O 控制系统取而代之。

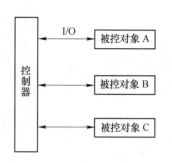

图 15-3　集中控制系统

（3）由 PLC 构成的分布式控制系统：即用计算机或者 PLC 作为上位机，系统的控制由若干个相互之间具有通信联网功能的 PLC 构成的控制系统，如图 15-4 所示。这类系统的特点是被控对象较多，相互间隔较远，各被控对象之间有较频繁的数据和信息交换。

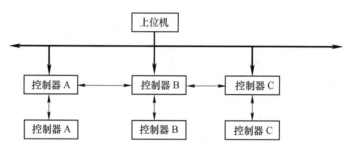

图 15-4　分布式控制系统

（4）用 PLC 构成远程 I/O 控制系统：远程 I/O 控制系统就是 I/O 模块不与 PLC 放在一起，而是远距离地放在被控设备附近，远程 I/O 通道与 PLC 之间通过同轴电缆传递信息。远程 I/O 控制系统适用于被控制对象远离集中控制室的场合。图 15-5 是远程 I/O 控制系统的构成示意图。

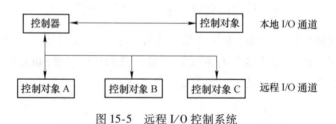

图 15-5　远程 I/O 控制系统

B　系统的运行方式

PLC 控制系统有三种运动方式：手动、半自动和自动。

（1）手动运行方式：手动运行方式一般用于设备调试、系统调整和系统故障下的运行控制。这种方式是自动运行方式或半自动运行方式的一种补充。

（2）半自动运行方式：半自动运行方式多用于系统在启动和运行过程中需要人工干预的场合。

（3）自动运行方式：自动运行方式适用于系统能按给定的程序自动完成被控对象的动作，不需要人工干预的场合。这种控制方式是控制系统的主要运行方式。

15.2.2.2　系统设计依据

系统的硬件设计要以系统的控制对象为目标，在设计时应考虑被控对象的工艺要求、设备状况、控制功能和 I/O 点数以及系统的先进性等要素。

（1）工艺要求：工艺流程的特点和应用要求是设计选型的主要依据。因此，在进行系统设计时，应先了解清楚控制对象的工艺要求，判断系统控制的复杂程度。

（2）设备状况：设备是控制系统中的具体控制对象，只有掌握了设备的具体状况，控制系统的设计才有基本的依据。

（3）控制功能：控制功能也是控制系统设计的重要依据。根据控制功能，才能确定系统的类型、规模、机型、模块和软件等内容。

（4）I/O 点数和种类：在进行系统的详细设计时，要对系统的 I/O 点数和种类作精确的统计，以便确定系统的规模、机型和配置。I/O 点数包括输入信号和输出信号的总点数，并考虑到今后的调整和扩充加上 10%～20% 的备用量。

（5）系统的先进性及可扩展性：系统的技术先进性是系统高性能的保证和基础，同时可有效地减少使用人员和系统维护人员的麻烦。系统设计的基本思想应符合技术发展的基本潮流，使系统在其整个生命周期内保持一定的先进性。良好的可扩展性则是为了用户的发展考虑。可扩展性保证当用户有更多的要求时，引入的新设备可以顺利地与本次配备的设备共同工作，进一步扩展与提高系统的性能。

15.2.2.3　PLC 的机型、容量及模板选择

A　PLC 选型

随着 PLC 技术的发展，PLC 产品的种类也越来越多。不同型号的 PLC，其结构形式、性能、容量、指令系统、编程方式、价格等也各有不同，适用的场合也各有侧重。因此，合理选用 PLC，对于提高 PLC 控制系统的技术经济指标有着重要意义。

PLC 的选择主要应从 PLC 的机型、容量、I/O 模块、电源模块、特殊功能模块、通信联网能力等方面加以综合考虑。

PLC 机型的选择：PLC 机型选择的基本原则是在满足功能要求及保证可靠、维护方便的前提下，力争最佳的性能价格比。选择时主要考虑以下几点：

（1）合理的结构形式。PLC 主要有整体式和模块式两种结构形式。

整体式 PLC 的每一个 I/O 点的平均价格比模块式的便宜，且体积相对较小，一般用于系统工艺过程较为固定的小型控制系统中；而模块式 PLC 的功能扩展灵活方便，在 I/O 点数、输入点数与输出点数的比例、I/O 模块的种类等方面选择余地大，且维修方便，一般用于较复杂的控制系统。

（2）安装方式的选择。PLC 系统的安装方式分为集中式、远程 I/O 式以及多台 PLC 联网的分布式。

集中式不需要设置驱动远程 I/O 硬件，系统反应快、成本低；远程 I/O 式适用于大型系统，系统的装置分布范围很广，远程 I/O 可以分散安装在现场装置附近，连线短，但需要增设驱动器和远程 I/O 电源；多台 PLC 联网的分布式适用于多台设备分别独立控制又要相互联系的场合，可以选用小型 PLC，但必须要附加通信模块。

（3）相应的功能要求。一般小型（低档）PLC 具有逻辑运算、定时、计数等功能，对于只需要开关量控制的设备都可满足。

对于以开关量控制为主，带少量模拟量控制的系统，可选用能带 A/D 和 D/A 转换单元，具有加减算术运算、数据传送功能的增强型低档 PLC。

对于控制较复杂，要求实现 PID 运算、闭环控制、通信联网等功能，可视控制规模大小及复杂程度，选用中档或高档 PLC。但是中、高档 PLC 价格较贵，一般用于大规模过程控制和集散控制系统等场合。

（4）响应速度要求。PLC 是为工业自动化设计的通用控制器，不同档次 PLC 的响应速度一般都能满足其应用范围内的需要。如果要跨范围使用 PLC，或者某些功能或信号有特殊的速度要求时，则应该慎重考虑 PLC 的响应速度，可选用具有高速 I/O 处理功能的 PLC，或选用具有快速响应模块和中断输入模块的 PLC 等。

（5）系统可靠性的要求。对于一般系统 PLC 的可靠性均能满足。对可靠性要求很高的系统，应考虑是否采用冗余系统或热备用系统。

（6）机型尽量统一。一个企业，应尽量做到 PLC 的机型统一。主要考虑到以下三方面问题：

1）机型统一，其模块通用性好，不仅可以减少备件的数量，而且在程序编写和维护维修上有不少方便。

2）机型统一，其功能和使用方法类似，有利于技术力量的培训和技术水平的提高。

3）机型统一，其外部设备通用，资源可共享，易于联网通信，配上位计算机后易于形成一个多级分布式控制系统。

B　PLC 容量估算

PLC 容量包括两个方面：一是 I/O 的点数；二是用户存储器的容量。

（1）I/O 点数的估算。根据功能说明书，可统计出 PLC 系统的开关量 I/O 点数及模拟量 I/O 通道数，以及开关量和模拟量的信号类型。应在统计后得出 I/O 总点数的基础上，增加 10%~15% 的余量。选定的 PLC 机型的 I/O 能力极限值必须大于 I/O 点数估算值，并应尽量避免使 PLC 能力接近饱和，一般应留有 30% 左右的余量。

（2）存储器容量估算。用户应用程序占用多少内存与许多因素有关，如 I/O 点数、控制要求、运算处理量、程序结构等。因此，在程序设计之前只能粗略的估算。根据经验，每个 I/O 点及有关功能器件占用的内存大致如下：

所需存储器容量（KB）= $(1 \sim 1.25) \times (DI \times 10 + DO \times 8 + AI/AO \times 100 + CP \times 300)/1024$

其中，DI 为数字量输入总点数；DO 为数字量输出总点数；AI/AO 为模拟量 I/O 通道总数；CP 为通信接口总数。

C　I/O 模块的选择

（1）开关量输入模块的选择。PLC 的输入模块用来检测来自现场（如按钮、行程开关、温控开关、压力开关等）电平信号，并将其转换为 PLC 内部的低电平信号。开关量输入模块按输入点数分，常用的有 8 点、12 点、16 点、32 点等；按工作电压分，常用的有直流 5V、12V、24V，交流 110V、220V 等；按外部接线方式又可分为汇点输入、分隔输入等。

选择输入模块主要应考虑以下两点：

1）根据现场输入信号（如按钮、行程开关）与 PLC 输入模块距离的远近来选择电压的高低。一般 24V 以下属低电平，其传输距离不宜太远。如 12V 电压模块一般不超过 10m，距离较远的设备选用较高电压模块比较可靠。

2）高密度的输入模块，如 32 点输入模块，允许同时接通的点数取决于输入电压和环境温度。一般同时接通的点数不得超过总输入点数的 60%。

（2）开关量输出模块的选择。输出模块的任务是将 PLC 内部低电平的控制信号转换为外部所需电平的输出信号，驱动外部负载。输出模块有三种输出方式：继电器输出、双向可控硅输出和晶体管输出。

1）输出方式的选择。继电器输出价格便宜，使用电压范围广，导通压降小，承受瞬间过电压和过电流的能力较强，且有隔离作用。但继电器有触点，寿命较短，且响应速度较慢，适用于动作不频繁的交/直流负载。当驱动电感性负载时，最大开闭频率不得超过 1Hz。

晶闸管输出（交流）和晶体管输出（直流）都属于无触点开关输出，适用于通断频繁的感性负载。感性负载在断开瞬间会产生较高的反压，必须采取抑制措施。

2）输出电流的选择。模块的输出电流必须大于负载电流的额定值，如果负载电流较大，输出模块不能直接驱动，则应增加中间放大环节。对于电容性负载、热敏电阻负载，考虑到接通时有冲击电流，故要留有足够的余量。

3）允许同时接通的输出点数。在选用输出模块时，还要看整个输出模块的满负荷能力，模块的输出电流应该大于负载的额定电流。对于电容性负载，要有足够的余量。

D　分配输入/输出点

一般输入点与输入信号、输出点与输出控制是一一对应的；在个别情况下，也有两个信号用一个输入点的，那样就应在接入输入点前，按逻辑关系接好线（如两个触点先串联或并联），然后再接到输入点。

（1）明确 I/O 通道范围。不同型号的 PLC，其输入/输出通道的范围是不一样的，应根据所选 PLC 型号，弄清相应的 I/O 点地址的分配。

（2）内部辅助继电器。内部辅助继电器不对外输出，不能直接连接外部器件，而是在控制其他继电器、定时器、计数器时作数据存储或数据处理用。根据程序设计的需要，应合理安排 PLC 的内部辅助继电器，在设计说明书中应详细列出各内部辅助继电器在程序中的用途，避免重复使用。

（3）分配定时器/计数器。对用到定时器和计数器的控制系统，注意定时器和计数器的编号不能相同。若扫描时间较长，则要使用高速定时器以保证计时准确。

15.2.2.4　系统硬件设计文件

在进行系统硬件的大体设计之后，可以整理出系统硬件设计文件，完成系统硬件设计。系统硬件设计文件包括系统硬件配置图、模块统计表以及 I/O 硬件接口图及 I/O 地址表等。

（1）系统硬件配置图。系统硬件配置图包括系统构成级别、系统联网情况、网上 PLC 的站数、每个站点的中心单元和扩展单元的构成情况以及各个 PLC 中各种模块的具体构成等。

（2）模块统计表。模块统计表是根据系统硬件配置图统计出来的整个系统硬件设备状况，以便估算出硬件设备投资情况。模块统计表包括模块名称、模块类型、模块订货号和模块数量等内容。

（3）I/O 硬件接口图及 I/O 地址表。I/O 硬件接口图反映出 PLC I/O 模块与现场设备的连接情况，是系统设计的一部分。I/O 地址表也称为输入输出表，是把系统的输入输出列成表，给出相应的地址和名称，便于软件编程和系统调试时使用。

15.2.3　PLC 顺序控制设计方法

15.2.3.1　顺序控制设计法

所谓顺序控制，就是按照生产工艺预先规定的顺序，在各个输入信号的作用下，根据内部状态和时间的顺序，在生产过程中各个执行机构自动有秩序地进行操作。使用顺序控制设计法时首先根据系统的工艺过程，画出顺序功能图（Sequential function chart），然后根据顺序功能图画出梯形图。

顺序控制设计法也叫功能表图设计法，功能表图是一种用来描述控制系统的控制过程功能、特性的图形，也是设计 PLC 的顺序控制程序的有力工具。它主要是由步、有向线段、转换、转换条件和动作（或命令）组成。顺序控制设计法是一种先进的设计方法，对于复杂系统，可以节约 60%~90% 的设计时间。我国 1986 年颁布了功能表图的国家标准（GB 6988.6—86）。有了功能表图后，可以用四种方式编制梯形图，它们分别是起保停编程方式、步进梯形指令编程方式、移位寄存器编程方式和置位复位编程方式。

顺序控制设计法最基本的思路是将一个工作周期分成若干个顺序相连的阶段，这些阶段就是步（STEP），然后用编程元件来代表各步。在任何一步之内，各输出量的状态不变，但相邻两步输出量总的状态是不同的。

使系统由当前步进入下一步的信号称为转换条件，转换条件可以是外部的输入信号（如按钮、指令开关的接通/断开等），也可以是 PLC 内部产生的信号（如定时器、计数器提供的信号），它还可以是几种信号的逻辑组合。

顺序控制设计法用转换条件控制代表各步的编程元件，让他们的状态按一定的顺序变化，然后用代表各步的编程元件去控制 PLC 的各输出位。

15.2.3.2　顺序功能图的基本结构

（1）单序列：单序列由一系列相继激活的步组成，每一步后面仅接一个转换，每一个转换后面只有一步，如图 15-6（a）所示。

（2）选择序列：选择序列中，序列的开始称为分支，转换条件只能标在水平连线之下，有多少分支就有多少条件，一般只能同时选择一个条件对应的分支序列，序列的结束称为合并，N 个选择序列合并到一个公共序列时需要相同数量的转换条件，且其条件只能标在水平连线之上，如图 15-6（b）、（c）所示。

（3）并行序列：并行序列中，当转换的实现导致几个序列同时被激活（分支），激活后每个序列中活动步的进展将是独立的，当并行序列结束时（合并），只有当合并前的所有前级步（步 5、7）为活动步，且转换条件满足（XB = 1）时，才会发生步 5、7 到步 10 的进展，为了强调转换的同步实现，在功能图中水平连线用双线表示，如图 15-6（d）所示。

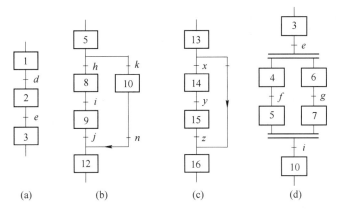

图 15-6 顺序功能图的基本结构

15.2.3.3 顺序功能图中转换实现的基本规则

在顺序功能图中，步的活动状态的进展是由转换的实现来完成的。转换的实现必须同时满足下列条件：

（1）该转换所有的前级步都是活动步；

（2）相应的转换条件得到满足。

如果转换的前级步或后续步不止一个，转换的实现称为同步实现。为了强调同步实现，有向连线的水平部分用双线表示。转换的实现使所有由有向连线与相应转换符号相连的后续步都变为活动步，而使所有前级步都变为不活动步。

以上规则可以用于任意结构中的转换，是设计梯形图的基础。但是，对于不同结构，其区别如下：

在单序列中，一个转换仅有一个前级步和一个后续步。

在并行序列的分支处，转换有几个后续步，在转换实现时应同时将它们变为几个活动步（对应的编程元件置位）。

在并行序列的合并处，转换有几个前级步，它们均为活动步时才有可能实现转换，在转换实现时应将它们变为不活动步（对应的编程元件复位）。

在选择序列的分支与合并处，一个转换实际上也只有一个前级步和一个后续步，但是一个步可能有多个前级步或多个后续步，只能选择其一。

15.2.3.4 绘制顺序功能图的注意事项

绘制顺序功能图的注意事项如下：

（1）两个步绝对不能直接相连，必须用一个转换将它们隔开。

（2）两个转换也不能直接相连，必须用一个步将它们隔开。

（3）顺序功能图中的初始步一般对应于系统等待启动的初始状态，初始步是必不可少的。一方面因为该步与它的相邻步相比，从总体上说输出变量的状态各不相同；另一方面如果没有该步，无法表示初始状态，系统也无法返回停止状态。

（4）自动控制系统应能多次重复执行同一工艺过程，因此在顺序功能图中一般应有由步和有向连线组成的闭环，即在完成一次工艺过程的全部操作之后，应从最后一步返回初始步，系统停留在初始状态，在连续循环工作方式时，将从最后一步返回下一工作周期开始运行的第一步。

（5）如果选择有断电保持功能的存储器位（M）来代表顺序控制图中的各位，在交流电源突然断电时，可以保存当时的活动步对应的存储器位的地址。系统重新上电后，可以使系统从断电瞬时的状态开始继续运行。如果用没有断电保持功能的存储器位代表各步，进入 RUN 工作方式时，它们均处于 OFF 状态，必须在 OB100 中将初始步预置为活动步，否则因顺序功能图中没有活动步，系统将无法工作。如果系统有自动、手动两种工作方式，顺序功能图是用来描述自动工作过程的，这时还应在系统由手动工作方式进入自动工作方式时，用一个适当的信号将初始步置为活动步，并将非初始步置为不活动步。

在硬件组态时，双击 CPU 模块所在的行，打开 CPU 模块的属性对话框，选择"Retentive Memory（有保持功能的存储器）"选项卡，可以设置有断电保持功能的存储器位（M）的地址范围。

15.2.3.5　顺序控制设计法的本质

顺序控制法不是用 PLC 的输入 I 直接控制输出 Q，而是用 I 控制代表各步的辅助继电器 M，再用 M 控制 Q，如图 15-7 所示。不管系统多么复杂和千变万化，对 M 的控制要求都是一样的（即依次为"1"状态）。因此，用 I 控制 M 的梯形图设计方法是通用的，并且很容易掌握。系统的特殊性体现在输出电路上，虽然不同系统的 M 与 Q 的逻辑关系各不相同，但是由于步是根据 PLC 的输出 Q 的状态来划分的，M 与 Q 之间的逻辑关系非常简单，输出电路的设计变得简单、通用。

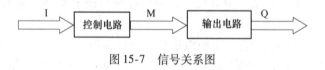

图 15-7　信号关系图

15.3　知识拓展

15.3.1　PLC 的供电系统设计

PLC 控制系统一般工作在工业现场，工业现场存在着各种严重的干扰，供电系统设计的好坏直接影响到控制系统的可靠性。对于 PLC 控制系统，在进行供电系统设计时应考虑下列因素：电源系统的抗干扰性；外部设备失电时的 PLC 供电；供电电源的冗余等。

15.3.1.1　电源的供电方式

（1）分相供电方式。由于很多干扰是由电源线引入的，因此在供电线路配置上应把干扰大的设备与测控装置分开由不同的相线供电，最好直接从配电室用屏蔽电缆分别引出两相供电，这对消除干扰有利，如图 15-8 所示。

（2）PLC 控制装置与动力设备分别供电方式。PLC 控制系统中的被控设备（如交流电机、变流装置、电磁阀、加热器等）所用的交流电源的容量大，各种负载变化的影响大，干扰严重，而且负载不对称时，中性点往往发生较大的偏移。PLC 控制系统使用的交流低压电源容量小，但要求电压尽量稳定，干扰尽量小。因此，

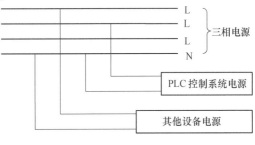

图 15-8　分相供电方式

被控设备和 PLC 控制系统不宜采用同一变压器供电，可以采用分别供电方式，如图 15-9 所示。

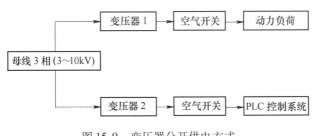

图 15-9　变压器分开供电方式

（3）电源容量。为了使 PLC 控制系统能适应负载较大范围变化和防止通过电源造成的内部干扰，系统电源必须留有较大的储备量，并有较好的动态特性。实践中一般应选取 0.5~1 倍余量。

15.3.1.2　电源系统的隔离技术

（1）交流供电系统的隔离。由于交流电网中存在着大量的谐波、雷击浪涌、高频干扰等噪声，所以对由交流电源供电的控制装置和电气设备，都应采取抑制来自交流电源干扰的措施。采用 1:1 隔离变压器供电是传统的抗干扰措施，对电网尖峰脉冲干扰有很好的效果，如图 15-10 所示。

（2）直流供电系统的隔离。隔离直流电源的方法是使用 DC-DC 变换器，

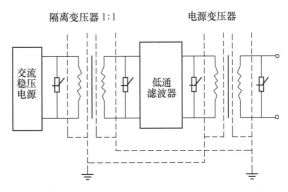

图 15-10　隔离变压器隔离方式

如图 15-11（a）给出了利用 DC-DC 变换器对被光电隔离器隔离的单元进行供电电路，光电隔离器的输入回路和输出回路的供电系统电源已被隔离，这样可以较好地提高系统对电磁干扰的抑制能力。

当控制装置和电气设备的内部子系统之间需要相互隔离时，它们各自的直流供电电源间也应该相互隔离，其隔离方式如图 15-11（b）所示。

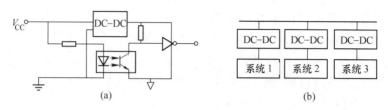

图 15-11　直流供电系统的隔离

15.3.1.3　供电电源的冗余

（1）双交流电源冗余。为了提高供电系统的可靠，交流供电最好采用双路冗余供电，两路电源分别引自不同的变电站，当一路供电出现故障时，要能自动切换到另一路供电。如图 15-12（a）所示是双路冗余供电系统的典型结构，保护电路主要有欠压保护、切换互锁等。

（2）使用 UPS 的冗余设计。不间断电源 UPS 是计算机的有效保护装置。UPS 虽然可靠性很高，但由于供电条件的变化，UPS 本身电器装置的老化，个别元件过早失效等都会引起 UPS 故障。由于 PLC 控制系统属于整个设备系统的心脏，为了保证其稳定及高可靠的工作，可采用双机热备份，即冗余技术，把备用机（2#UPS）的输出端接至主机（1#UPS）的"旁路电源"输入端，而两台 UPS 的交流电源输入端可接至同一市电电源（如图 15-12（b）所示）。

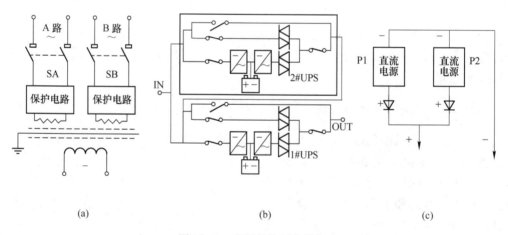

图 15-12　电源系统冗余供电

（a）交流双电源供电；（b）双 UPS 热备份供电；（c）直流双供电

　　正常工作时，由主机（1#UPS）提供负载电源。当主机内部出现故障，此时 1#UPS 的输出端静态开关会自动切换至旁路，由 2#UPS 的输出提供负载所需电源。当异常状况消除后，静态开关会自动从旁路 2#UPS 转入 1#UPS 的逆变器输出端，此时由主机（1#UPS）继续为负载提供电源。静态开关的切换有严密的电路控制，保证不会在切换时有任何断电情况发生。上述原理说明，停电时，一部 UPS 故障，另一部仍可供电；维护时，仍保持 UPS 功能；两部 UPS 寿命皆延长。热备份机的结构可确保负载设备不会在市电停电时因主机故障而断电，以确保负载设备不会产生数据丢失、设备损坏、系统崩溃等问题。

　　（3）双直流电源冗余。采用两个直流电源经过二极管并接的方法，可以提高直流供电系统的可靠性，如图 15-12（c）所示。当一个直流电源出现故障时系统仍能继续工作。这时，要注意选用两个独立的、导通电压很接近的二极管；否则，当出现一个二极管故障时无法进行处理，而且还会造成两个电源负荷不均匀的情况。

15.3.2　系统电缆、接地设计

一般来说，PLC 系统所处的工业现场环境都比较恶劣，各种被控设备所产生的高低频干扰都会通过与现场设备相连的电缆窜入 PLC 控制系统，影响系统的稳定性和可靠性。所以，进行 PLC 控制系统的设计时，要合理地选择、敷设电缆。

（1）电缆的选择。在 PLC 控制系统中，既有传输各种开关量、模拟量和各种高速信号（例如高速脉冲、光电信号）的信号线，又有供电系统的动力线。开关量信号对信号电缆没有严格的要求，可以选择普通电缆，长距离传输信号时，可以选用屏蔽电缆。模拟量信号和高速信号传输也应该选用屏蔽电缆。对于高频信号的传输，应该选用专用电缆或者光纤电缆，传输低频信号时，可以采用带屏蔽的多芯电缆或者双绞线电缆。电源供电系统一般可按通常的供电系统选择电源电缆。对于系统中一些有特殊要求的设备，一般由厂家直接提供。

（2）电缆的敷设。防止信号干扰的有效办法是系统中的信号线与功率线分开走线，电力电缆单独走线。不同类型的线应该分别装入不同的电缆管或电缆槽中，相互间保持尽可能大的空间距离。当传输开关量的信号线距离大于 300m 时，应采用中间继电器来转接信号，或者使用 PLC 的远程 I/O 模块。如果模拟量输入/输出信号线很长，应采用 4～20mA 的电流传输方式。用于传输模拟信号和数字信号的屏蔽线应一端接地。

（3）控制系统的接地。接地是抑制干扰、提高系统可靠性的有效手段之一。控制系统中正确的接地，不仅可以抑制电磁干扰，还可以抑制系统设备发出干扰。错误的接地会引入干扰信号，使 PLC 不能稳定、可靠地工作。在控制系统中，PLC 与强电设备最好分别使用接地装置，PLC 接地线的截面积应不小于 $2mm^2$。信号源接地时，电缆的屏蔽层应在信号侧单点接地；信号源不接地时，电缆的屏蔽层应在 PLC 侧接地。如果系统中存在多个测点信号的屏蔽双绞线与多芯屏蔽双绞线电缆连接时，要把各屏蔽层相互连接好（连接点经绝缘处理），然后选择适当的接地点单点接地。

在大型的控制系统中，为了防止不同信号回路接地线上的电流引起交叉干扰，必须分系统将弱电信号的内部地线接通，然后各自用规定截面积的导线统一引导接地网络的同一点，实现控制系统的一点接地。

习　　题

（1）简述 PLC 控制系统的设计步骤。

（2）系统硬件的设计文件包括哪些？

（3）选择 PLC 机型时应考虑哪些内容？

（4）PLC 应用控制系统的类型有几种？其构成特点是什么？

学习情境 7　PLC 控制系统典型应用设计

【知识要点】

知识目标：

(1) 知道 PLC 应用系统的硬件组成；

(2) 掌握 PLC 应用系统的程序设计方法；

(3) 熟悉 PLC 在常用控制系统中的典型应用。

能力目标：

(1) 掌握 PLC 控制系统设计的一般方法；

(2) 会正确的绘制电气原理图，I/O 接线图、电气元件位置图；

(3) 能独立操作一般电气控制设备 PLC 应用系统的安装、调试、故障排除；

(4) 会规范编写系统设计及使用说明书，培养良好的工程设计习惯。

学习性工作任务 16　液体混合控制系统

16.1　任务背景及要求

在学习了 PLC 的大量的相关知识后，要能够把其运用在实际训练当中。当然要设计经济、可靠、简洁的 PLC 控制系统，需要丰富的专业知识和实际的工作经验。本单元通过液体混合控制系统设计，进一步加深学生对控制系统设计的基本规则、基本内容、步骤的理解。

16.2　相关知识

16.2.1　液体混合控制系统实现目标

如图 16-1 所示为一液体混合控制系统，它是某大型化工控制系统的一部分。混合罐中有 3 个开关量液位传感器，分别检测液位的高、中和低。通过对液体的注入、混合、送出，实现按比例混合液体的目标。

假设要求对 A、B 两种液体原料按等比例混合，控制要求如下：按启动按钮后系统自动运行，首先打开进料阀 1，开始加入液体 A→中液位传感器动作后，则关闭进料阀 1，打开进料阀 2，开始加入液体 B→高液位传感器动作后，关闭进料阀 2，启动搅拌器→搅拌 10s 后，关闭搅拌器，开启出料阀→当低液位传感器动作后，延时 5s 后关闭出料阀。按停止按钮，系统应立即停止运行。

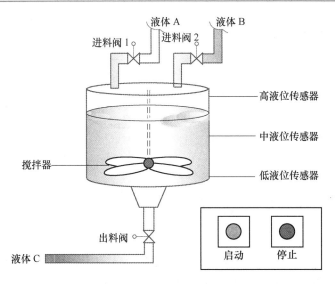

图 16-1　液体混合控制系统

16.2.2　控制要求分析与硬件设计

根据系统的控制要求，首先确定系统所需的输入/输出设备。

由控制要求可知，输入点应设置启动、停止按钮和液位传感器（低液位、中液位和高液位）。低液位传感器用于控制出料阀关闭，中液位传感器用于控制液体 A 的加入量，高液位用于控制液体 B 的加入量。根据控制需要，输出点应设置搅拌电机启动信号和 3 个电磁阀的开关信号。对于这样的简单控制系统，可以选用一些小型的可编程序控制器来实现控制要求，由于该系统是整个大型化工控制系统中的一部分，所以考虑整个控制系统的总体控制需要，采用大中型 PLC（例如 S7-300 系列）来实现控制。表 16-1 是为该系统分配的 I/O 地址，图 16-2 是该系统的 I/O 接线示意图。

表 16-1　系统分配的 I/O 地址

序　号	符　号	I/O 地址分配	说　明
1	SB1	I0.0	系统启动按钮（常开点）
2	SB2	I0.1	系统停止按钮（常闭点）
3	S1	I0.2	高液位传感器（有液料为"1"）
4	S2	I0.3	中液位传感器（有液料为"1"）
5	S3	I0.4	低液位传感器（有液料为"1"）
6	Y1	Q4.0	进料电磁阀1（得电打开）
7	Y2	Q4.1	进料电磁阀2（得电打开）
8	KM	Q4.2	搅拌电机启动接触器线圈
9	Y3	Q4.3	进料电磁阀3（得电打开）

16.2.3　逻辑分析与软件设计

在硬件设计的基础上，根据系统的工艺要求进行控制逻辑分析，确定控制系统的程序结构，以便设计出控制程序。

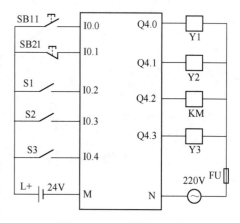

图 16-2　I/O 接线示意图

16.2.3.1　液体混合系统控制逻辑分析

通过分析该液体混合系统的工艺流程，考虑各个被控对象动作的相互关联，决定采用顺序控制方案。在不同的工作状态下，输出量有不同的输出。比如进料电磁阀 1 打开的前提是混合罐中的液位低于最低液位，且进料电磁阀 1 和出料电磁阀 3 关闭，这就要求系统启动前各输出量必须恢复初始状态。再比如搅拌机启动的前提是混合罐中的液位到达最高液位，进料电磁阀 1、2、3 均关闭。因此设计时，可考虑采用一些中间状态寄存器来传送状态转换信息，完成系统的各个工作流程。

16.2.3.2　系统程序设计

按分部式编程方式设计控制程序。分部式控制程序结构如图 16-3 所示。程序由 6 个逻辑块组成，其中 OB1 为主循环组织块，OB100 为初始化输出量程序，FC1 为 A 液体控制子程序，FC2 为 B 液体控制子程序，FC3 为搅拌控制子程序，FC4 为出料控制子程序。

图 16-4 是系统在正常情况下的 LAD 程序。

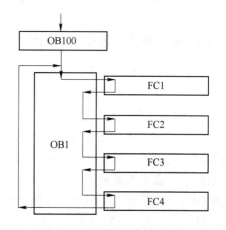

图 16-3　系统程序结构图

OB1: "Main Program Sweep(Cycle)"
Network 1 : Title

```
    I0.1    Q4.0    Q4.1    Q4.2    Q4.3           M0.0
 ───┤├──────┤/├──────┤/├──────┤/├──────┤/├──────────( )──
```

Network 2 : Title

```
    M0.0    I0.0    M1.0     Q4.0
 ───┤├──────┤├──────(P)──┬───(S)──
                         │   M4.0
                         └───(S)──
```

Network 3 :Title

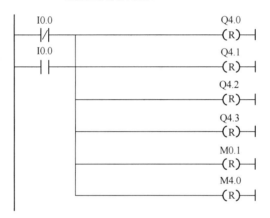

OB100:"Complete Restart"
Network 1：初始化所有输出变量

FC1:A 液体控制子程序
Network 1 :Title

FC2: B 液体控制子程序
Network 1 :Title

FC3: 搅拌器控制子程序
Network 1:Title

Network 2:Title

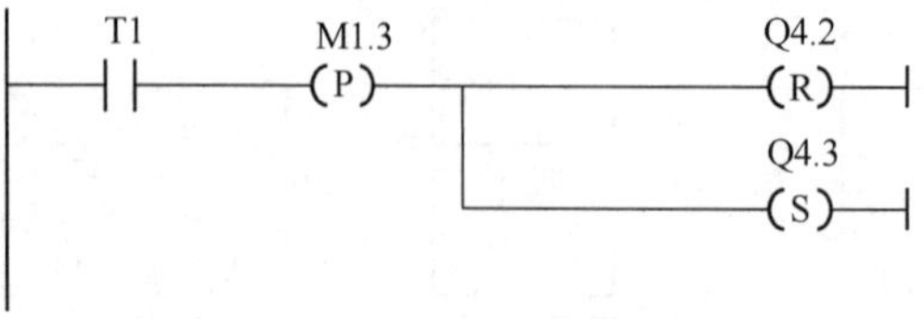

FC4: 出料控制子程序

Network 1:Title

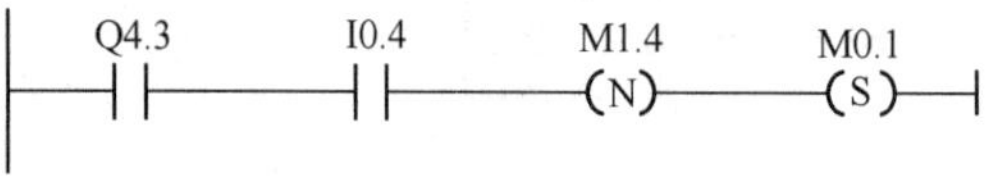

Network 2:Title

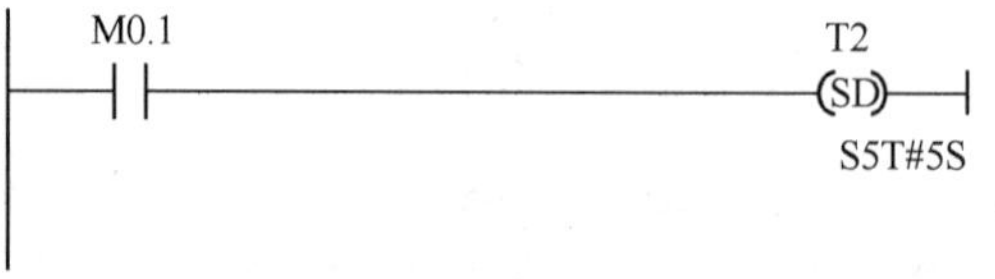

Network 3:Title

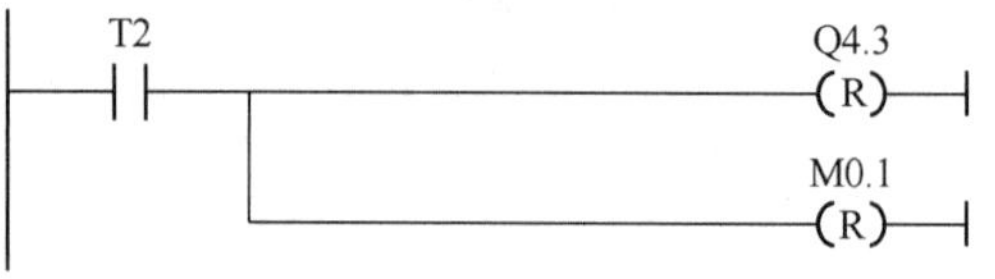

图 16-4　液体混合控制系统 LAD 控制程序

学习性工作任务 17　自动停车场控制

17.1　任务背景及要求

在学习了 PLC 的大量的相关知识后，要能够把其运用在实际训练当中。当然要设计经济、可靠、简洁的 PLC 控制系统，需要丰富的专业知识和实际的工作经验。本单元通过自动停车场控制设计，进一步加深学生对控制系统设计的基本规则、基本内容、步骤的理解。

17.2　相关知识

17.2.1　自动停车场的控制要求

某个停车场共有 50 个车位，停车场入口处设置有 3 个指示灯，如果第一盏灯 H1（绿灯）亮，说明停车场内无车；如果第二盏灯 H2（蓝灯）亮，说明停车场内有空位；如果第三盏灯 H3（红灯）亮，说明停车场内已无空位（全满）。司机根据指示灯即可知道停车场是否可以停车。停车场示意图如图 17-1 所示。

实现车辆控制的办法是在入口处设置传感器
S1，在出口处设置传感器 S2，用于对出入停车场
的车辆进行计数。当停车场无车时指示灯 H1 亮，
允许车辆进入停放；当停车数量在 1～49 时，指
示灯 H2 亮，表示还有空位，允许车辆进入停放；
当停车数量达到 50 时，指示灯 H3 亮，表示没有
空位，不允许车辆进入停放。

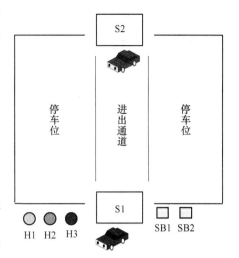

图 17-1　停车场示意图

17.2.2　控制要求分析与硬件设计

根据自动停车场控制系统的控制要求，首先
确定系统所需的输入/输出设备。

由控制要求可知，输入点应设置系统启动按
钮 SB1（用于计数器设置）、复位按钮 SB2（用于
计数器复位）、入口传感器 S1 和出口传感器 S2。
输出点应设置停车场状态指示灯 H1（"全空"）、H2（"有空位"）、H3（"已满"）。这是
一个小型的控制系统，在选择 PLC 时可考虑选用小型的 PLC。表 17-1 是为该系统分配的
I/O 地址，图 17-2 是该系统的 I/O 接线示意图。

表 17-1　系统分配的 I/O 地址

序　号	符　号	I/O 地址分配	说　明
1	SB1	I0.0	系统启动按钮（常开点）
2	SB2	I0.1	计数器复位按钮（常开点）
3	S1	I0.2	入口传感器
4	S2	I0.3	出口传感器
5	H1	Q4.0	"全空"指示灯
6	H2	Q4.1	"有空位"指示灯
7	H3	Q4.2	"全满"指示灯

17.2.3　逻辑分析与软件设计

在硬件设计的基础上，根据系统的控制要求
进行逻辑分析，确定控制系统的程序结构，以便
设计出控制程序。

17.2.3.1　自动停车场系统控制逻辑分析

从工艺流程上看，实现该控制要求比较简
单，停车场的主要控制设备是车库状态指示灯，
而用于检测车场状态的主要设备是两个传感器。
如果入口传感器检测到一台车辆进入，则计数器

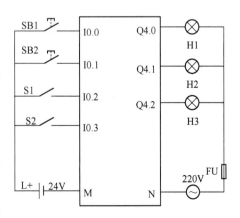

图 17-2　I/O 接线示意图

加 1；如果出口传感器检测到一台车辆开出，计数器减 1。

17.2.3.2　系统程序设计

根据控制逻辑分析，控制程序可以采用线性化编程方式编写。考虑到系统要对停车场的车辆进、出变化进行控制，所以可选用加减计数器（S_CUD）编写程序。参考程序如图 17-3 所示。

OB1:"Main program Sweep(Cycle)"
　Network 1：车辆计数

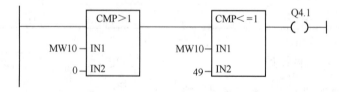

Network 2 :"全空"指示

Network 3 :"有空位"指示

Network 4 :"全满"指示

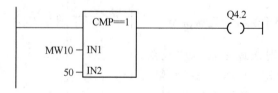

图 17-3　停车场控制系统 LAD 控制程序

学习性工作任务 18　物流线仓库控制

18.1　任务背景及要求

在学习了 PLC 的大量的相关知识后，要能够把其运用在实际训练当中。当然要设计经济、可靠、简洁的 PLC 控制系统，需要丰富的专业知识和实际的工作经验。本单元通过物流线仓库控制设计，进一步加深学生对控制系统设计的基本规则、基本内容、步骤的理解。

18.2　相关知识

18.2.1　物流线仓库控制系统实现目标

某物流线有一可以存放 100 件包裹的临时仓库区，包裹的入库、出库通过两条传送带运输，传送带 1 将包裹运送至临时仓库，传送带 1 靠近仓库一侧安装的光电传感器确定有多少包裹运送至仓库区。传送带 2 将仓库区中的包裹运送至货场，卡车从此处取走包裹并发送给用户。传送带 2 靠近仓库一侧安装的光电传感器确定有多少包裹运送至货场。库存状态由一块显示面板指示，面板上有五个指示灯，分别显示"仓库区空"、"仓库区不空"、"仓库区装入 50%"、"仓库区装入 90%"和"仓库区满"五种库存状态。图 18-1 为该控制系统的示意图。

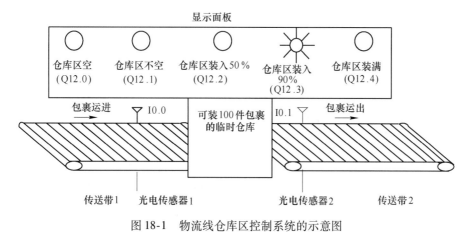

图 18-1　物流线仓库区控制系统的示意图

18.2.2　控制要求分析与硬件设计

根据物流线仓库区控制系统的控制要求，首先确定系统所需的输入/输出设备。

系统中入库、出库包裹的检测设置入库传感器 S1 和出库传感器 S2，为了使系统复位，设置复位按钮 SB1。系统输出主要包括五个库存状态指示灯："仓库区空"指示 H1、"仓库区不空"指示 H2、"仓库区装入 50%"指示 H3、"仓库区装入 90%"指示 H4 和"仓库区满"指示 H5。这是一个小型的控制系统，在选择 PLC 时可考虑选用小型的 PLC。表 18-1 是为该系统分配的 I/O 地址，图 18-2 是该系统的 I/O 接线示意图。

表 18-1　系统分配的 I/O 地址

序　　号	符　　号	I/O 地址分配	说　　明
1	S1	I0.0	入库传感器
2	S2	I0.1	出库传感器
3	SB1	I0.2	复位按钮
4	H1	Q12.0	"仓库区空"指示
5	H2	Q12.1	"仓库区不空"指示
6	H3	Q12.2	"仓库区装入50%"指示
7	H3	Q12.3	"仓库区装入90%"指示
8	H5	Q12.4	"仓库区满"指示

18.2.3　逻辑分析与软件设计

在硬件设计的基础上，根据系统的控制要求进行逻辑分析，确定控制系统的程序结构，以便设计出控制程序。

18.2.3.1　物流线仓库区系统控制逻辑分析

根据系统控制工艺，清空库存之后，当一个包裹由传送带 1 送入，入库光电传感器 S1 发出一个脉冲用于计数；而当个包裹由传送带 2 送出，出库光电传感器 S1 发出一个脉冲同样用于计数。根据入库数和出库数即可计算出包裹库存数。

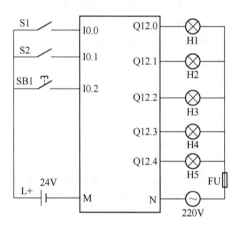

图 18-2　I/O 接线示意图

18.2.3.2　系统程序设计

根据控制逻辑分析，控制程序可以采用线性化编程方式编写。库存数量通过一个加减计数器计算，而库存状态则可以通过比较指令用库存数量与给定数量比较得出。参考程序如图 18-3 所示。

Network1：Title

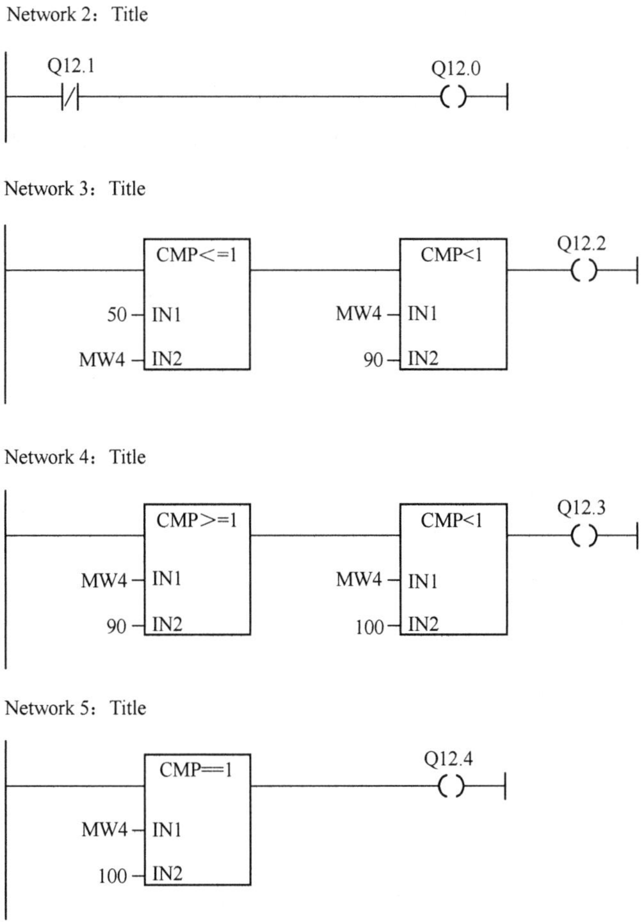

Network 2：Title

Network 3：Title

Network 4：Title

Network 5：Title

图 18-3　物流线仓库区控制系统 LAD 控制程序

学习性工作任务 19　　液压送料机控制

19.1　任务背景及要求

在学习了 PLC 的大量的相关知识后，要能够把其运用在实际训练当中。当然要设计经济、可靠、简洁的 PLC 控制系统，需要丰富的专业知识和实际的工作经验。本单元通过液压送料机控制设计，进一步加深学生对控制系统设计的基本规则、基本内容、步骤的理解。

19.2　相关知识

19.2.1　液压送料机控制系统实现目标

某液压送料机有两个液压缸控制料位，如图 19-1 所示。当系统启动后液压泵 M 开始运转，当电磁铁 Y1 得电后，两位四通换向阀 1.1 换向，液压油进入液压缸 A 的无杆腔，活塞右移，到达右限位点时限位开关 a₁ 闭合，电磁铁 Y2 得电，另一两位四通换向阀 2.1

换向，液压油进入液压缸 B 的无杆腔，液压缸 B 的活塞右移，到达右限位点时 b_1 限位开关闭合，电磁铁 Y1 断电，两位四通换向阀 1.1 复位，使液压油进入液压缸 A 的有杆腔，活塞左移，当到达左限位点时限位开关 a_0 闭合，电磁铁 Y3 得电，两位四通换向阀 2.1 复位，液压油进入液压缸 B 的右杆腔，液压缸 B 的活塞左移，活塞到达左限位点时，限位开关 b_0 闭合，完成一个循环，按停止按钮后，两个液压缸停在初始位置，液压泵停机。

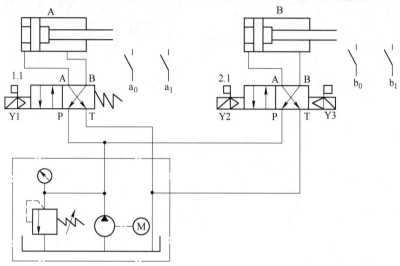

图 19-1　送料机液压系统示意图

19.2.2　控制要求分析与硬件设计

根据系统的控制要求，首先确定系统所需的输入/输出设备。

这是一个通过限位开关实现的顺序控制系统，由控制要求可知，输入点应设置启动、停止按钮和液压缸的左右限位点的四个限位开关以及液压泵的热保护等。输出点应包括液压缸 A 的伸出、液压缸 B 的伸出和返回信号。对于这样的控制系统，可以选用一些小型的可编程序控制器来实现控制要求，由于该系统是送料机控制系统中的一部分，所以考虑整个控制系统的总体控制需要，采用大中型 PLC（例如 S7-300 系列）来实现控制。表 19-1 是为该系统分配的 I/O 地址，图 19-2 是该系统的 I/O 接线示意图。

表 19-1　系统分配的 I/O 地址

序　号	符　号	I/O 地址分配	说　明
1	SB0	I0.0	系统停止按钮
2	SB1	I0.1	系统启动按钮
3	a_0	I0.2	液压缸 A 的左限位开关
4	a_1	I0.3	液压缸 A 的右限位开关
5	b_0	I0.4	液压缸 B 的左限位开关
6	b_1	I0.5	液压缸 B 的右限位开关
7	FR	I0.6	液压泵的热保护
8	KM	Q4.0	液压泵的接触器
9	Y1	Q4.1	两位四通换向阀 1.1 电磁铁
10	Y2	Q4.2	两位四通换向阀 2.1 电磁铁
11	Y3	Q4.3	两位四通换向阀 2.1 电磁铁

19.2.3　逻辑分析与软件设计

在硬件设计的基础上，根据系统的工艺要求进行控制逻辑分析，确定控制系统的程序结构，以便设计出控制程序。

19.2.3.1　液压送料机系统控制逻辑分析

分析液压缸 A、B 的运动规律，可将工作过程分成 4 个循环执行的工作状态：S1、S2、S3 和 S4，另设一个初始状态 S0。本系统控制不是很复杂，可以用单流程实现，系统的顺序功能图如图 19-3 所示。

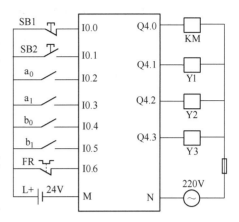

图 19-2　I/O 接线示意图

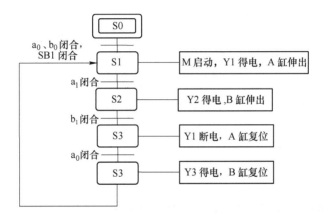

图 19-3　送料机顺序功能图

19.2.3.2　系统程序设计

编写程序时，由于步的转移条件比较多，故采用几个位存储器存放转移条件。送料机的控制程序如图 19-4 所示。

OB1："Main Program Sweep(Cycle)"

Network 1：按下 I0.1，系统循环运动；按下 I0.0 或 FR 断开，系统停止。

Network 2：系统开始新一轮循环的五个条件：M10.1～M10.5 均为 0。

Network 3：液压泵启动的初始条件。

Network 4：两位四通换向阀1.1电磁铁Y1换向的条件。

Network 5：两位四通换向阀2.1电磁铁Y2换向的条件。

Network 6：液压缸A复位的条件。

Network 6：*液压缸A复位的条件。*

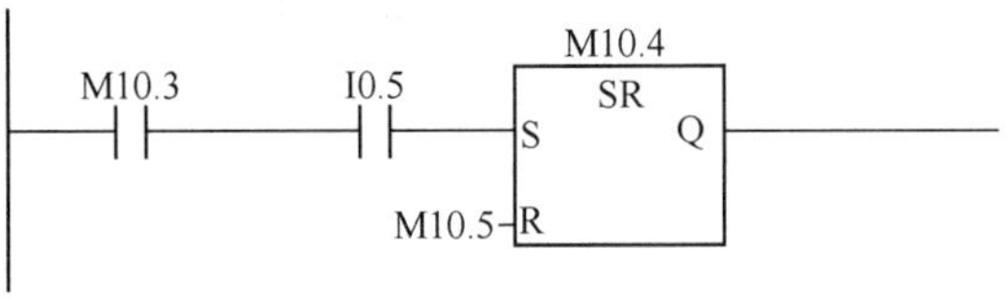

```
        M10.3      I0.5        ┌──────┐ M10.4
    ────┤ ├───────┤ ├──────S  │  SR  │ Q───────
                          ┌───R│      │
                     M10.5┘    └──────┘
```

Network 7：*液压缸B复位的条件。*

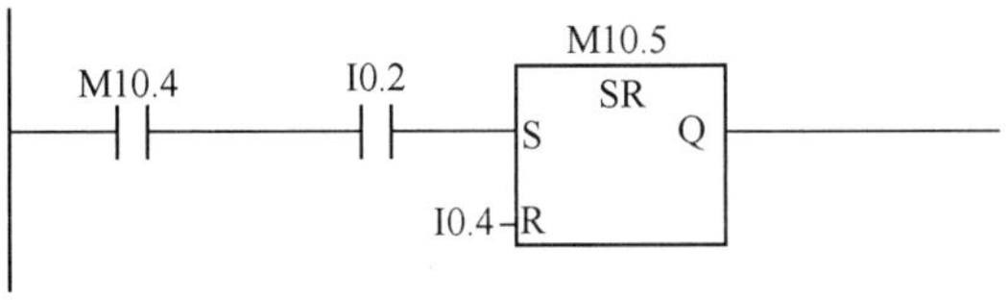

```
        M10.4      I0.2        ┌──────┐ M10.5
    ────┤ ├───────┤ ├──────S  │  SR  │ Q───────
                          ┌───R│      │
                      I0.4┘    └──────┘
```

Network 8：*液压泵启停控制。*

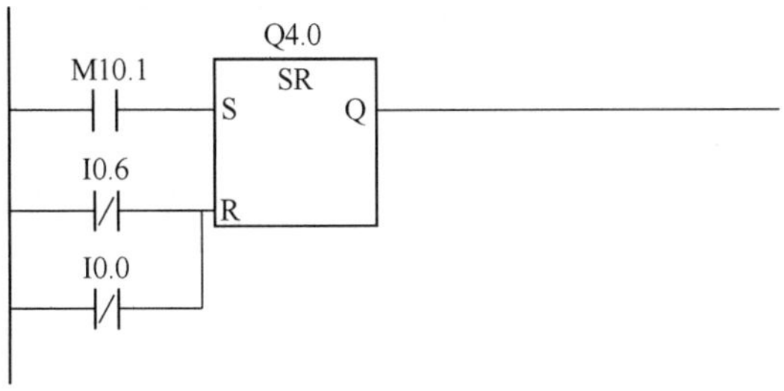

```
        M10.1       ┌──────┐ Q4.0
    ────┤ ├──────S  │  SR  │ Q───────
         I0.6       │      │
    ────┤/┼──┐   R  │      │
         I0.0 │   └─┘      │
    ────┤/┼──┘    └──────┘
```

Network 9：*液压缸A运动方向控制。*

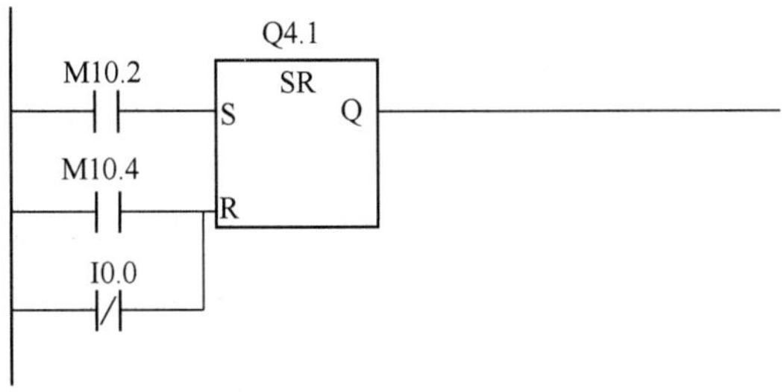

```
        M10.2       ┌──────┐ Q4.1
    ────┤ ├──────S  │  SR  │ Q───────
        M10.4       │      │
    ────┤ ├──┐   R  │      │
         I0.0 │   └─┘      │
    ────┤/┼──┘    └──────┘
```

Network 10：*液压缸B伸出控制。*

```
        M10.3                           Q4.2
    ────┤ ├──────────────────────────( )──────
```

Network 11：*液压缸复位控制。*

```
        M10.5                           Q4.3
    ────┤ ├──┬───────────────────────( )──────
         I0.0│
    ────┤/┼──┘
```

图 19-4　送料机系统的 LAD 控制程序

学习性工作任务 20　自动生产线包装单元控制

20.1　任务背景及要求

在学习了 PLC 的大量的相关知识后，要能够把其运用在实际训练当中。当然要设计经济、可靠、简洁的 PLC 控制系统，需要丰富的专业知识和实际的工作经验。本单元通过自动生产线包装单元控制设计，进一步加深学生对控制系统设计的基本规则、基本内容、步骤的理解。

20.2　相关知识

20.2.1　包装单元控制系统实现目标

这是一个乒乓球自动生产线的包装单元控制系统（如图 20-1 所示），其控制流程如下：

系统启动前，首先按下数量选择按钮 S1、S2 或者 S3，可选择每盒装入 3 个、5 个或者 7 个乒乓球，而且面板上对应的指示灯 H1（3 个）、H2（5 个）或者 H3（7 个）亮。闭合启动开关 SB，传送带电机运转，延时 5s 后包装筒到位，传送带停止。

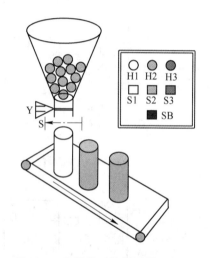

电磁阀 Y 打开，生产线上装有成品乒乓球的漏斗形装置中的球落下，通过光电传感器 S，对装入包装筒的乒乓球进行计数。包装筒中的乒乓球达到预定数量后，电磁阀关闭，传送带自动启动，使包装过程自动连续进行。

图 20-1　包装单元控制系统示意图

控制要求：如果当前包装筒过程正在进行，需要改变装入数量（如由 3 个改为 7 个），只能在当前包装筒装满后，从下一个包装筒开始改变装入数量。如果在包装进行过程中断开开关 SB，系统必须完成当前包装后方可停止。

20.2.2　控制要求分析与硬件设计

根据系统的控制要求，首先确定系统所需的输入/输出设备。

系统通过一个开关 SB 来控制系统的启停，通过三个按钮 S1、S2、S3 来选择包装的数量，包装的计数由光电传感器 S 来实现，所以系统应设置 5 个输入量。而系统的控制对象是传送带电机 M、包装电磁阀 Y 以及包装数量显示指示灯 H1、H2 和 H3，因此系统有 5 个输出量。包装控制单元是整个生产线的一部分，结合其他控制单元的需要，选择西门子 S7-300PLC 来实现控制功能。具体的 I/O 地址分配见表 20-1，PLC 的外部接线如图 20-2 所示。

表 20-1　系统分配的 I/O 地址

序　号	符　号	I/O 地址分配	说　明
1	SB	I0.0	系统启停开关
2	S1	I0.1	3 个/盒按钮
3	S2	I0.2	5 个/盒按钮
4	S3	I0.3	7 个/盒按钮
5	S	I0.4	光电传感器
6	M	Q4.0	传送带电机
7	Y	Q4.1	电磁阀
8	H1	Q4.2	3 个/盒指示灯
9	H2	Q4.3	5 个/盒指示灯
10	H3	Q4.4	7 个/盒指示灯

20.2.3　逻辑分析与软件设计

在硬件设计的基础上，根据系统的工艺要求进行控制逻辑分析，确定控制系统的程序结构，以便设计出控制程序。

20.2.3.1　包装单元控制系统控制逻辑分析

包装单元开始工作的初始条件是系统启动开关 SB 断开，且装有成品乒乓球的漏斗形装置控制电磁阀 Y 关闭，传送带电机 M 处于停止状态；而系统开始进行包装计数的前提条件是系统启动开关闭合，传送带电机启动，包装盒就位以及选择好包装数量等。

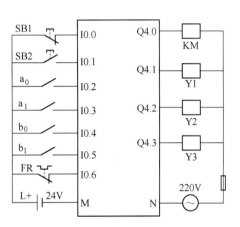

图 20-2　I/O 接线示意图

也就是系统在不同的状态下其工作方式不同。因此，其工作的各种状态可以采用不同的位存储器进行记忆。包装数量控制采用计数器。根据系统的控制逻辑，画出系统的顺序功能图如图 20-3 所示。

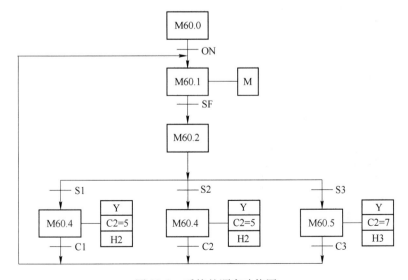

图 20-3　系统的顺序功能图

20.2.3.2　系统程序设计

控制程序采用单序列结构，组织块 OB1 直接调用功能 FC1 实现各种状态下的不同控制。具体的 LAD 控制程序如图 20-4 所示。

OB1："Main Program Sweep(Cycle)"

Network 1：调用FC1

FC1：Title

Network 1：信号预处理

Network 2：s1选择

Network 3：装3个记忆

Network 4：s2选择

Network 5：装5个记忆

Network 6：S3选择

```
   I0.1        I0.2        I0.3        M80.4
───┤/├────────┤/├─────────┤ ├─────────( )───
```

Network 7：装7个记忆

```
                    M80.5
   M80.4          ┌─SR──┐
───┤ ├──────────S│     │Q──────────────────
                 │     │
   M80.0         │     │
───┤ ├──────────R│     │
                 └─────┘
   M80.2
───┤ ├───┐
         │
   M60.0 │
───┤ ├───┘
```

Network 8：状态0

```
                           M60.0
   M100.7                ┌─SR──┐
───┤ ├──────────────────S│     │Q────────
                         │     │
   M60.2    I0.0         │     │
───┤ ├──────┤/├──────M60.1─R│  │
                         └─────┘
```

Network9: 状态 1

```
                              M60.1
   M60.0    I0.0            ┌─SR──┐
───┤ ├──────┤ ├───────────S│     │Q────────
                           │     │
   M60.3    C1             │     │
───┤ ├──────┤/├───M60.2─R│ │     │
                           └─────┘
   M60.4    C2
───┤ ├──────┤/├──┐
                 │
   M60.5    C3   │
───┤ ├──────┤/├──┘
```

Network10: 状态 2

```
                    M60.2
   M60.1    T1    ┌─SR──┐
───┤ ├──────┤ ├──S│     │Q────────────────
                  │     │
   M60.0          │     │
───┤ ├───┐      R│     │
         │        └─────┘
   M60.3 │
───┤ ├───┤
         │
   M60.4 │
───┤ ├───┤
         │
   M60.5 │
───┤ ├───┘
```

Network11: 状态 3

```
         M60.2      M80.1         M60.3
          ┤├         ┤├          ┌─ SR ─┐
                                 ┤S    Q├──────────
         M60.0                   │      │
          ┤├─────────┐           ┤R     │
                     │           └──────┘
         M60.1       │
          ┤├─────────┘
```

Network12: 状态 4

```
         M60.2      M80.3         M60.4
          ┤├         ┤├          ┌─ SR ─┐
                                 ┤S    Q├──────────
         M60.0                   │      │
          ┤├─────────┐           ┤R     │
                     │           └──────┘
         M60.1       │
          ┤├─────────┘
```

Network13: 状态 5

```
         M60.2      M80.5         M60.5
          ┤├         ┤├          ┌─ SR ─┐
                                 ┤S    Q├──────────
         M60.0                   │      │
          ┤├─────────┐           ┤R     │
                     │           └──────┘
         M60.1       │
          ┤├─────────┘
```

Network14: 装 3 个计数

```
         I0.4            C1
          ┤├         ┌─ S_CUD ─┐
          ────────┤CU        Q├──────────
                   │           │
          ····─────┤CD       CV├──····
                   │           │
         M60.3 ────┤S   CV_BCD ├──····
                   │           │
          C#3 ─────┤PV         │
                   │           │
          ····─────┤R          │
                   └───────────┘
```

Network15: 装 5 个计数

```
         I0.4            C2
          ┤├         ┌─ S_CUD ─┐
          ────────┤CU        Q├──────────
                   │           │
          ····─────┤CD       CV├──····
                   │           │
         M60.4 ────┤S   CV_BCD ├──····
                   │           │
          C#5 ─────┤PV         │
                   │           │
          ····─────┤R          │
                   └───────────┘
```

Network16: 装 7 个计数

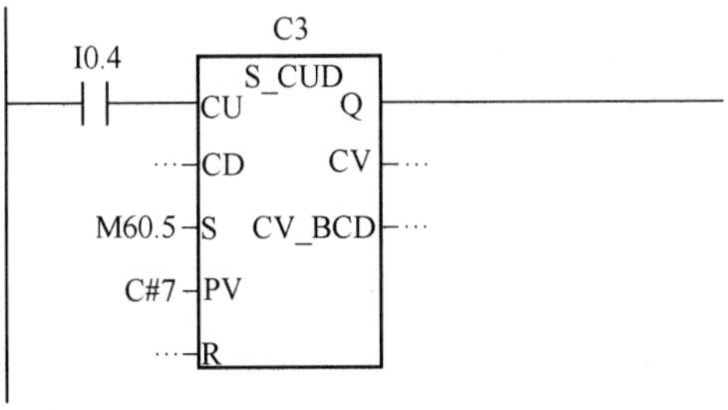

```
        I0.4              C3
        ┤├───────┐    S_CUD
                 │──CU      Q──
            ···──CD     CV──···
       M60.5──S  CV_BCD──···
        C#7──PV
         ···──R
```

Network17: 传送带驱动

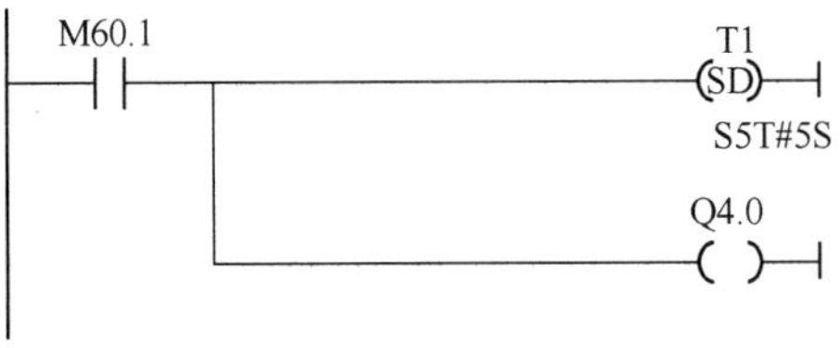

```
       M60.1                    T1
       ┤├──────┬──────────────(SD)──┤
               │              S5T#5S
               │                Q4.0
               └──────────────( )──┤
```

Network18: 打开 Y

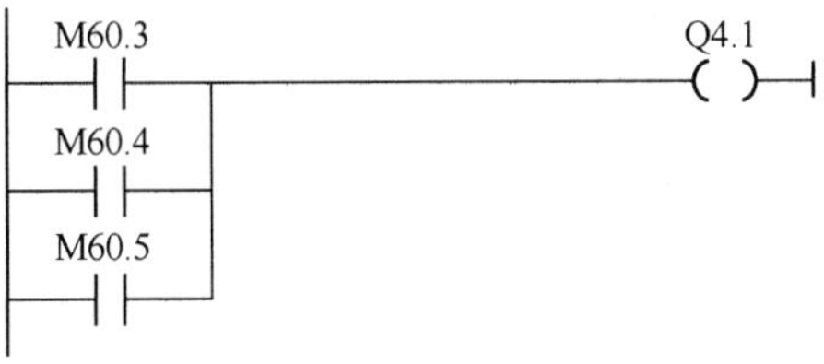

```
       M60.3                    Q4.1
       ┤├──────┬──────────────( )──┤
       M60.4   │
       ┤├──────┤
       M60.5   │
       ┤├──────┘
```

Network19:H1 显示

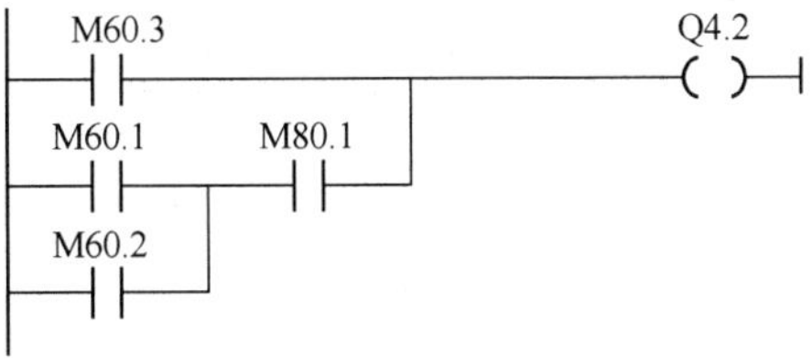

```
       M60.3                    Q4.2
       ┤├──────────────┬───────( )──┤
       M60.1   M80.1   │
       ┤├──────┤├──────┤
       M60.2           │
       ┤├──────────────┘
```

Network20:H2 显示

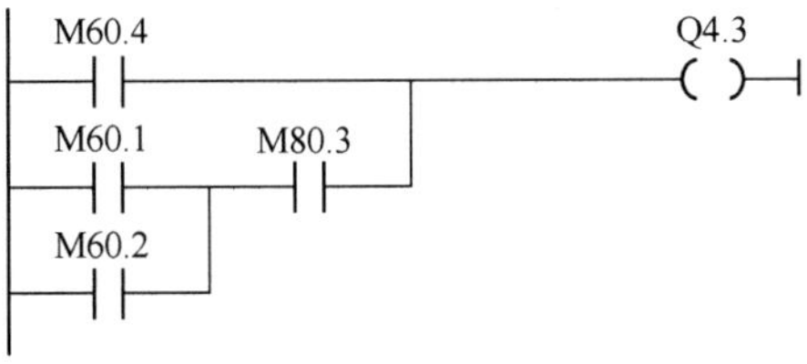

```
       M60.4                    Q4.3
       ┤├──────────────┬───────( )──┤
       M60.1   M80.3   │
       ┤├──────┤├──────┤
       M60.2           │
       ┤├──────────────┘
```

Network21:H3 显示

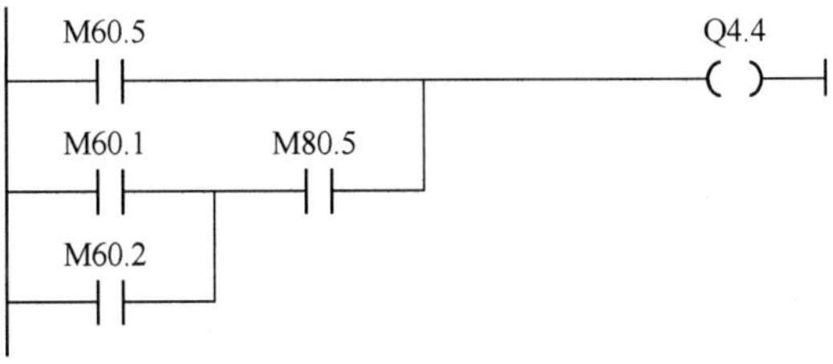

```
       M60.5                        Q4.4
       ┤├──────────────┬───────────( )──┤
       M60.1   M80.5   │
       ┤├──────┤├──────┤
       M60.2           │
       ┤├──────────────┘
```

图 20-4　包装单元控制系统 LAD 控制程序

习　　题

（1）如图习-2 所示，该控制系统有 4 个加工站，以预备、钻、铣和终检的加工生产线为顺序进行编程控制。该生产线的工作过程为：一个工件位于预备位置上，当启动条件满足后，工件被传送到钻加工位置（图中的步 S2），在钻加工位置对工件进行 4s 的钻加工（图中的步 S3），钻加工时间到后，将工件送到铣加工站（图中的步 S4），对工件进行 4s 的铣加工（图中的步 S5），铣加工时间到后，将工件送到终检检站（图中的步 S6）进行终检，终检完成后，在预备工作站上放一个新的工件，然后按应答键，使工作过程从头开始。要求系统具备"自动"和"手动"两种方式。

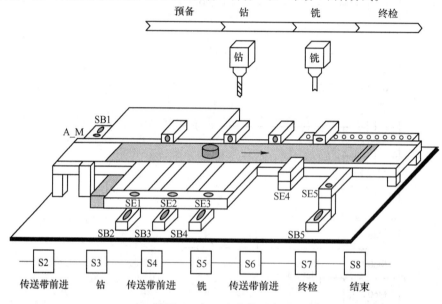

图习-2　加工生产线示意图

（2）如图习-3 所示有 3 条传送带顺序相连，按下启动按钮，3 号传送带开始工作，5s 后 2 号传送带自动启动，再过 5s 后 1 号传送带自动启动。停机的顺序与启动的顺序相反，间隔仍然为 5s。试进行 PLC 端口分配，并设计控制梯形图。

（3）一台间歇润滑用油泵，由一台三相交流电动机拖动，其工作情况如图习-4 所示。按启动按钮 SB1，系统开始工作并自动重复循环，直至按下停止按钮 SB2 系统停止工作。设采用 PLC 进行控制，请绘出主电路图、PLC 的 I/O 端口分配图、梯形图以及编写指令程序。

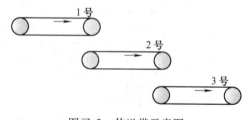

图习-3　传送带示意图

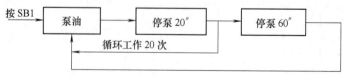

图习-4　油泵工作过程示意图

参 考 文 献

[1] 西门子公司，STEP7 用于 S7-300 和 S7-400 的语句表［Z］，2004.

[2] 西门子公司，STEP7 用于 S7-300 和 S7-400 的梯形图［Z］，2004.

[3] 郑晟. 现代可编程控制器原理与应用［M］. 北京：科学出版社，1999.

[4] 廖常初. S7-300/400 PLC 应用技术［M］. 北京：机械工业出版社，2005.

[5] 孙海维. SIMATICS 可编程序控制器及应用［M］. 北京：机械工业出版社，2005.

[6] 胡健. 西门子 S7-300 PLC 应用教程［M］. 北京：机械工业出版社，2007.

[7] 崔坚. 西门子 S7 可编程序控制器 STEP7 编程指南［M］. 北京：机械工业出版社，2007.

[8] 浙江天煌科技实业有限公司主编. THSMS- D 型网络型可编程控制器高级实验装置随机资料
［Z］. 2005.

[9] 程龙泉. 可编程控制器应用技术（西门子）［M］. 北京：电子工业出版社，2009.

冶金工业出版社部分图书推荐

书　名	作　者	定价（元）
Micro850 PLC、变频器及触摸屏综合应用技术	姜　磊	49.00
实用电工技术	邓玉娟　祝惠一　徐建亮　李东方	49.00
Python 程序设计基础项目化教程	邱鹏瑞　王　旭	39.00
计算机算法	刘汉英	39.90
SuperMap 城镇土地调查数据库系统教程	陆妍玲　李景文　刘立龙	32.00
自动检测和过程控制（第 5 版）	刘玉长　黄学章　宋彦坡	59.00
智能生产线技术及应用	尹凌鹏　刘俊杰　李雨健	49.00
机械制图	孙如军　李　泽　孙　莉　张维友	49.00
SolidWorks 实用教程 30 例	陈智琴	29.00
机械工程安装与管理——BIM 技术应用	邓祥伟　张德操	39.00
电气控制与 PLC 应用技术	郝　冰　杨　艳　赵国华	49.00
智能控制理论与应用	李鸿儒　尤富强	69.90
Java 程序设计实例教程	毛　弋　夏先玉	48.00
虚拟现实技术及应用	杨　庆　陈　钧	49.90
电机与电气控制技术项目式教程	陈　伟	39.80
电力电子技术项目式教程	张诗淋　杨　悦　李　鹤　赵新亚	49.90
电子线路 CAD 项目化教程——基于 Altium Designer 20 平台	刘旭飞　刘金亭	59.00
5G 基站建设与维护	龚猷龙　徐栋梁	59.00
自动控制原理及应用项目式教程	汪　勤	39.80
传感器技术与应用项目式教程	牛百齐	59.00
C 语言程序设计	刘　丹　许　晖　孙　媛	48.00
Windows Server 2012 R2 实训教程	李慧平	49.80
物联网技术与应用——智慧农业项目实训指导	马洪凯　白儒春	49.90
Electrical Control and PLC Application 电气控制与 PLC 应用	王治学	58.00
CNC Machining Technology 数控加工技术	王晓霞	59.00
Mechatronics Innovation & Intelligent Application Technology 机电创新智能应用技术	李　蕊	59.00
Professional Skill Training of Maintenance Electrician 维修电工职业技能训练	葛慧杰　陈宝玲	52.00
现代企业管理（第 3 版）	李　鹰　李宗妮	49.00
冶金专业英语（第 3 版）	侯向东	49.00
电弧炉炼钢生产（第 2 版）	董中奇　王　杨　张保玉	49.00
转炉炼钢操作与控制（第 2 版）	李　荣　史学红	58.00
金属塑性变形技术应用	孙　颖　张慧云　郑留伟　赵晓青	49.00
新编金工实习（数字资源版）	韦健毫	36.00
化学分析技术（第 2 版）	乔仙蓉	46.00
金属塑性成形理论（第 2 版）	徐　春　阳　辉　张　弛	49.00
金属压力加工原理（第 2 版）	魏立群	48.00
现代冶金工艺学——有色金属冶金卷	王兆文　谢　锋	68.00